マイクロ波シミュレータの基礎

Foundations for Making Microwave Simulators

山下榮吉　監修

社団法人 電子情報通信学会編

《執筆者一覧》

監修者

　　山下　榮吉　　電気通信大学名誉教授

執筆者

　　川﨑　繁男　　東海大学　　　　　　　　（第1章）
　　真田　篤志　　山口大学　　　　　　　　（第2章）
　　小川　隆博　　(株)MEL　　　　　　　　（第3章）
　　森田　長吉　　千葉工業大学　　　　　　（第4章，13.1節）
　　吉田　則信　　北海道大学　　　　　　　（5.1節）
　　柏　　達也　　北見工業大学　　　　　　（5.2節）
　　小柴　正則　　北海道大学　　　　　　　（第6章，第10章）
　　奥野　洋一　　熊本大学　　　　　　　　（第7章）
　　大石　進一　　早稲田大学　　　　　　　（第8章）
　　荻田　武史　　早稲田大学　　　　　　　（第8章）
　　穴田　哲夫　　神奈川大学　　　　　　　（第9章，CD-ROM）
　　許　　瑞邦　　神奈川大学　　　　　　　（第11章）
　　伊藤　康之　　湘南工科大学　　　　　　（第12章）
　　田口　光雄　　長崎大学　　　　　　　　（13.2節）
　　橋本　　修　　青山学院大学　　　　　　（13.3節）
　　厚木　和彦　　電気通信大学　　　　　　（13.4節）
　　塩見　英久　　大阪大学　　　　　　　　（13.5節）

まえがき

　シミュレーションの科学は様々な分野で発展してきた．費用のかかる実験を行わなくても，あるいは危険な作業を行わなくても結果を予測できる機能は極めて有用なものである．しかし，例えば気象予報は大形コンピュータを使って将来の気象を予測するシミュレーション科学であるが，予測のための解析だけでは工学とはいえない．シミュレーション工学とは単にシミュレーションによる予測を行うだけではなく，設定条件に対応して解析し最適化設計まで行う新しい総合技術分野である．シミュレータとは解析計算を実行するソルバ部にユーザインタフェース部を付加することによってシミュレーション工学を具体化した装置といえる．これによって従来伝承が困難であった独自性の強い設計プログラムをプログラム制作者以外の者が容易に利用できる環境となるので経済効果を高めることは明らかであろう．

　周知のようにコンピュータの機能は日進月歩し，計算速度が速まり，記憶容量が増加している．マイクロ波シミュレータに用いられる解析手法は，有限要素法のように変分を用いる方法から有限差分時間領域法のように四次元差分を用いる方法まで，多くの研究結果が競って発表されている．そこで利用される複雑な関数の値も短時間で計算され与えられるようになっている．解析途中の線形方程式に現れる行列も最近では驚くほど多次元のものが短時間で処理されている．解析する領域については自動分割が工夫され，画面表示も分かりやすく美しくなりつつある．それぞれの技術は進歩を繰り返し，その結果は他の技術にも取り入れられている．したがってコンピュータ工学，数学，ソフトウェア工学，電磁気学，電気回路学，ハードウェア製作の各専門技術者が最新の研究成果をある段階で提供することにより，それらが総合されてまた新しいシミュレータが生まれる．

出来上がったマイクロ波シミュレータに与えられた構造についての設計条件を入力すれば，その内部で方程式が解かれ，計算された設計構造寸法あるいは計算された特性がディスプレイ上に表示される．設計結果の性能が気に入らなければ，定数を変えて計算を繰り返すことができる．このプロセスを速めたければ，適当な最適化法を応用する．結局，シミュレータの使用によって，各種デバイスの設計が短時間で効率良くできることになる．

　今日の高能力を持つコンピュータが活躍する対象も受動回路のみならず能動回路，非線形回路，アンテナ，各種測定器にまで広がった．計算技術の発展とコンピュータ自体の高度化と普及が相補って，Computer Aided Design (CAD) の技術分野が既に出現している．CAD を実現する一つの道具がシミュレータであろう．誤差が少なければ，シミュレータは生産過程に有効に働く．その反面，一部の技術者はCADシミュレータを盲目的に使用し自分では思考しなくなる傾向もある．シミュレータの能力と精度には常に限界があることに留意しなければならない．

　2000年11月号の電子情報通信学会誌は「電子情報通信を支えるシミュレーション技術」特集号として日本のシミュレーション技術について初めて解説を行った．これにより半導体デバイス，回路及びEMC設計評価，光・マイクロ波伝搬，アンテナ伝搬・移動通信のシミュレーション技術の現状がかなり明りょうとなった．一方で，数年前に設立された電子情報通信学会マイクロ波シミュレータ研究会では日本のシミュレータに関する状況について様々な議論を重ねてきた．日本で優れたマイクロ波シミュレータが生まれていないのはなぜか．シミュレーションに関して適切な学生教育が行われているか，等々．その結果，当面の問題として提起されたのは，将来の日本のマイクロ波産業を担う技術者の育成に関するものであった．一つの方策としてシミュレータの構成と要素に関するテキストを作成し学生・技術者の基礎的学習に役立てようとする方針が研究会で提言された．各方面の専門家に執筆を依頼して本書が誕生した次第である．

　本書の第1章はシミュレータが一体どのような要素から構成されているか，そしてどのように接続されるかということから説明する．コンピュータに使用するプログラム言語にも多くの種類があり，それぞれどのような特徴

があるのかを第2章で述べる．シミュレータ製作上の留意点を製作者の立場から第3章で指摘する．第4章から第6章まではコンピュータを使用する電磁界解析における基本的でしかも現代的な手法を解説する．第7章はコンピュータ解析上に必然的に現れる線形方程式の基本的処理方法を述べる．この線形方程式も極度に変数が多くなると解を求めるためのコンピュータ計算時間も長くなってくる．これはシミュレータの実用上の大きな問題であるので第8章は大規模行列をいかに扱うかを述べる．解析対象の構造にもよるが，ベッセル関数などのよく知られた関数を利用することが多い．このような既に知られた関数の計算法はライブラリとして集められているので，その扱い方を第9章で説明する．有限要素法などでは解析対象構造の種類と必要計算精度に応じて解析領域の分割方法を変える作業がある．この作業の効率化を図るための自動分割法を第10章で論じている．

第11章から後の部分は実際のマイクロ波回路で使われるハードウェア素子の扱い方を重点的に取り上げている．第11章は受動回路の代表的構成要素としての分布定数回路の扱い方，そして第12章はトランジスタなどの能動素子の扱い方を述べる．これまでの章の幾つかにもプログラム例が与えられているが，第13章では幾つかの構成要素のシミュレーションプログラム例を示している．CD-ROMは，本書に示されたプログラムソースコードを読者が実際に利用する場合に，この記録方式が最も便利であると想定して付加した．更に章末問題の解答もCD-ROMに納めた．このCD-ROMの具体的な内容は本書末尾の説明を参照されたい．

以上の各章の基礎的解説によりマイクロ波シミュレータ全体，つまり主体エンジンとしての数値計算部（ソルバ部）に加えて前後処理をするユーザインタフェース部，の構成と役割を学生や技術者が学ぶ一つの道が開けたと信じている．ところで各章の執筆者はその分野の専門的研究者であるが，各文章中の用語・記号は必ずしも同一とはなっていない．このように幾分離れた技術分野の著述の内容を総合するときには用語・記号を統一すると便利のように考えられるが，本書の内容と形態は全く初めての試みでもあるので，本書だけのための用語・記号の統一は最小限度に留めた．

本書の準備編集作業には神奈川大学の許 瑞邦教授と穴田哲夫教授に参画

をお願いした．特に CD-ROM 関係と原稿整理の作業は穴田教授がかなり引き受けて下さったことを記しておきたい．最後に，御多忙にもかかわらず各著者が日本のシミュレータ技術の発展を期待して積極的に執筆して下さったことに感謝の意を表したい．

2004 年 3 月

山下　榮吉

目　　次

第1章　シミュレータの構成要素及び接続法

1.1　シミュレータの構造 ……………………………………………………1
　1.1.1　データの流れ ……………………………………………………1
1.2　ブロックとモジュール …………………………………………………5
　1.2.1　ブロック化とそれらの機能 ……………………………………5
　1.2.2　エンジンとライブラリ …………………………………………6
　1.2.3　フレームとモジュールの接続 …………………………………7
1.3　プラグインシミュレータ ………………………………………………9
　1.3.1　構　　成 …………………………………………………………9
　1.3.2　モジュールの接続 ………………………………………………11
　1.3.3　プラグインフレーム（フレームの共通化）…………………13
　1.3.4　利点と発展性 ……………………………………………………14
演習問題 ………………………………………………………………………14

第2章　プログラム言語の種類と特徴

2.1　概　　要 …………………………………………………………………15
2.2　Fortran …………………………………………………………………18
　2.2.1　特　　徴 …………………………………………………………18
　2.2.2　開発環境 …………………………………………………………18
　2.2.3　ライブラリ ………………………………………………………19
2.3　C/C++ …………………………………………………………………20
　2.3.1　特　　徴 …………………………………………………………20
　2.3.2　開発環境 …………………………………………………………20

2.3.3 ライブラリ ……………………………………………………21
 2.4 Java ……………………………………………………………23
  2.4.1 特　徴 ………………………………………………………23
  2.4.2 開発環境 ……………………………………………………23
  2.4.3 クラスライブラリ …………………………………………23
 2.5 その他の言語と関連技術 …………………………………………25

第3章　データ入出力の扱い方，可視化の方法，シミュレータ制作上の留意点

 3.1 概　要 …………………………………………………………29
 3.2 図形入力 GUI ……………………………………………………31
  3.2.1 必要項目 ……………………………………………………32
  3.2.2 機　能 ………………………………………………………32
 3.3 プリプロセッサ …………………………………………………33
  3.3.1 メッシュジェネレータ ……………………………………35
 3.4 ポストプロセッサと出力 GUI …………………………………36
  3.4.1 電気的特性の出力 …………………………………………36
  3.4.2 フィールドプロット ………………………………………41
 3.5 シミュレータ制作上の留意点 …………………………………44
  3.5.1 オブジェクト指向 …………………………………………44
  3.5.2 メモリアロケーション ……………………………………45
  3.5.3 データ構造 …………………………………………………45

第4章　積分表現から出発する解析法

 4.1 はしがき …………………………………………………………47
 4.2 電界の積分表現 …………………………………………………49
 4.3 積分方程式とモーメント法 ……………………………………51
 4.4 展開関数と重み関数 ……………………………………………53
 4.5 グリーン関数の計算 ……………………………………………55
 4.6 インピーダンス行列の計算 ……………………………………58

4.7	大規模構造に対する手法—AIM アルゴリズム—……………………58
4.8	励振と回路特性の計算 ……………………………………………61
4.9	まとめ ……………………………………………………………62

第5章　微分表現から出発する解析法

5.1　差分法 ………………………………………………………………71
　5.1.1　電磁界波動場の実現 ………………………………………72
　5.1.2　伝送線路行列表示と空間回路網表示 ……………………79
　5.1.3　空間回路網法（SNM）……………………………………86
5.2　有限差分時間領域法 ………………………………………………89
　5.2.1　FDTD 法 ……………………………………………………90
　5.2.2　マイクロ波線路特性の求め方 ……………………………100
　5.2.3　問題点 ………………………………………………………101
　5.2.4　むすび ………………………………………………………102
演習問題 …………………………………………………………………102
付録 5.1　空間回路網法と伝送線路行列法の二次元導波管解析
　　　　　プログラム ……………………………………………………103
付録 5.2　FDTD プログラムの実行結果 ………………………………104

第6章　変分表現から出発する解析法

6.1　まえがき ……………………………………………………………107
6.2　有限要素法 …………………………………………………………112
　6.2.1　区分多項式 …………………………………………………112
　6.2.2　要素のつくり方 ……………………………………………115
　6.2.3　三角形要素の形状関数 ……………………………………117
　6.2.4　要素方程式の導き方 ………………………………………119
　6.2.5　面積座標 ……………………………………………………122
　6.2.6　全体方程式の組立て方 ……………………………………124
　6.2.7　境界条件の処理 ……………………………………………127
演習問題 …………………………………………………………………128

第7章　線形方程式の扱い方

- 7.1　連立一次方程式 …………………………………………………… 129
- 7.2　ガウスの消去法 …………………………………………………… 130
- 7.3　枢軸選択 …………………………………………………………… 134
- 7.4　条件数 ……………………………………………………………… 136
- 7.5　解の反復改良 ……………………………………………………… 140
- 7.6　線形最小二乗問題 ………………………………………………… 141
- 7.7　むすび ……………………………………………………………… 144
- 演習問題 ………………………………………………………………… 145

第8章　大規模行列の扱い方

- 8.1　概　要 ……………………………………………………………… 147
- 8.2　連立一次方程式の直接解法 ……………………………………… 149
- 8.3　連立一次方程式の反復解法 ……………………………………… 150
  - 8.3.1　PCG法 ……………………………………………………… 151
  - 8.3.2　Bi-CGSTAB法 ……………………………………………… 154
  - 8.3.3　GMRES法 …………………………………………………… 155
- 8.4　反復解法の数値例 ………………………………………………… 156
  - 8.4.1　対称正定値行列に対するPCG法の適用例 ……………… 156
  - 8.4.2　非対称行列に対するBi-CGSTAB法の適用例 …………… 158
  - 8.4.3　非対称行列に対するGMRES法の適用例 ………………… 160
  - 8.4.4　外部データをMATLABで使う方法 ……………………… 161
- 8.5　大規模固有値問題の数値解法 …………………………………… 162
- 8.6　固有値問題の数値例 ……………………………………………… 164
  - 8.6.1　標準固有値問題の数値例 ………………………………… 164
  - 8.6.2　一般固有値問題の数値例 ………………………………… 166

第 9 章 関数ライブラリの扱い方

- 9.1 座標系と特殊関数 …………………………………………………168
- 9.2 デカルト座標における波動方程式の解 ……………………………169
- 9.3 球座標における波動方程式の解 ……………………………………170
- 9.4 円筒座標における波動方程式の解 …………………………………172
- 9.5 変形ベッセル関数 ……………………………………………………175
- 9.6 球ベッセル関数 ………………………………………………………176
- 9.7 具体的な応用例と実際のプログラム ………………………………177
  - 9.7.1 ベッセル関数の計算法 …………………………………………177
- 9.8 円形導波管の TE_{mn} モード ………………………………………178
- 9.9 ベッセル関数の使用上の注意 ………………………………………179
- 9.10 ケルビン関数（Ber, Bei 関数）……………………………………180
- 付録 9.1 ベッセル関数の簡単な近似式
  （文献[4]の Allen の近似式）…………………………………181
- 付録 9.2 C 言語による零次ベッセル関数の計算プログラム …………182

第 10 章 解析領域の自動分割による効率化

- 10.1 デローニィ分割法 ……………………………………………………185
- 10.2 アダプティブメッシュ生成法 ………………………………………186
- 10.3 マイクロ波シミュレータ構成例 ……………………………………192
- 演習問題 ……………………………………………………………………196

第 11 章 分布定数回路の扱い方

- 11.1 伝送線路の等価回路 …………………………………………………198
  - 11.1.1 分布定数線路モデル …………………………………………198
  - 11.1.2 時間依存伝送線路方程式 ……………………………………199
  - 11.1.3 周波数依存伝送線路方程式 …………………………………202
  - 11.1.4 電圧波・電力波の伝送線路方程式 …………………………204
  - 11.1.5 各種伝送線路の一次定数・二次定数 ………………………204

11.2 分布定数伝送線路の特性記述と動作解析 …………………………… 205
  11.2.1 先端負荷一開口伝送線路 …………………………………………… 206
  11.2.2 二開口伝送線路 ……………………………………………………… 213
11.3 高周波回路の特性記述 ………………………………………………… 216
  11.3.1 多開口高周波回路の特性記述―イミタンス行列表示― ………… 217
  11.3.2 多開口高周波回路の入出力特性記述―散乱行列表示― ………… 219
11.4 伝送線路回路の特性解析 ……………………………………………… 222
  11.4.1 先端開放・短絡一開口伝送線路素子 ……………………………… 223
  11.4.2 二開口伝送線路回路 ………………………………………………… 226

第12章 能動素子の扱い方

12.1 小信号等価回路 ………………………………………………………… 234
  12.1.1 真性FETのSパラメータ表示 …………………………………… 235
  12.1.2 寄生成分を含むFETのSパラメータ表示 ……………………… 237
12.2 大信号等価回路 ………………………………………………………… 238
  12.2.1 電流源の関数表示 …………………………………………………… 239
  12.2.2 バイアス依存性のある回路素子の関数表示 ……………………… 241
  12.2.3 周波数分散性の補償方法 …………………………………………… 242
12.3 雑音等価回路 …………………………………………………………… 243
  12.3.1 雑音パラメータ ……………………………………………………… 244
  12.3.2 FETの雑音等価回路 ………………………………………………… 245

第13章 構成要素のシミュレーション例

13.1 同軸線路中の電磁波伝搬 ……………………………………………… 249
  13.1.1 基本式とモデル化 …………………………………………………… 249
  13.1.2 一方向励振 …………………………………………………………… 251
  13.1.3 同軸端の吸収境界条件 ……………………………………………… 252
  13.1.4 例題1（プログラムリスト coaxsin.cpp） ………………………… 253
  13.1.5 例題2（プログラムリスト coaxpulse.cpp） ……………………… 254
13.2 アンテナ回路 …………………………………………………………… 257

13.2.1 給電方法 ………………………………………………………… 257
13.2.2 モーメント法 ……………………………………………………… 259
13.2.3 時間領域での解析手法 …………………………………………… 260
13.2.4 マイクロストリップアンテナの規範問題 ……………………… 260
13.3 電磁波の反射及び透過 ………………………………………………… 264
13.3.1 電磁波の反射 ……………………………………………………… 264
13.4 有限要素法における自動要素分割 …………………………………… 269
13.4.1 二次変化率と要素細分割 ………………………………………… 269
13.4.2 対角線交換と節点移動 …………………………………………… 270
13.4.3 適用例 ……………………………………………………………… 272
13.5 計算データの可視化 …………………………………………………… 273
13.5.1 概 要 ……………………………………………………………… 273
13.5.2 GUIプログラミングの実際 ……………………………………… 275
13.5.3 オブジェクト指向プログラム …………………………………… 282
13.5.4 アプリケーションプログラムインタフェース ………………… 287
13.5.5 まとめ ……………………………………………………………… 288

付属 CD-ROM の内容と動作環境 ……………………………………………… 290

索　　引 ………………………………………………………………………… 293

第1章

シミュレータの構成要素及び接続法

1.1 シミュレータの構造

　近年，マイクロ波回路や平面アンテナ，及びベースバンドの信号処理をも含む無線通信機器の設計に対し，マイクロ波シミュレータを使うことは常套手段になってきている．このマイクロ波シミュレータは，その発展の初期段階では，回路設計ツールの役割のみであったが，昨今，それは拡張・発展され，デバイス，RF回路，ディジタル回路，平面アンテナ，パッケージなどの対象物に対し設計・解析を行える統合化シミュレーションパッケージの総称を意味するものとなってきている．

　このような広義のマイクロ波シミュレータの構成を，画一的に記述することは困難である．したがって，ここでは，マイクロ波回路設計に対する電磁界回路シミュレータを念頭におき，設計者が入力ユーザインタフェース（UI：User Interface）を通してシミュレータに入力してから，指定した形式の出力が得られるまでのデータ処理の流れを，シミュレータ機能と対比させて説明していくこととする．

1.1.1　データの流れ

　まず，シミュレータの解析におけるデータの流れを示す．はじめに，解析構造や，その条件に関する項目を入力する．そして，入力された条件をもとにエンジンの中の対応するソルバへデータを受け渡し，その計算に必要な関

数やパラメータなどをライブラリから呼び出す．ソルバでは，それ独自の解析方法と選択されたライブラリを組み合わせ，数値データを出力する．その出力は，数値として画面表示されるか，または視覚的に捉えやすい図やグラフで表示される．

これらを，シミュレータを操作するユーザ-コンピュータ間の接点となるインタフェース部と，コンピュータ内で主要となる計算・解析を行うエンジン部という二つのカテゴリーの観点から整理しなおすと以下のようになる．

インタフェース部：入力，結果表示，機器への出力

エンジン部：プリプロセス，計算・解析，ポストプロセス

ここでインタフェースとは，ユーザとコンピュータとのやり取りであり，入力の場合はコンピュータの入力条件をストアするメモリエリアにデータファイルが形成されることを意味する．また，出力のためのインタフェースでは，処理された計算結果はファイルに保存され，表示のためのテーブルの作成やスムージングの処理，補間，周辺機器への出力データフォーマット化などの作業が含まれる．エンジン部では計算・解析の実行が主であるが，入力インタフェースの入力条件データファイル，及び，出力結果表示・記録と計算・解析の実行の間ではデータの転送が行われる．これらはプリ・ポストプロセスと呼ばれ，プリプロセスとは入力データに基づいた計算のための準備作業（適用条件判断やメッシュ生成など）を意味し，ポストプロセスでは誤差の検証や解析結果の保存が行われる．これらを図示すると図1.1のようになる．

（1）　構成要素

これらの詳細は以下のようなものが考えられる．ユーザとコンピュータとの間の入力のやり取りで必要なのは，回路条件（物理定数，基板の条件など），必要なエレメント（回路素子）の選択，配線，出力パラメータの指定，複数の解析法が装荷されている場合はそのうちのどれ

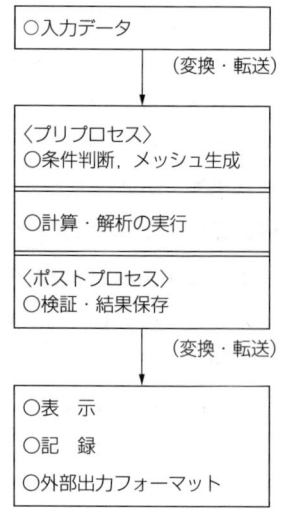

図1.1　データの流れ

を選択するかなどが挙げられる．

　エンジン部では，上記のプリ・ポストプロセスの実行に加え，ライブラリ（数学関数，微積分，よく使われるエレメントのためのサブルーチンプログラム，デバイスのSパラメータなど）の選択，選択したライブラリを用いた解析プログラム（メインルーチン）の実行，数値結果の保存ファイルの作成などが行われる．

　出力インタフェースでは，入力時に指定したパラメータを図・グラフ・アニメーションなどで出力（特性）表示を行う．また，プリンタやプロッタのような周辺機器へのデータ転送のためのフォーマット化やユーザが保存しやすい形で記録（ファイル）を残し，データの二次加工をしやすくすることも要求されるところである．

　上述したように，シミュレータでは入出力・転送・計算が行われるが，これらを三つのブロック，「フレーム」，「エンジン」，「ライブラリ」にまとめ

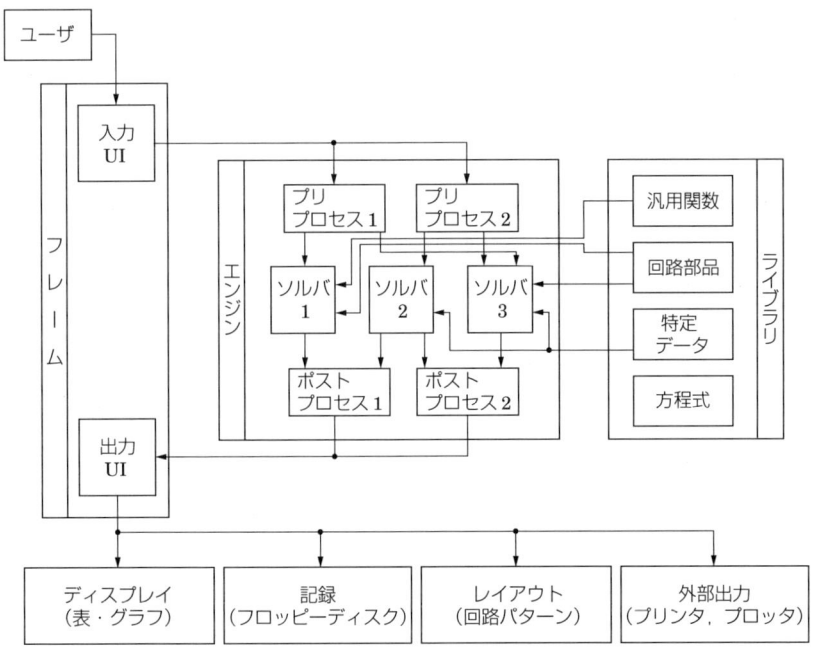

図1.2　シミュレータ機能ブロック

るとシミュレータ構築を理解する上で便利である．これらのブロックとその実行細部項目，ユーザ，コンピュータの関係を図1.2に示す．

（2） シミュレータへの要求

マイクロ波シミュレータでは上記三つのブロックを有機的に結合することが必要であるが，自作プログラムによる解析ソルバと異なり，不特定多数のユーザが使用できるという条件に対処するため，市販の設計ツールとしてのシミュレータには，それ特有の要求事項がある．これらのいくつかを以下に挙げる．

・ユーザに対する快適さ
・入力形式のバリエーション
・計算機の性能
・ソルバのPCへの搭載
・頻度の高いエレメントのカスタムライブラリ化

シミュレータのユーザに望まれることは，実験計測経験に基づくエレメントの選択や配線方法，出力結果への適正な判断力である．その上でユーザが使いやすい入力インタフェースとしては，入力しやすく，結果が見やすい画面を表示できるUIであることが望ましく，これに加えて入力形式も図的であれば実物（実際の計測状況）との対比を理解しやすい．事実，シミュレータ発展の中で入力形式は

　ステートメント（言語による記述）
　　→シンボリック（エレメントシンボルに大きさなどの条件を付加する入力法）
　　→レイアウト（実際の回路パターンを図示）

と変遷を遂げつつある．ただし，現在の市販のシミュレータでは，最後のレイアウトは，実際の回路パターン試作のための補正（エレメント間の距離が近づきすぎたり，重なりあったときの移動修正）の情報としてのみ用いられているにすぎない．

また，エンジンには，設計ツールとして満足いくように解析スピードを上げる工夫が必要となる．しかし，ハイクロックレートで大容量RAMを持たない計算機の場合は，計算機の性能に応じたプログラミング手法が必要と

なる．更に，手軽にユーザがシミュレータを使えるようにするには，コンパクトアルゴリズムを持ち，計算負荷が低減されたソルバをPC（パーソナルコンピュータ）に搭載できるようにすることも大切なポイントである．

以上のように現在のマイクロ波シミュレータの構成とそれらの細部機能を説明したが，まだ幾つかの開発要素が残されているように思われる．その幾つかを以下に挙げる．

・レイアウトの変更によるチューニング機能
・データのやり取りの時間短縮
・効率的な並列計算処理法
・バージョン変更時の結果の統一性

シミュレータそのものは，これからもいろいろな要求を受け入れて進歩するものであるが，これらの要求は，三つのブロック体系のいずれかに帰属し，各ブロックが更に発展するための基本要求となると思われる．

1.2 ブロックとモジュール

シミュレータを構成する三つのブロックは，図1.2に示したように，入出力インタフェースやデータ転送に関わる「フレーム」，主力となる解析計算（ソルバ）とそれに必要な処理部である「エンジン」，そして，数学的汎用関数や使用頻度の高い回路素子サブルーチンなどの「ライブラリ」である．このように，シミュレータの構成を三つのブロックに分けるとプログラミングへの要求が明確になるが，ブロック化の必要性をもう少し深く検討してみる．

1.2.1 ブロック化とそれらの機能

シミュレータの中枢はエンジン部である．その中心であるソルバは，行いたい計算を独自に，かつ，他のブロックの影響を受けることなく，一つの言語を用いてコーディングされる．したがって，ソルバは個々に独立しており，エンジンの中に複数のソルバが存在する場合，各々は入力データに対して並列に実行され得るものである．一方，フレームやライブラリはエンジンの要求するいろいろな機能を持つサブルーチンであるので，ソルバの計算ごとに変わるものである．このため，これらはできるだけ多くのソルバに適用できる工夫（共有性）が必要となる．そこでこれらは，多くの使用形態を予

測してあらかじめ多数用意しておくものであり，ソルバの実行によっては使用されない機能もある．フレームとライブラリの根本的な違いは，前者は基本的にエンジンとの間で入力時と出力時に一方向にのみデータを送るものであるのに対して，後者はエンジンの中のソルバが計算を実行するときに計算過程の一部に必要なものとして使われることである．

　三つのブロックはそれぞれ上記のような特徴を持つが，これらはソルバの内容である解析法を中心として述べたものである．しかし，プログラミングの観点からは，これら三つのブロックは多少異なる意味合いを持つ．すなわち，ソルバとライブラリはシミュレータ全体の構造や言語にあまりとらわれることなく，独自の解析法をコーディングしたり，関数，表などを用意すればよい．しかし，フレームは全体の構想を十分に考慮し，データの流れをスムーズにするため，ソルバや個々のライブラリ間の良いバッファ役でなければならない．このことにより，フレーム部のコーディングはソルバやライブラリの内容や言語に依存するが，個々のシミュレータが各々のフレームを構築すると，別のシミュレータへの適用が困難になる．この点から，フレームに対してもある種の規格や規定を提唱して一般性を高めることが必要で，フレームの規格化はマイクロ波シミュレータが発展していく上で，重要なポイントであると考える．

　これまでの議論によって，シミュレータを構成する三つのブロックにも，いろいろな機能があることが分かった．これらの機能は，ブロック内で個別に重要な働きをするので，これらに新たな呼称を与え，「モジュール」と呼ぶことにする．図1.2に示した各ブロックの詳細の機能は，モジュールに相当する．したがって，ここでいうシミュレータは，一つの機能ごとにモジュール化し，それらを大きなまとまりである三つのブロックに集約し，これらを有機的に結合（接続）させることにより構成されるものであるということができる．以下ではこれらの特徴を説明することとする．

1.2.2　エンジンとライブラリ

　エンジンの中核をなすモジュールといえばソルバであるが，これは固有の変数で定義される一つの解析法で記述される．同じ解析法でも，その詳細はプログラミングによって異なるため，それらを比較しようとするには個々の

解析方法ごとにソルバモジュールを用意しなければならない．これに加え，他のエンジンモジュールとして取り上げられるものには，プリプロセスとポストプロセスがある．前者は，前述したように計算条件の判断（ソルバの適用範囲か否か），ライブラリモジュールのパラメータデータの補間や外挿のデータの作成，計算条件に対応したマトリックスの形成やメッシュ生成などがあり，後者には，計算結果の妥当性の判断やソルバが計算したそのままの基本データの保存などが挙げられる．ただ，メッシュ生成機能など，一部汎用性の高いものは，独立したモジュールとし，以下のライブラリに含めることも考えられる．

一方，ライブラリの役割は，頻度の高い数学的関数や回路要素（部品）をあらかじめモジュールとして用意し，計算時間を短縮し，設計を容易にしようとするものであり，共有性・汎用性の高い独立のモジュールである．例として，汎用関数，微積分方程式の解法，微分法，積分法，非線形モデル式，基本回路部品，S パラメータデータなどが挙げられる．ライブラリモジュールは，ソルバの中の実行文で呼び出され，ソルバから与えられたデータに基づいて計算処理を行い，その結果をソルバに送り返す役割を果たす．

1.2.3　フレームとモジュールの接続

フレームブロックに含まれるモジュールには，入力 UI，出力 UI（表示・表・特性グラフ），レイアウト，外部出力フォーマット，記録（媒体）などが考えられる．すなわち，フレームは，データの転送（ストリーム）の制御や交換，データ形式の変換を含む，ブロック間やモジュール間のインタフェースの役割を果たす．

基本的にソルバを記述している言語と他のモジュールの言語は異なっていても構わないが，同一の言語のもとでデータを交換するほうが効率的なので，通常，言語は統一される．後述するような複数のサーバをネットを経由して利用しようとする場合は，インターネットでのやり取りそのものがフレームの概念の拡張と考えることができ，一般的には OS も異なるので，サーバ間のデータのやり取りはプラットフォームに依存しない Java のような共通の言語を使用することが望ましい．

ここで，具体的なデータの流れ，すなわちモジュール間の接続を考えてみ

る．各モジュールのデータの形式が異なっていてはデータ転送ができず，ソルバでの計算や結果の表示ができない．そこで，各モジュール間のデータの形式を統一する必要がある．まず，入力UIによって入力された条件（データ）は，フレームを通してデータ転送が可能となるように変換され，エンジン部に伝達される．そして，プリプロセッサによってソルバモジュールで必要とするデータ形式に再変換され，計算が実行される．このようなソルバの具体例としてC言語では，プリプロセスとして，ソースプログラムをコンパイルする前にソース上のマクロ展開，インクルードファイルの展開などを行う．その後，ソルバで解析された結果はインタフェースによって出力可能なデータ形式に変換され，出力UIに受け渡される．このように入力からソルバ，ソルバから出力と各モジュール間のデータを受け渡しているのはフレームに分類される一種のインタフェースであり，すべてのモジュールはこのインタフェースを通してデータ転送を行うことになる．

次に，プログラミングの観点から，モジュールの接続ということを考えてみる．一人のプログラマが同一の言語を使って，シーケンシャルな実行形式のシミュレータを構築するという，いわゆる手続き指向形のプログラミングによる場合は，データ転送は基本的に一つのプログラム，一つのサーバで行われるため，上記三つのブロック分けはあまり大きな問題ではなかった．しかし，プログラムの規模が大きく，複雑になり，多くのプログラマがシミュレータを構築するために協力することになると，任務分担（オブジェクト指向）が生じ，シミュレータ全体の構想によるモジュール間相互関係の理解と，担当モジュールに対する精度や技巧といった高い専門性が要求され，担当範囲を明確にする必要性が増す．このため，モジュールによるブロック化の概念が，功を奏すると思われる．

ここで，少し複雑ではあるが，区別を明確にしておかなければならないことがある．それは，ソルバとインタフェースの区分である．プログラミングの立場からすると，ソルバに数行のステートメントで記述されたインタフェースを付加すればデータ転送は問題なく行われ，一つのソフトウェアパッケージとしてまとめられるので，いちいちこれらを区分する必要はないように思える．しかし，先にも述べたように，これらの二つはエンジンとフレーム

という別のブロックに分類されている．したがって，これらを明確に区別するということは，高性能なマイクロ波シミュレータを多くのプログラマによって実現するためのコンセサスの問題であることを意味する．すなわち，ソルバにフレーム機能の一部が組み入れられてソフトウェア的に一体化されていても，これらは二つの機能を一つのパッケージにしてあるという認識が重要である．

以上の説明のポイントとして，分業の観点からソルバに要求される解析手法の専門性と，シミュレータ構築に要求される全体的なモジュール間のデータ転送の制御は，異なる知識を持ってプログラミングにあたらなければ，良いシミュレータはできないということである．そこで，煩雑ではあるが，ソルバ側は，そのソルバの名称と引数（使われているパラメータ）とその定義を，フレーム作成者に宣言しなければならない．

1.3 プラグインシミュレータ

これからのマイクロ波電磁界回路シミュレータは，取り扱う対象が大規模になることが予測される．例えばデバイス，回路，アンテナ，パッケージのすべてをひとまとめとするグローバルシミュレータのように，非常に多くの機能（モジュール）を複合化させなければならない．そこで，ソフトウェアエンジニアリングの立場から，このようなシミュレータを構築する場合，コーディングタスクの分散化，製作コストの低減化などの項目が，解決されなければならない重要な課題として挙げられる．

これまで，シミュレータの構成要素であるソルバモジュールの開発や，三つのブロック（エンジン，ライブラリ，フレーム）をシミュレータのために開発してきた例は多々ある．しかし，個々のブロックやモジュールを，汎用性を持たせながら開発し，それらを統合的に結びつけられるように提案されたシミュレータの例はほとんど見受けられない．そこで，上記のような要求に対処できるプログラミング手法の一つとして，オブジェクト指向形の方法をマイクロ波シミュレータのモジュール作成に適用してみる．

1.3.1 構 成

オブジェクト指向形のシミュレータのイメージとして一式の計測システ

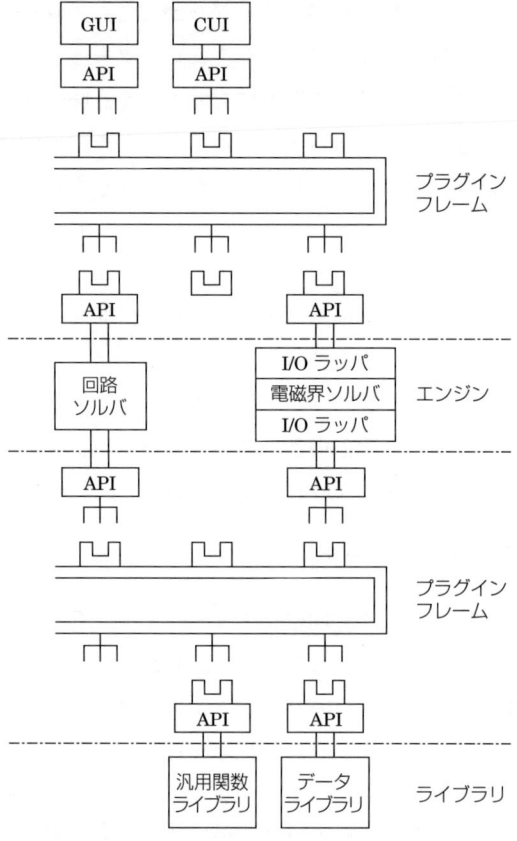

図1.3 プラグインシミュレータの概念

ム，例えばネットワークアナライザを思い浮かべればよい．このようなシステムは，モニタ，タッチパネル，メモリ媒体，アンプ・周波数解析部，電源，制御部などのモジュールと，それらを接続するケーブルや支えとなるボックスフレームより構成される．これらモジュールは，コネクタ形状が規格化されていればフレームに直にプラグインされ，接続・交換・保守・拡張が容易である．オブジェクト指向形プログラミング手法を用いたマイクロ波シミュレータは，この概念を取り入れ，アンプ・解析部などのモジュールがエンジン，電源・制御部などのモジュールがライブラリ，その他入出力インタ

フェースやボックスフレームなどをフレームと対比させればよい．ここでは，このような概念で構成されるシミュレータを「プラグインシミュレータ（Plug-In Simulator）」，また，ここで用いられるモジュール（「プラグインモジュール（Plug-In Module）」ともいう）を有機的に結合するデータ通信用ランチャを「プラグインフレーム（Plug-In Frame）」と呼ぶことにする．

プラグインシミュレータの構成要素となるモジュールは，(1) エンジン部-計算モジュール（線形・非線形回路解析ソルバ，電磁界解析ソルバ，材料デバイス解析ソルバなど），(2) ライブラリ部-ライブラリモジュール（数値計算ライブラリ，デバイスパラメータなど），(3) フレーム部-入出力 UI などが例として挙げられる．それぞれのモジュールはフレームのデータ転送機能を介して随時互いに通信し合い，必要な情報をやり取りする．これらの構成例を図 1.3 に示した．

1.3.2 モジュールの接続

プラグインシミュレータは，フレームに着目した次の二つを特徴とする．一つは，各モジュールをどのようにフレームと結びつけるかであり，他の一つは，プラグインシミュレータ用フレームの策定による共通プラットフォーム化である．はじめに，前者のモジュールのフレームへの接続について説明する．

ソルバモジュールやライブラリモジュールはそれ単独で固有の機能を持つため，他のモジュールの機能に影響されずに作成される．しかし，インタフェースなどのフレームモジュールは，固有の機能を持つモジュールの接続バッファ的な役割を演じるため，その内容はソルバなどの言語やデータ形式に左右される．しかし，オブジェクト指向形プログラミングで作成されたモジュールを用いる場合では，固有の性質を持つモジュールの内容の仔細に立ち入ることなく（カプセル化），使われている変数とその性質を宣言すれば，他とのデータのやり取りが可能となる．このように，モジュールに密着し，それとデータ伝送ラインとの間のインタフェースとなるものが，API（Application Program Interface）である．これはちょうど，パーソナルコンピュータに周辺機器を接続し，そのデータを USB ケーブルを用いて転送するときのドライバのような役目をするものと考えてよい．パーソナルコン

ピュータに周辺機器用のアプリケーションソフトウェアがインストールされていても，ケーブルのドライバがなければ，データの転送が行えないのと同じである．

　APIとは，一般的にはアプリケーション（この場合はソルバなどのモジュール）がオペレーティングシステム（OS：Operating System）より提供される機能を呼び出すために使用される，接続にかかわるサブルーチンセット及びその形式のことである．したがって，各モジュールは基本的にすべての処理を，このAPIを経由して行う．一般的なAPIは関数の形式をとっており，ソルバなどのモジュールからは適当なパラメータ（引数）を指定して，APIの関数の呼出しを行う．

　一方，ソルバモジュールやインタフェースモジュールのような個々のモジュールは，あらかじめ検討されたAPIを実装することにより，他のモジュールと双方向のデータをやり取りすることができる．また，既に作成したプログラムでソース変更ができない場合にも，アプリケーションの入出力のインタフェースとなるI/Oラッパを介することにより，プラグインフレームに接続することも可能である．これらの関係も図1.3に示した．

　1.2.3項に，二つの機能を持つ一つのソフトウェアパッケージという点について記述したが，これに関連するフレームの共通化について述べておく．APIはソフトウェア的には，各モジュールに付加されるものであり，モジュールと一体化され，一つのソフトウェアパッケージとなるが，プラグインシミュレータ全体の機能を考えると，APIはフレームの一部である．すなわち，ソルバ本体は他のモジュールとの影響なしにコーディングが可能であるが，APIは個々のソルバに近い存在ではあるが他のモジュールと連結させるという役割が大きく，プラグインフレームの一部として共通化を行ったほうがよい．したがって，APIはモジュール間のデータの流れを制御する，プラグインシミュレータのためのモジュールへの追加分であり，これはフレーム構築作業の一部であるといえる．このような理解のもとで，API及びプラグインフレームの仕様や形式を共通化・一般化すれば，多くのプログラマがシミュレータの構築に参加でき，シミュレーション技術の更なる発展が期待できる．

1.3.3 プラグインフレーム（フレームの共通化）

これまでの議論でプラグインシミュレータは，独立に開発された回路・電磁界解析ソルバや UI，汎用ライブラリなどのモジュールを API などにより，有機的に結びつけることにより構成されることを述べてきた．その中で，プラグインフレームとは，単なる各種アプリケーションのランチャ機能を持つものではなく，モジュールをフレームへ実装させるための API とデータ伝送ラインの集合体で定義できることを説明した．ここでプラグインフレームに対し重要なポイントとなるのは，それぞれのモジュール間で受け渡すデータの形式などを一致させる必要があることであり，このデータ伝送に関する取決めをできるだけ一般化することである．

このような観点から，フレーム作成に関しては規格化が必要である．すなわち，モジュール間でデータ転送を行うための標準化された通信プロトコルづくりを提案する．こうすることにより，1 台のパーソナルコンピュータにいろいろなプログラマが作成したモジュールをインストールして，ユーザ独自のプラグインシミュレータを構築することが可能となる．更に，各モジュールは各サーバに付属させたまま，通信ネットワークでこれらを接続することにより，分散形シミュレータを実現できる．このためのマイクロ波シミュレータ共通プラットフォームという環境を提供するものが，広義のプラグインフレームである．文献 [4]，[5] では，グローバルシミュレータ用プログラムの開発効率の向上，開発期間の短縮などを考慮したマイクロ波回路・電磁界解析シミュレーション分野における通信標準プロトコルの策定を提案している．

具体的なフレーム形式および通信標準プロトコルは，現在模索中であるが，プラットフォームに依存しない言語（例えば Java，テキスト文など）を用いて，少なくともプログラムの名称，変数の定義，データ転送の形式などの宣言が必要である．仮に Java による一般化されたプラグインフレームが実現し，ネットワークでこのプラグインシミュレータが利用できるようになったら，複数のユーザが同時に利用する場合を考慮し，データベース管理プログラムが必要となることが考えられる．

1.3.4 利点と発展性

プラグインフレームとは，様々なモジュールを結びつける API とデータ伝送ラインの集合体であることは前述したとおりである．API によって他のモジュールから完全に分離されるため，モジュールは基本的には言語，データ構造，アルゴリズムを問われない．また，プラグインフレームは必要に応じて信号の流れを管理するのみで，信号の内容にまで関知しないので，ユーザが自由にモジュールを組み合わせ，カスタマイズすることが容易となる．

プラグインフレームにより構成されるプラグインシミュレータの特徴としては，既存の解析リソースを用いることにより，新しいプログラムを作成する時間とコストを削減できることにある．更に，多くのモジュールを組み込むことによりシミュレータとしての機能を向上させ，保守・拡張にも柔軟に対応することができることなどが挙げられる．これにより，複数の解析モジュール，UI などを組み合わせ，多数の解析手法をシミュレータに持たせることによって，解析対象物を総合的に評価することができるようになる．

演習問題

1. ある五つの変数（整数形と実数形）データを，入力 UI とエンジン部プリプロセッサが同言語である Java の場合と異種言語である Java-Fortran の場合でのデータの受渡し（API 部分）のプログラムを作成せよ．

参考文献

[1] 島田寛之, "マイクロ波回路シミュレータの現状と課題," 信学会総合大会, pp. 488-489, 1996.
[2] 小泉 修, "図解でわかる 分散オブジェクト技術のすべて," 日本実業出版社, 東京, 2001.
[3] 豊田一彦, "マイクロ波シミュレータ共通利用基盤の構想," 信学技報, ED 2000-139, pp. 1-6, 2000.
[4] 真田篤志, 塩見英久, 上田裕子, 川﨑繁男, "マイクロ波シミュレータ共通プラットフォーム," 第3回マイクロ波シミュレータ研究会 WS, 千葉, pp. 41-50, March 2001.
[5] 川﨑繁男, 真田篤志, "(招待論文)デバイス・回路・アンテナ解析用マイクロ波シミュレータに関する一考察," 日本シミュレーション学会, pp. 215-220, June 2001.

第2章

プログラム言語の種類と特徴

2.1 概　　要

　マイクロ波シミュレータ（以下シミュレータと略す）プログラムでは基本的には回路あるいは電磁界問題を解くソルバがその中心的な役割を果たすが，このほかにもプリ・ポストプロセスにおけるデータの入力や可視化のためのGUI（Graphical User Interface）や他のソフトウェアとのインタフェースなどの多くの機能の実装が要求される．このような多様な機能を併せ持つプログラムを開発する際，各種プログラミング言語の特徴を把握しておき適切な言語を選択し使用することはプログラム機能の充実や開発の効率化に大いに役立つ．また，大規模プログラムを効率的に開発する際には，全体を独立した機能ごとに分けて別々に開発し最終的に一つにまとめるといったモジュール化が有効であるが，その際，それぞれのモジュールを開発に向いた別々の言語で記述することで開発効率を更に高めることも可能となる．

　一般に，ソルバ開発には実行コードの最適化（高速化）と大規模計算への対応が望まれる．同時に，数値計算ライブラリをはじめとする高速で信頼性のある各種ライブラリの有無も重要な要素である．これらの点でFORTRANまたはFortran 90/95（以下Fortranと略す）及びC/C++はソルバ開発には有利な言語である．歴史的に汎用機上やUNIX上で用いられてきたこれらの言語はハードウェアやOSと共に進化してきており，実行コード

の最適化という面でこれまでも大規模計算の必要な回路あるいは電磁界問題を解くための最良解として利用されてきた．また，これらは信頼性の高い豊富なライブラリ資源を持っており，現在でもソルバ開発には最も有効なプログラミング言語のうちの一つであるといえる．

ソルバの実行コードの最適化はある程度コンパイラにより自動的に行うことができるが，それ以上の画期的な速度向上には並列処理[1]が有効である．並列スーパコンピュータを用いる以外にも最近ではワークステーション（WS）やパーソナルコンピュータ（PC）を高速回線でつないだクラスタを用いた並列処理[2]が現実味を増し，今後ますます利用されると予想される．並列処理を標準的に取り扱うための手法のうちのいくつかは WS や PC 上の Fortran や C/C++ からも利用可能な並列化ライブラリとしてまとめられており，これらのライブラリの利用はシミュレータ開発にも有効である．

一方，シミュレータのプリ・ポストプロセス用の GUI プログラムの開発には動作環境に応じた煩雑な手続きが必要であり開発時間もかかる．このため，GUI 開発には通常その機能はもとより開発効率も重視される．現在最も普及している GUI 環境は，Microsoft Windows 製品（以下 Windows と略す），UNIX/Linux 上の X-Window 及び Macintosh であるが，これら環境下におけるプログラム開発の効率化には専用 GUI ライブラリの利用が不可欠となっている．通常これらのライブラリは C/C++ や Java などのオブジェクト指向プログラミング言語を用いた構造化されたライブラリ・クラスライブラリとして提供されることが多いため，GUI 開発にはこれらの言語の利用が必須となる．

また，シミュレータのプリ・ポストプロセスの一部には比較的記述が平易で短時間で開発可能な各種スクリプト言語の利用が有効な場合もある．スクリプト言語のいくつかは一般のプログラミング言語とほぼ同等な機能を提供するものもあり，スクリプト言語による高機能なプログラムも開発可能である．更に，最近では商用の数値計算パッケージソフトやマイクロ波シミュレータにも API（Application Program Interface）を持ち，外部プログラムからその機能が利用できるものも出てきている．このような異プログラム間の連携技術もシミュレータを構成する際に有効である．

第 2 章　プログラム言語の種類と特徴

　本章では Fortran，C/C++，Java 及びその他の言語についてシミュレータ開発に利用可能な技術の観点から概説する．2.2 節では Fortran の特徴を挙げ，開発環境及び数値計算ライブラリ及び並列処理ライブラリついて説明する．並列処理の方法論についてはここでは取り上げないが，文献[1]，[2]などを参考されたい．2.3 節では C/C++ 言語について開発環境，利用可能な基本ライブラリ，数値計算ライブラリ，並列化ライブラリ及び GUI ライブラリに焦点を当てて説明する．2.4 節では GUI 開発に有効な Java 言語について基本クラスライブラリ，及び GUI を含むその他のクラスライブラリについて概説する．最後に，2.5 節ではシミュレータ開発に有効なスクリプト言語を始めとするその他の言語及び周辺技術についても紹介する．

　本章で取り上げる Fortran，C/C++ 及び Java の言語の特徴について**表 2.1** にまとめておく．なお，数値計算ライブラリの詳しい利用法については第 9 章でも紹介される．

表 2.1　各種言語とその特徴

言　語	Fortran	C/C++	Java
対応プラットフォーム	汎用機 , UNIX/Linux, Windows/Macintosh	汎用機 , UNIX/Linux, Windows/Macintosh	UNIX/Linux, Windows/Macintosh
数値計算ライブラリ	SSL II/ASL, Netlib	C-SSL II/ASL, Netlib	－
並列化・クラスタライブラリ	PVM/MPI, OpenMP, pthread	PVM/MPI, OpenMP, pthread	－
GUI・グラフィックスライブラリ	－	X-Window (UNIX) WinAPI (Windows) 各種コンパイラ付属 (ライブラリ)	AWT/Swing/Java3D
通信ライブラリ	－	Socket/TLI(UNIX)/ WinSock(Windows)	java.net (コア API)
特　徴	実行速度は高速 豊富で信頼性の高い数値計算ライブラリ HPF (High Performance Fortran) やライブラリによる並列化プログラミングが可能 ソルバ開発に向く	実行速度は高速 UNIX 系の各種ライブラリが利用可能 並列化ライブラリが利用可能 IDE(統合開発環境)が充実 ソルバと GUI 両方に適す	GUI, 通信, スレッドを含む豊富なクラスライブラリが利用可能 各種プラットフォーム上での高い互換性 IDE(統合開発環境)が充実 GUI 開発に向く

2.2 Fortran

2.2.1 特徴

FORTRAN（FORmura TRANslating system）は1954年にIBMのJohn Backusらによって開発されて以来，プログラムへの数学的表現，実行コードの最適化，安定かつ豊富なライブラリ資源を背景に科学技術計算用途で多くのユーザに利用されてきた．1990年代になって汎用機を中心としたハードウェアの進化に伴いそれまでのFORTRAN 77を拡張したFortran 90/95が標準化され，構造化プログラミングの構文の利用や，ポインタ，データ抽象化・データ隠ぺいのための制御構造，メモリの動的割当機能の単純化などの機能が追加された．現在は，主にオブジェクト指向プログラミング（object-oriented programming）のサポート，構造形（derived types）の拡張，及びC言語との連携強化などを柱としたFortran 2000の標準化が進んでいる[3]．Fortranは一般に実行コードの最適化度が高く数値計算の実行速度が速いためソルバの開発には向いている．

Fortranの並列処理[1],[2]への拡張も行われている．HPF（High Performance Fortran）言語[4]はデータパラレル形の並列化機能を言語レベルで提供する．一方，メッセージ通信形や共有メモリ形の並列処理機能を提供する各種ライブラリも提供されている．Fortranで利用可能な各種並列計算用ライブラリに関しては2.2.3項で具体的に紹介する．

2.2.2 開発環境

Fortranは，汎用機からPCまでほぼすべての計算機上で動作している．コンパイラは最新のものはほとんどがFortran 90/95に準拠しており，各メーカから供給されているほか，GPLライセンス[5]に基づくオープンソースのもの[6]も入手可能である．HPFについては主としてコンパイラメーカからの供給となる．商用のコンパイラにはエディタやデバッガなどの開発に必要な一連のツールを統合し各ツールの密な機能連携により効率的なプログラミング環境を行うことができる統合開発環境（IDE: Integrated Development Environment）が共に供給されているものがあり利用できる．これらには数値計算ライブラリや並列化ライブラリが含まれる場合もある．また幾

つかの IDE には X-Window あるいは Windows 上での GUI の開発に便利な GUI 開発キットが含まれているものもある．

2.2.3 ライブラリ

Fortran からは科学技術計算ライブラリ，並列化ライブラリなどの豊富なライブラリが利用可能である．一般に各ライブラリの実行コードの最適化度も高い．Fortran 言語から利用可能な主なライブラリを**表 2.2** にまとめておく．

(1) 科学技術計算ライブラリ

SSL II や ASL は汎用機上で広く用いられている科学技術計算ライブラリである．これらを UNIX や PC 上で利用する際は各コンパイラメーカから供給されたものを利用する．オープンソースの線形代数ライブラリとして Netlib[7] による LAPACK (Linear Algebra Package)/BLAS (Basic Linear Algebra Subprograms) が広く利用されている．BLAS は LAPACK から利用される基本ライブラリである．ATLAS (Automatically Tuned Linear Algebra Software) は BLAS と同様の機能を持つライブラリであるが，実行計算機ごとに実行コードが最適化されているため LAPACK の処理の飛躍的な高速化を図ることができる．LAPACK/BLAS (ATLAS) は，UNIX/Linux 及び Windows 上で動作可能である．このほか，数値計算用ライブラリのソースコードを収めた文献も幾つか存在する[8],[9]．

表 2.2 Fortran で利用可能なライブラリ例

科学技術計算ライブラリ	SSL II/ASL (商用)	線形方程式，固有値問題，非線形方程式，極値問題，補間・近似，フーリエ変換，数値微分，積分，微分方程式，特殊関数，擬似乱数，ほか
	LAPACK/BLAS (ATLAS)	線形代数計算
並列化・スレッドライブラリ	PVM	メッセージ通信ライブラリ
	MPI	メッセージ通信ライブラリ
	OpenMP	共有メモリ用並列化指示行インタフェース
	pthread	POSIX スレッドライブラリ

（2） 並列化ライブラリ

メッセージ通信形の並列化機能を提供するライブラリとしてはPVM（Parallel Virtual Machine）[10]やMPI（Message Passing Interface）[11],[12]が存在する．PVMは最初に普及したメッセージ通信ライブラリである．その後メッセージ通信の標準化が進み制定されたMPIは一般的となり広く用いられている．MPICH[13]は高速LANにより接続された計算機クラスタでも利用可能なMPIライブラリでありソースコードも公開されている．PVMやMPIの利用法に関しては文献[2]，[14]などを参考されたい．

共有メモリ用の並列化指示行インタフェースとしてはOpenMP[15]ライブラリが標準化されており利用可能である．またスレッド利用による共有メモリ形の並列化が可能なPOSIX準拠のpthread[16],[17]ライブラリはUNIX/Linux及びWindows上で動作しており一部のコンパイラと共に供給されている．

2.3　C/C++

2.3.1　特　徴

C言語[18]は1972年Brian W. Kernighan及びDennis M. Ritchieによって開発されたプログラミング言語で，現在ではANSI（American National Standards Institute）に準拠したC言語が最も一般的である．C言語は構造化プログラミングに適し実行コードの最適化も良好でソルバの開発に向いている．また，C++言語[19]は1980年代にBjarne Stroustrupによって開発されたオブジェクト指向プログラミング言語である．C++言語はC言語をベースにクラスの概念が導入され本格的なオブジェクト指向プログラミングが可能である．Windows上のGUIを含む豊富なAPIがC++言語で書かれており，C++言語はソルバ並びにGUI環境双方を含めたシミュレータ開発に適する．またC/C++言語からもPVM[9]やMPI[10]などの並列化ライブラリが利用でき並列処理にも適している．

2.3.2　開発環境

C/C++言語は汎用機からPCまでのほとんどすべての環境において動作している．C/C++コンパイラは商用以外にもオープンソースのもの[4]を含

めて多数存在し，それぞれプロセッサに応じた実行コードの最適化がなされていたり IDE ツールが充実しているなどの特徴を持っている．Windows 及び X-Windows 用の商用 IDE の多くで，画面デザインをドラッグやドロップなどの簡単なマウス操作で行うことで手作業によるコーディングなしに GUI 開発を行うことができる高機能な GUI 開発環境が提供されており，シミュレータ GUI 開発の効率化の点で非常に有効である．

2.3.3 ライブラリ

UNIX/Linux や Windows の OS が持つシステムライブラリは C/C++ 言語からも利用可能である．その他，科学技術計算ライブラリ，並列化ライブラリ，GUI・グラフィックスライブラリも充実している．C/C++ 言語から利用可能な主なライブラリを表 2.3 にまとめておく．

（1） 標準ライブラリ

UNIX/Linux 上では，ファイル操作や，通信，タスク・スレッド制御など OS のほとんどすべての機能を担うシステムライブラリは C 言語を用いて書かれており，C 言語から簡単に利用可能である．UNIX のシステムライブラリに関する情報は多くの文献から得ることができる[20]．

Windows 上では C++ 言語で書かれたクラスライブラリ WinAPI が利用できる．WinAPI はファイル操作，タスク処理，GUI，通信機能などの OS

表 2.3 C/C++ 言語で利用可能な主なライブラリ

プラットフォーム		UNIX/Linux	Windows
標準ライブラリ (OS 付属)	ファイル操作	システムライブラリ	WinAPI
	通信	socket/TLI	WinSock
	パイプ・プロセス間通信	システムライブラリ	WinAPI
	タスク・スレッド処理	UNIX thread	Windows thread
	GUI	—	WinAPI
科学技術計算ライブラリ		SSL II 系/ASL 系/Netlib ほか	
並列化・POSIX スレッドライブラリ		PVM, MPI, OpenMP, pthread*	
外部 GUI ライブラリ		Xlib/X-Toolkit/Athena Widget, Motif, ほか	IDE 依存ライブラリ

* Windows 上では UNIX 互換ライブラリ[21]を用いる．

の機能を持っているが，各コンパイラメーカにより独自の機能を追加したより高機能なクラスライブラリが提供されており，GUI 開発にはこのライブラリの利用が最も一般的である．

　最近では UNIX 系のシステムライブラリの幾つかは Windows 上に移植されており[21]，UNIX 上のアプリケーションと Windows 上のアプリケーションとの互換性を高めることができる．

（2）　科学技術計算ライブラリ

　SSL II/ASL 系の科学技術計算ライブラリは C/C++ 言語からも利用可能で，各メーカから供給されている．C 言語で記述された LAPACK/BLAS (ATLAS) などの Netlib[6] ライブラリも公開されており信頼性も高い．これらのライブラリは UNIX/Linux 及び Windows の各プラットフォーム上で動作している．また C/C++ 言語による数値計算ライブラリのソースコードを収めた文献[24]，[25]も幾つか存在する．

（3）　並列化・スレッドライブラリ

　C/C++ 言語からも MPI[10] や OpenMP[15] の並列化ライブラリが利用可能である．POSIX 準拠のスレッド制御ライブラリである pthread は，UNIX/Linux 上では OS に標準で付属またはパッケージとして配布されている．一方 Windows 上のスレッド制御には Windows thread API が利用可能である．Windows 上で pthread を利用するには UNIX システム互換ライブラリ[21]を用いるとよい．

（4）　GUI ライブラリ

　UNIX/Linux 上の X-Window のライブラリは C 言語で書かれており利用できる．このうち Xlib は最下層にあるライブラリであり，ウィンドウの作成，図形描画，フォント管理，イベント管理などの機能を持つが，GUI 開発には上位のライブラリでより高機能な X-Toolkit, Athena Widget や Motif[22],[23] などの GUI ライブラリの利用が一般的である．これらのライブラリは通常 OS と共に各 OS ベンダから供給される．X-Window 上の GUI 開発環境を含んだ IDE も一般的でコンパイラメーカから入手可能である．

　Windows 上では，OS 付属の WinAPI を直接利用することもできるが，コンパイラメーカから IDE と共に供給されているより高機能な GUI ライブ

ラリを用いるのが最も一般的である．高機能 GUI ライブラリを備えた Windows 上の IDE は多数存在し利用できる．

2.4 Java

2.4.1 特　徴

Java 言語[26] は Sun Microsystems Inc. によって開発された汎用プログラミング言語である．Java 言語は，1) オブジェクト指向プログラミングのサポート，2) プラットフォーム独立，という特徴を持つ．入出力，タスク・スレッド，通信などの最近の OS が持つ多くの機能がオブジェクト指向の概念に基づくクラスライブラリの形で言語レベルでサポートされている．Java 言語で書かれたプログラムはバイナリレベルの互換性が保証されており，Java 言語処理系が実装されているすべてのプラットフォーム上において再コンパイルすることなしに実行できる．また Java は GUI・グラフィックス関連のクラスライブラリも充実しておりシミュレータのプリ・ポストプロセスにおける GUI 環境の開発に適する．

2.4.2 開発環境

Java は各種 UNIX/Linux, Windows 及び Macintosh 上で動作している．Java はプラットフォーム独立であるため，開発マシン及び OS は Java をサポートしているものであれば基本的に何でも良く，プログラマの使い慣れたものを選択することができる．Java コンパイラは各コンパイラメーカから無償または有償で提供されている[27]．

また他の言語同様 Java 言語にも高機能な IDE 環境が存在し，GUI プログラミングの効率化には特に効果的である．Java 言語用の IDE には無償で利用可能なもの[28],[29] から有償のものまで数多く存在する．

2.4.3 クラスライブラリ

Java のクラスライブラリはその機能ごとに分類されており，それぞれはパッケージと呼ばれている．Java 開発環境に標準で添付されるパッケージはコア API と呼ばれ，追加機能を含むパッケージは標準拡張パッケージと呼ばれる．Java の持つ基本的なクラスライブラリの例を表 2.4 に示す．コア API 及び標準拡張パッケージに関するすべての情報は API 仕様[30],[31] と

表2.4 Javaの代表的なクラスライブラリ

	パッケージ名	特徴(主要なクラス)
基本クラス	java.lang	クラス階層ルートオブジェクト(Object)とインスタンスクラスを持つクラス 文字列操作(String),算術演算(Math),スレッド(Thread)など
入出力	java.io	ファイル入出力(FileInputStream, FileOutputStream),パイプ(PipedInputStream)
GUI・グラフィックス	java.awt	GUIおよびグラフィックスとイメージのペイント用のすべてのクラス 各種のGUIコンポーネントの実装クラス多数
	javax.swing	GUIの軽量コンポーネントの実装クラス.フレーム(Frame)やメニュー(Menu)クラスなど多数
	javax.media.j3d (標準拡張パッケージ)	3Dイメージやレンダリングなどの機能を提供するクラス
通信	java.net	ソケット関連クラス(Socket、ServerSocket),IPアドレス(InetAddress),URLコネクションクラス(URLConnection)など
	javax.net.ssl	SSLを用いたデータの暗号化やピアの認証

して公開されており参考になる.このほか,Javaクラスライブラリの利用法に関してはチュートリアル[32]~[34]などの文書の情報が役に立つ.

(1) 基本クラスライブラリ

Javaのファイル入出力,文字列操作のクラスライブラリはコアAPIとして,それぞれjava.io,java.langパッケージに含まれている.また算術演算はjava.lang.Mathクラスの静的メソッド(static method)[35]として定義されており利用できる.Javaのサポートするスレッドは基本クラスとしてjava.langパッケージに含まれており,すべてのプラットフォームで利用できる.その他コアAPIには多くのクラスライブラリが含まれているが,それらの詳細についてはAPI関連のドキュメント[30]~[34]を参照されたい.

(2) GUI・グラフィックスクラスライブラリ

GUIプログラミングにはAWT(Abstract Window Toolkit)(java.awt)[30]及びSwingパッケージ(javax.swing)[34]を利用する.AWTはGUI及びグラフィックス用のすべてのクラスを含むパッケージである.Swingは「軽量」コンポーネントと呼ばれ,すべてのプラットフォームで可能な限り

ルックアンドフィールや挙動が同じように機能する GUI コンポーネントを提供する．Swing パッケージを用いれば移植性の高い GUI を開発することができる．

Java 3D[30],[34] は三次元イメージやレンダリングなどのグラフィックス機能を提供するパッケージでありデータの可視化に役立つ．Java 3D はコアAPI として標準配布はされていないが，標準拡張パッケージとして各種プラットフォーム上で追加可能である．

（3） **通信クラスライブラリ**

通信機能を提供するための多くのクラスは java.net パッケージに含まれている．ソケットやインターネット上の URL（Universal Resource Locator）を取り扱うクラスなどを含み，インターネット上のサーバとの通信が可能である．また，SSL（Secure Socket Layer）を用いた送信データの暗号化や認証が可能であるセキュアソケットパッケージ（javax.net.ssl）も利用可能である．

2.5 その他の言語と関連技術

スクリプト言語は命令をインタプリタが理解し逐次処理する言語である．コンパイルを必要とせずデバッグ作業が簡単になるため開発時間は短くなるが，実行速度は比較的低速であるため，大規模計算を必要としない単純な処理を行うプログラムの開発に向いている．この点でスクリプト言語はシミュレータのプリ・ポストプロセスにおける簡単な数値処理や変換などの処理には有効である．perl[35]，sed/awk[36] 及び bsh や csh などの UNIX 系のシェルスクリプト[37] は最も用いられているスクリプト言語のうちの一つである．最近では Ruby[38] や Python[39] などのオブジェクト指向プログラミングが行えるスクリプト言語も登場している．これらはソースコードも公開されており UNIX/Linux 及び Windows の各種プラットフォーム上で動作している．Tcl（Tool Command Language）[40] は単純なコマンドからなるスクリプト言語で，ツールキット Tk[40] と組み合わせることで簡単に GUI 開発を行うことができる．Tcl/Tk もオープンソースで各種プラットフォームで動作している．

またスクリプト言語以外では，VisualBasic[41] は Windows 上での GUI

開発に特化した製品で，シミュレータの GUI 開発に役立つ．VisualBasic は Microsoft の商用ソフトウェアである．

MATLAB[42] は線形代数ライブラリである LAPACK に優れた GUI を付加した対話形の数値計算用インタプリタであり，プログラムを記述することなく線形方程式や固有値計算などの数値処理を簡単に行うことができるため広く用いられている．MATLAB から C や Fortran プログラムを呼び出したり，逆に外部プログラムから MATLAB 内の関数を呼び出すための API ライブラリも用意されているため，シミュレータのプリ・ポストプロセスにも有効である．これらの利用法の詳細に関してはマニュアルなどを参考されたい．なお，MATLAB 自体は商用ソフトウェアであるが，MATLAB クローンの無償ソフトウェアとして Octave[43] や Scilab[44] などが存在し，Linux/Windows 双方の環境で利用できる．

Mathematica[45] も優れた GUI を備え各種数値演算処理を対話的に行うことができる技術計算システムである．Mathematica もシステムから外部プログラムを実行したり，逆に MathLink と呼ばれる API を介して外部プログラムから Mathematica の機能を利用することもできる．利用法の詳細に関してはマニュアルなどを参考されたい．

一方，マイクロ波シミュレータの機能を持つツールでシミュレータ開発に利用可能なものもある．SPICE[46] は UCB (University of California, Berkeley, USA) で開発された回路計算ツールであるが，これにインタフェースやデバイスモデルを加えた派生商用バージョンが多数存在する．オリジナルの SPICE 2 は Fortran で SPICE 3 は C でそれぞれ書かれておりソースコードも公開されているためシミュレータ開発に利用できる．

また市販のマイクロ波シミュレータパッケージ製品（数多く存在するが代表的なものとして[47]~[51] などがある）の多くでファイルを介して外部のプログラムとのやり取りが可能である．またシミュレータのなかでは Microsoft Windows Component Object Model (COM) に従った API を持ち Windows 上の外部プログラムからシミュレータの機能を利用することができるものもあり[51]，このような連携技術もシミュレータ開発に有効である．

第2章 プログラム言語の種類と特徴

参考文献

[1] Michael J. Quinn, "Parallel Computing : Theory and Practice," McGraw Hill, New York, 1994.
[2] Barry Wilkinson and Michael Allen, "Parallel Programming : Techniques and Applications using Networked Workstations and Parallel Computers," Prentice Hall, New Jersey, 1999.（飯塚 肇, 緑川博子 共訳, "並列プログラミング入門," 丸善, 東京, 2000.）
[3] Fortran Standards ホームページ http://www.nag.co.uk/sc22wg5/
[4] High Performance Fortran Forum (HPFF) ホームページ http://www.crpc.rice.edu/HPFF/
[5] GPL ライセンス http://www.gnu.org/licenses/gpl.html
[6] GNU Compiler Collection ホームページ http://gcc.gnu.org/
[7] Netlib ホームページ http://www.netlib.org/
[8] William H. Press, Saul A. Teukolsky, William T. Vetterling and Brian P. Flannery, "NUMERICAL RECIPES in FORTRAN : The art of Scientific Computing Second Edition," Cambridge University Press, Cambridge, UK, 1992.
[9] William H. Press, Saul A. Teukolsky, William T. Vetterling and Brian P. Flannery, "NUMERICAL RECIPES in Fortran 90 : The art of Scientific Computing," Cambridge University Press, Cambridge, UK, 1996.
[10] PVM ホームページ（米国オークリッジ国立研究所）http://www.csm.ornl.gov/pvm/
[11] MPI ホームページ（米国アルゴンヌ国立研究所）http://www.mcs.anl.gov/mpi/
[12] MPI Forum ホームページ http://www.mpi-forum.org/
[13] MPICH ホームページ http://www.mcs.anl.gov/mpi/mpich/
[14] Peter S. Pacheco, "Parallel Programming with MPI," Morgan Kaufmann Publishers, San Francisco, California, 1997.（秋葉 博 訳, "MPI 並列プログラミング," 培風館, 東京, 2001.）
[15] OpenMP ホームページ http://www.openmp.org/
[16] Brad Nichols, Jacqueline Proulx Farrell, and Dick Buttlar, "Pthreads Programming," Oreilly & Associates, Sebastopol California, 1996.（榊 正憲 訳, "Pthreads プログラミング," オライリー・ジャパン, 東京, 1998.）
[17] 入門書として, Steve Kleiman, Devang Shah, and Bart Smaalders, "Programming with THREADS," Prentice Hall, New Jersey, 1996.（岩本信一 訳, "実践マルチスレッドプログラミング," アスキー, 東京, 1998.）
[18] B. W. Kernighan and D. M. Ritchie, "The C Programming Language," Second Edition, Prentice Hall, New Jersey, 1988.（石田晴久 訳, "プログラミング言語C第2版（訳書訂正版）," 共立出版, 東京, 1994.）
[19] Bjarne Stroustrup, "The C++ Programming Language," Addison-Wesley, 2000.（長尾高弘 訳, "プログラミング言語C++第3版," アスキー・アジソンウェスレイ, 東京, 1998.）
[20] UNIX システムプログラミングに関する本は多数あるが, 例えば W. Richard Stevens, "Advanced Programming in the Unix Environment," Addison-Wesley, Massachusetts, 1992.（大木敦雄 訳, "詳解 UNIX プログラミング," ピアソンエデュケーション, 東京, 2000.）
[21] cygwin ホームページ http://www.cygwin.com/
[22] X. org ホームページ http://www.x.org/
[23] The Open Group のホームページ http://www.opengroup.org/

[24] William H. Press, Brian P. Flannery, Saul A. Teukolsky, and William T. Vetterling, "Numerical Recipes in C: The Art of Scientific Computing," Cambridge University Press, Cambridge, UK, 1993. (丹慶勝市, 佐藤俊郎, 奥村晴彦, 小林 誠, "ニューメリカルレシピ・イン・シー日本語版―C 言語による数値計算のレシピ," 技術評論社, 東京, 1993.)
[25] William H. Press, Saul A. Teukolsky, William T. Vetterling and Brian P. Flannery, "Numerical Recipes in C++ : The Art of Scientific Computing," Cambridge University Press, Cambridge, UK, 2002.
[26] Java ホームページ http://java.sun.com/
[27] Java 開発キット http://java.sun.com/downloads/
[28] Java 言語用 IDE eclipse ホームページ http://eclipse.org/
[29] Borland JBuilder Personal http://www.borland.co.jp/jbuilder/personal/
[30] Java API ドキュメント http://java.sun.com/apis.html
[31] Java 2 API 仕様 日本語版 http://java.sun.com/j2ee/ja/index
[32] S. Bodoff, D. Green, K. Haase, E. Jendrock, M. Pawlan and B. Stearns, "The J2EE Tutorial," Addison-Wesley, Massachusetts, 2002. ((株)カサレアル訳, "J2EE チュートリアル," ピアソンエデュケーションジャパン, 東京, 2002.)
[33] Java Developer Connection チュートリアル http://jdc.sun.co.jp/j2ee/tutorial/
[34] Java チュートリアル&ショートコース http://developer.java.sun.com/developer/onlineTraining/
[35] The Source for Perl http://perl.com/
[36] By Dale Dougherty and Arnold Robbins, "sed & awk, 2nd Edition," O'reilly & Associates, Sebastopol California, 1997. (福崎俊博 訳, "sed & awk プログラミング" 第 2 版, オライリー・ジャパン, 東京, 1997.)
[37] 各種シェルについては UNIX のマニュアル (man) ページが参考になる.
[38] Ruby ホームページ http://ruby-lag.org/
[39] Python ホームページ http://python.org/
[40] Tcl Developer Xchange ホームページ http://www.tcl.tk/
[41] Microsoft Corporation ホームページ http://www.microsoft.com/
[42] The Mathworks, Inc. ホームページ http://www.mathworks.com/
[43] Octave ホームページ http://www.octave.org/
[44] Scilab ホームページ http://scilab.org/
[45] Wolfram Research, Inc. ホームページ http://www.wolfram.com/
[46] SPICE ホームページ http://bwrc.eecs.berkeley.edu/Classes/IcBook/SPICE/
[47] Advanced Design System (ADS), Agilent Technologies http://www.agilent.com/
[48] Serenade/HFSS/Ensemble, Ansoft Corporation http://www.ansoft.com/
[49] Sonnet Suites/CST Microwave Studio, Sonnet Software, Inc. http://www.sonnetusa.com/
[50] MMICAD, OPTOTEK LTD. http://www.optotek.com/
[51] Micorwave Office, Applied Wave Research, Inc. http://www.mwoffice.com/

本文中の会社名, 製品名などは該当する各社の商標または登録商標である.

第3章

データ入出力の扱い方，可視化の方法，シミュレータ制作上の留意点

3.1 概　　要

　シミュレータには，ソルバ以外に解析対象物構造を入力する機能と，結果を表示する機能が必要である．シミュレータを分解すると図3.1のような構成に分けることができる[1]．本章では入出力の扱い方及び可視化の方法を中心に述べる．ソルバの解析手法は複数存在するが，ここではマイクロストリップ回路などのプレーナ回路を解析対象とする積分方程式に基づいたモーメント法ソルバの場合と，三次元FD-TD法(Finite Difference-Time Domain Method)を用いたソルバの場合を例にとって説明を行っていく．本章では

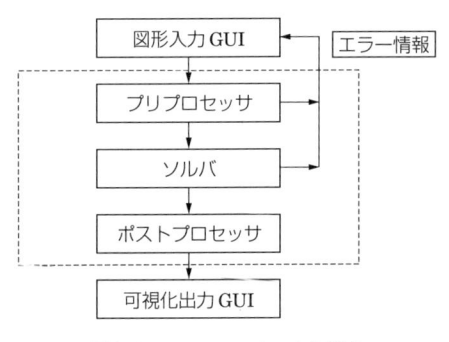

図3.1　シミュレータの全体構成

簡略化のために，前者をモーメント法，後者を FD-TD 法として表記することにする．

図形入力 GUI では，解析対象物の物理的形状や解析空間のサイズ，媒質情報などについて入力する．

プリプロセッサは，図形入力 GUI からのデータに基づいてソルバが必要とする情報を作成する．例えば，モーメント法を用いたソルバの場合は，導体部分を幾つかの小区間に分解したサブセクションデータを作成する．また，FD-TD 法を用いたソルバの場合は，空間をメッシュ上に分解し，各セルの情報を作成する．プリプロセッサはメッシュジェネレーションなどの作業を行い，ソルバが必要とするデータを作成する．図形データに誤りがある場合やソルバの必要条件を満たさない場合は，入力 GUI にエラー情報を返す．

ソルバは，プリプロセッサから受け取ったデータに従って，電磁界シミュレーションを実行し結果を出力する．

ポストプロセッサはソルバが出力したシミュレーション結果より，出力 GUI が必要とする形式へのデータ変換作業や，遠方界特性などシミュレーション結果より得られる二次的なデータを新たに計算するなどの処理を行う．ソルバの出力形態は解析手法に応じて異なる．例えばモーメント法の場合の出力は，各周波数での導体上の電流分布であり，FD-TD 法の場合は，時間ステップごとの各セルにおける電界，磁界の値である．このためポストプロセッサの役割は，ソルバの種類により異なってくる．

出力 GUI は，グラフィカルな出力ユーザインタフェースであり，ポストプロセッサの出力から電流分布，電界・磁界分布，S パラメータなどを見やすい形で可視化する．

各コンポーネント間は，いろいろな通信手段を用いて情報のやり取りを行う．代表的な通信手段としては，共有ファイルの参照により情報を共有する手法や，OLE (Object Linked and Embedding), DDE (Dynamic Data Exchange) など OS が提供するアプリケーション間通信手法を用いる方法などがある．

各コンポーネントの共通化という観点から構成を考えてみると，プリプロ

セッサ及びポストプロセッサはソルバへの依存度が高く，ソルバとセットとするほうが妥当だと思われるが，プリプロセッサの入口及びポストプロセッサの出口でフォーマットの共通化を図っておけば，図形入力 GUI 及び可視化出力 GUI は，異なる解析手法の電磁界シミュレータ間でも高い割合で共通化が可能になる．また，プリプロセッサ，ポストプロセッサに関しても，ソルバの種類を細分化しグループにまとめることで，ある程度の共通化が可能である．

3.2 図形入力 GUI

図形入力 GUI は，解析対象物の物理的形状及び解析空間サイズ，媒質情報などをグラフィカルに入力できる機能を持ち，入力された情報をプリプロセッサに渡す役割をする．図形入力 GUI の機能は，解析対象物により多少異なる．例えば，目的とする解析対象物がプレーナ回路であるような場合ならば，各層でのパターン情報を二次元形状として入力できるようにしておけばよい．また，任意の三次元形状を入力する必要がある場合は，立体的に図形入力が可能なような機能を持たなければならない．ここでは具体例として図 3.2 のような多層基板上につくられたプレーナ回路を解析対象物とする図形入力 GUI について検討する．これは，解析空間に相当するボックスの中に媒質定数の異なる複数の誘電体が積まれており，各誘電体層の境界に導体が配置されている．また，隣接する層の導体はヴィアホールによって部分的に接続され，信号の入出力としては，二つのポートが設けられている構造と

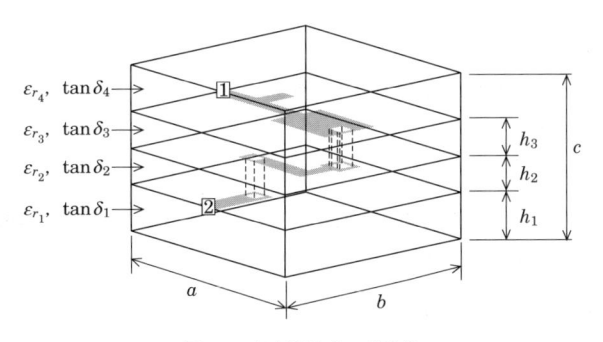

図 3.2 解析対象物の構造例

する.

3.2.1 必要項目
このような構造の場合，必要となる入力情報は以下のものが考えられる．
1. ボックスサイズ
2. 境界条件
3. 各層の誘電体情報
4. 導体情報
5. ポート情報

ボックスサイズは，解析空間に相当するサイズであり，多くのモーメント法のソルバの場合，基板の大きさに相当する．境界条件はボックスの各面での電磁界的な条件を示すものであり，ソルバの解析手法により異なってくるが，吸収境界，電気壁，磁気壁などの指定を行う．各層の誘電体情報は，誘電体の厚み，誘電率，誘電正接，導電率，透磁率などを設定する．導体情報は，パターンとして描かれた導体の体積抵抗率，導電率，透磁率を設定する．また，図3.3のように部分的に定数の異なる導体が配置される場合も考え，パターン導体の種類は複数設定できるようにする．プレーナ回路の解析の場合，入出力ポートを取り付け，最終目的として S パラメータを求める場合が多い．このため，パターンのどこにどのようなポートを取り付けるかを指定する必要がある．ポート情報としては，位置情報として+，−端子のそれぞれの取付け位置，電気的な情報としてはポート番号，ポートインピーダンスを指定する．また必要に応じて，参照面の移動情報（ポートオフセット位置）なども指定する．

3.2.2 機　能
（1）　解析空間サイズ及び媒質情報の入力機能

全体の解析空間サイズ及び各レイヤの媒質条件を設定できる機能を設ける．作図の途中でも変更できるようにし，任意のレイヤ間にも自由に追加及び削除が可能なようにする．

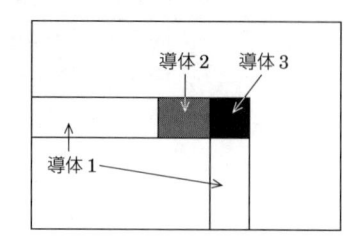

図3.3　誘電体上の導体配置例

（2） 作図機能

作図はレイヤごとにマウスを用いグラフィカルに図形を入力可能な機能を設ける．プリント板を上から見た状態で行えるようにし，四角形，楕円，多角形，三角形，扇形などの形状部品を設ける．配置した図形はマウスにより容易にサイズ変更が可能になるようにし，回転や反転機能，図形変換機能も設けるとよい．

（3） 補助機能

作図の際の補助機能としては，拡大・縮小表示機能，2点間の距離測定機能，コピー・ペースト機能，移動機能などを設けると便利である．

（4） 出力機能

印刷機能，ビットイメージコピー機能を設ける．また，DXFファイルやガーバファイルなど他のファイル形式への出力機能を設けると便利である．

（5） プリプロセッサへの出力機能

媒質情報，導体情報，図形情報を整理しプリプロセッサに引き渡す機能を設ける．プリプロセッサへのデータ送信はテキスト形式にしておくと便利である．図3.4に図形入力GUIの例とプリプロセッサへのデータ引渡し文の例を示す．フォーマットの詳細な説明は省略するが，媒質情報，図形情報，ポート情報などを適当なタグを設け，テキスト形式で作成している．データ引渡し形式は，高速性を重視するならば，バイナリ形式のほうがよいが，デバッグの容易さ，汎用性を考えるとテキスト形式のほうがよい．シミュレータ間でこのフォーマットを統一化しておくと，図形入力GUIの共有化が容易になる．

3.3 プリプロセッサ

プリプロセッサは，入力された図形情報に基づいて，ソルバが必要とするデータを作成する機能を持つ．重要な機能の一つにメッシュジェネレーション機能がある．この機能はソルバの解析手法により異なるので，モーメント法の場合とFD-TD法の場合について述べる．

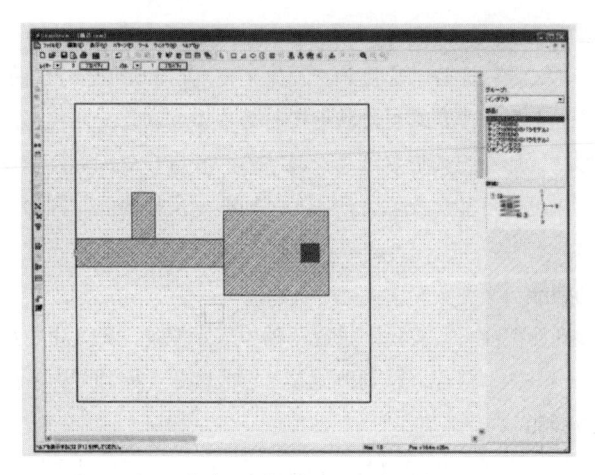

(a) 図形入力 GUI の表示例

// 解析領域の情報
RealBoxSize(MAXZ=18, MAXX=25.6, MAXY=25.6, ER=1, SIG=0, UR=1, TAND=0)
// グリッドピッチ
GridSize(X=400u, Y=400u)
// 導体情報
RealMetal(No=1, MUR=1, RDC=0, MLO=0, XDC=0, LS=0, Col=0, Ptn=1)
// 媒質情報
RealLayer(No=1, H=5, XS=0, XE=25.6, YS=0, YE=25.6, ER=3.4, SIG=0, UR=1, TAND=0, EGND=1, AOR=0, BOR=0)
RealLayer(No=2, H=4, XS=0, XE=25.6, YS=0, YB=25.6, ER=3.4, SIG=0, UR=1, TAND=0, EGND=1, AOR=0, BOR=0)
RealLayer(No=3, H=4, XS=0, XE=25.6, YS=0, YE=25.6, ER=3.4, SIG=0, UR=1 ,TAND=0, EGND=1, AOR=0, BOR=0)
// 図形情報
RealPTRect(ID=1, XS=10.8, XE=14, YS=0, YE=8.8, Mode=1, Metal=1, No=1)
RealPTRect(ID=3, XS=18.8, XE=22, YS=11.2, YE=14.4, Mode=1, Metal=1, No=2)
RealPTRect(ID=4, XS=10.8, XE=19.6, YS=6.4, YE=8.8, Mode=1, Metal=1, No=2)
RealPTRect(ID=5, XS=19.6, XE=21.2, YS=6.4, YE=11.2, Mode=1, Metal=1, No=2)
RealPTRect(ID=7, XS=0, XE=12.8, YS=11.6, YE=14, Mode=l, Metal=1, No=3)
RealPTRect(ID=8, XS=12.8, XE=22, YS=9.2, YE=16.4, Mode=1, Metal=1, No=3)
RealPTRect(ID=9, XS=4.8, XE=6.8, YS=14, YE=18, Mode=1, Metal=l, No=3)
RealRectVia(ID=2, XS=11.2, XE=12.8, YS=6.8, YE=8.4, No=2)
RealRectVia(ID=6, XS=19.6, XE=21.2, YS=12, YE=13.6, No=3)
// ポート情報
RealPort(RectID=1, Pos=3, ZP=5, XP=12.4, YP=0, ZN=5, XN=12.4, YN=0, Mode=1, Off=0, Number=2, Layer=1, Rp=50, Ip=0)
RealPort(RectID=7, Pos=4, ZP=13, XP=0, YP=12.8, ZN=13, XN=0, YN=12.8, Mode=1, Off=0, Number=1, Layer=3, Rp=50, Ip=0)

(b) プリプロセッサへのデータ引渡し文の例

図 3.4

3.3.1 メッシュジェネレータ
（1）モーメント法

導体表面電流を変数とするモーメント法の場合は，積分方程式の解を得るために，導体部分をサブセクションと呼ばれる小区間の導体に分割し，既知の展開関数の線形結合として各サブセクションに流れる表面電流を連立化して求める．一つのサブセクション内での電流の変化は一定であるとして取り扱うために，サブセクションサイズは波長に対して十分小さくなければならず，$\lambda_g/20$ 程度に設定されることが多い．また，パターンのエッジ部分には電流が集中するために，エッジに沿って細かい分割にする必要がある．線路幅が変化するステップ部分や，線路が分岐する Tee ジャンクションなどの不連続部分では電流の変化が複雑になることが考えられるので，これらの部分は特に細かく分割する必要がある．しかし，変数は各サブセクションに対して設定されるために，いたずらにサブセクションを細かくすると，マトリックスサイズが大きくなり，CPU 時間，コンピュータリソースを浪費することとなるため，最適な分割を施す必要がある．図3.5にサブセクション分割の例を示す．パターンのエッジ部分や不連続部分，ポート部分が細かく分割されている様子が分かる．モーメント法の場合，解析する周波数，パターン形状，展開関数に従って離散化の大きさ及び形状を決定する．

（2）FD-TD法

FD-TD法の場合は，解析空間全体をメッシュ状に分割する必要がある．離散化を行う際に，空間離散間隔は空間周波数成分の上限に対してナイキストのサンプリング条件を満足させるように決め，一般的には $\lambda_g/10 \sim \lambda_g/20$ 程度にする．また，時間軸上の離散間隔は次の Courant（クーラント）安定条件を満足するように決定しなければならない[2]．

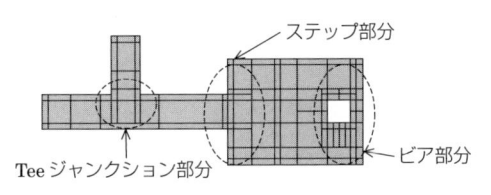

図3.5　サブセクション分割例

$$V_{max} \Delta t \leq \cfrac{1}{\sqrt{\cfrac{1}{\Delta x^2} + \cfrac{1}{\Delta y^2} + \cfrac{1}{\Delta z^2}}} \tag{3.1}$$

ここで，V_{max} は電磁波の伝搬速度，Δt は刻み時間間隔，$\Delta x, \Delta y, \Delta z$ はそれぞれ x, y, z 方向のメッシュサイズである．

FD-TD 法の場合の最適なセル形状は立方体である．これは立方体の場合，中心差分により一次の誤差項がキャンセルされ最も高い精度が得られるためである．しかしセルサイズを立方体のみとすると，そのサイズは波長の最も短い部分で決定されてしまうために，セル数が膨大となる可能性がある．このため媒質定数に従ってメッシュ間隔を可変する方法が一般的に用いられるが，この場合は隣接するメッシュ間で急激に間隔を広げないなどの配慮が必要である．このように，FD-TD 法の場合は媒質条件に応じて，最適なメッシュ分割を施す必要がある．

3.4 ポストプロセッサと出力 GUI

ソルバからの出力はポストプロセッサに渡され，可視化処理に必要な情報の抽出が行われる．出力 GUI は，ポストプロセッサの出力から，電流分布，電界・磁界分布，S パラメータなどを見やすい形で可視化する．

ポストプロセッサはソルバの後処理系に位置し，ソルバの一次出力から可視化処理に必要な情報の抽出を行い，出力 GUI が必要とするデータを作成する．可視化できる情報はソルバの種類に依存するものの，ソルバの一次解からいろいろな副次的な情報を得ることも可能である．

出力 GUI は，グラフ出力機能とフィールドプロット機能に大別することができる．グラフ出力機能としては S パラメータ表示，遠方界パターンの二次元表示，観測点での電圧表示などがある．フィールドプロット機能としては，電流分布表示，電磁界分布表示，遠方界三次元表示などがあげられる．

3.4.1 電気的特性の出力

（1）S パラメータ

多くの電磁界シミュレータの場合，最終目的として S パラメータが要求

される場合が多いが，ソルバの多くはSパラメータを直接的な変数として解くわけではなく，一次出力の結果よりSパラメータが計算されることが多い．Sパラメータの計算機能はソルバ内に持たせる場合も多いが，ここではポストプロセッサの機能としてSパラメータを算出する場合について述べる．

（a） モーメント法　　モーメント法の場合，サブセクションの面電流を変数として，連立方程式を作成して解くわけであるから，一次出力は各サブセクションの面電流値である．Sパラメータを求める場合は，ポートサブセクション上の面電流値及びサブセクション幅から，各ポートに流れ込む電流の総和を求め，ポート電流とポート電圧を得る．mポート回路の場合，各ポートにおける電圧，電流の値から次の定義式に従ってSパラメータを求める．

$$\begin{bmatrix} b_1 \\ b_2 \\ \cdots \\ b_m \end{bmatrix} = \begin{bmatrix} S_{11} & S_{12} & \cdots & S_{1m} \\ S_{21} & S_{22} & \cdots & S_{2m} \\ \cdots & \cdots & \cdots & \cdots \\ S_{m1} & S_{m2} & \cdots & S_{mm} \end{bmatrix} \begin{bmatrix} a_1 \\ a_2 \\ \cdots \\ a_m \end{bmatrix} \qquad (3.2)$$

$$a_k = \frac{1}{2}\left(\frac{V_k}{\sqrt{Z_k}} + \sqrt{Z_k}\,I_k\right) \qquad (3.3\,\mathrm{a})$$

$$b_k = \frac{1}{2}\left(\frac{V_k}{\sqrt{Z_k}} - \sqrt{Z_k}\,I_k\right) \qquad (3.3\,\mathrm{b})$$

ここで，V_k, I_k, Z_kはそれぞれk番目のポートにおける電圧，電流及びポートインピーダンスである．ちなみに，電磁界解析時にポートに印加する信号電圧を1Vとしておくと，以下の式が得られ，ポート電圧を調べるだけで簡単にSパラメータを得ることができる．

$$\left.\begin{aligned} S_{mm} &= 2V_m - 1 \\ S_{mn} &= 2V_m\sqrt{\frac{Z_n}{Z_m}} \end{aligned}\right\} \qquad (3.4)$$

（b） FD-TD法

FD-TD法の場合，メッシュ分割された各セルに電界磁界を割り当て，Δtの時間ステップごとの電界磁界成分の変化を逐次シミュレーションする手法

であるため，ソルバの一次出力として得られるものは，各セルにおける電界磁界の時間的変動である．Sパラメータを求めるためには，ポートセルにおける電界成分の時間的変動データよりポート抵抗に発生する電圧波形を求める．各ポートにおける電圧波形をフーリエ変換し，次式に従って計算することで，n番目のポートから励振した場合のSパラメータを求めることができる．

$$S_{mn} = \left(\frac{F[V_m(t)]}{F[V_n(t)]}\right)\sqrt{\frac{Z_n}{Z_m}} \qquad (3.5)$$

ただし，$F[\ ]$はフーリエ変換演算を表し，$V_m(t), V_n(t)$はそれぞれポートm, nにおける電圧，Z_m, Z_nはポートインピーダンスである．

(2) その他の電気的特性

Sパラメータを求めることができると，Yパラメータ，Zパラメータも簡単な変換式により求めることができ，2ポート回路ならば，Hパラメータ，Fパラメータも容易に求めることができる．またSパラメータの$S_{mn}(m=n)$成分は反射係数となるが，この値よりポートから見たインピーダンスは，次式で求めることができる．

$$Z = Z_m \frac{1+\Gamma}{1-\Gamma} \ (\Omega) \qquad (3.6)$$

ここで，$\Gamma = S_{mn}(m=n)$，Z_mはm番目のポートのインピーダンスである．アンテナの入力インピーダンスをシミュレーションする場合などでは，Zの実部，虚部を表示することで，入力インピーダンスの周波数特性をグラフ化することができる．図3.6のグラフは，パッチアンテナをモーメント法によりシミュレーションした場合の，S_{11}表示と入力インピーダンスの表示例である．

(3) スミスチャートの描画

スミスチャートは，正規化インピーダンス$Z = r + jx$と反射係数Γの関係を容易に視認できる図表である．複素反射係数平面において，正規化インピーダンスのr及びx成分をパラメータとして，反射係数Γを表す図表を考える．反射係数と正規化インピーダンスには次の関係がある．

$$\Gamma = \frac{z-1}{z+1} \qquad (3.7)$$

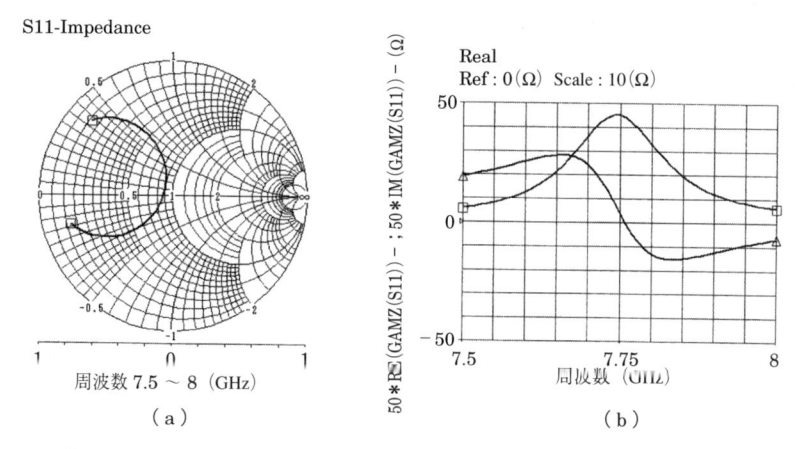

第3章 データ入出力の扱い方，可視化の方法，シミュレータ制作上の留意点   39

S11-Impedance

図3.6 (a) S パラメータグラフと(b)入力インピーダンスの実部，虚部表示例

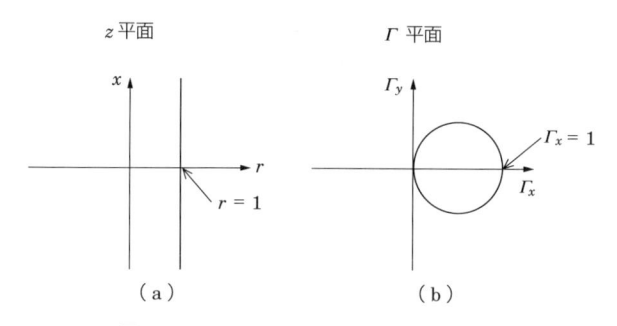

図3.7 $r=1$ のときの z 平面と Γ 平面の関係

この式を変形し，Γ の実数部を Γ_x，虚数部を Γ_y と置くと

$$\Gamma = \frac{z-1}{z+1} = \frac{r-1+jx}{r+1+jx} = \Gamma_x + j\Gamma_y \tag{3.8}$$

この式を理解するために，r, x を片方ずつ可変して，インピーダンス平面と反射係数平面を並べて書いてみる．例えば，インピーダンス平面において，$r=1$ 固定で x のみを動かした場合の軌跡は，図3.7(a)のように，上下に伸びる直線となる．また，式 (3.8) に，$r=1$ を代入し，x を少しずつ可変し，Γ_x, Γ_y の値を Γ 平面上にプロットすると，図3.7(b)のように円になる．

(a)　　　　　　　　　(b)

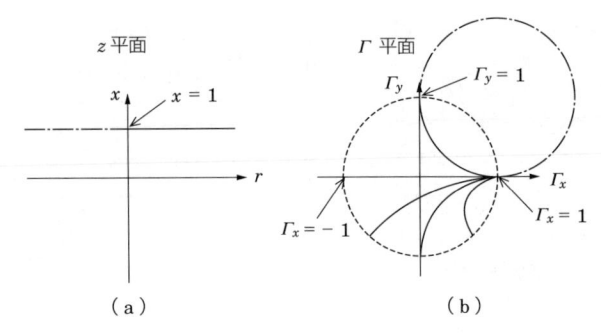

図3.8　$x=1$ のときの z 平面と Γ 平面の関係

次に，$x=1$ に固定し，r を $-\infty$ から $+\infty$ まで動かしてみると，図3.8(b)のように $r>0$ の範囲では，$|\Gamma|<1$ の円内で動き，$r<0$ の範囲では，破線の線上を動くことが分かる．このようにして，$r=0$ のとき，$r=1$ のとき，$r=2$ のときと Γ 平面上に軌跡を書き込んでいき，続いて，$x=0$, $x=\pm 1$, $x=\pm 2$, …と書き込んでいくと，図3.9のような図表が出来上がる．これが，基本的なスミスチャートとなる．

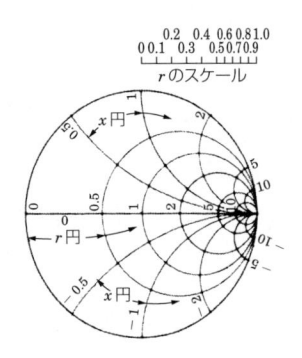

図3.9　直交する二つの円群

インピーダンス平面の r および x の等値曲線は円となるが，解析的にこれを証明することができる．式 (3.8) を変形していくと

$$\left(\Gamma_x - \frac{r}{r+1}\right)^2 + \Gamma_y^2 = \frac{1}{(r+1)^2} \qquad (3.9\,\text{a})$$

$$(\Gamma_x - 1)^2 + \left(\Gamma_y - \frac{1}{x}\right)^2 = \frac{1}{x^2} \qquad (3.9\,\text{b})$$

の二つの式が得られる．これらの式は，円の方程式そのものであり，スミスチャートの等値曲線が，直交する2組の円群であることが分かる．式(3.9 a)は抵抗 r が一定の場合の Γ_x, Γ_y の円を表し，円の中心は Γ_x 軸上にあり，原点から $r/(r+1)$ だけずれる．また，円の半径は，$1/(r+1)$ となる．式(3.9 b)は，リアクタンス x が一定の場合の Γ_x, Γ_y の円を表し，その中心は，$\Gamma_x=1$

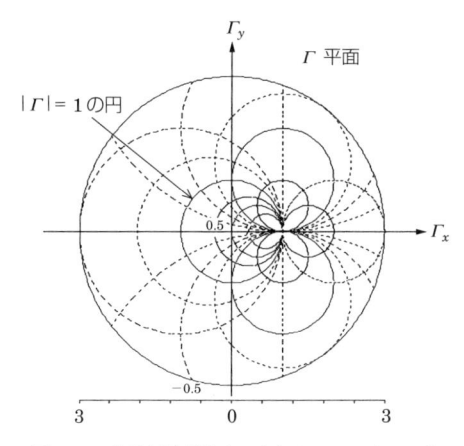

図3.10 負性抵抗領域まで表したスミスチャート

の垂直線上で，$\Gamma_x=1/x$ だけ上下にずれている．また，円の半径は $1/|x|$ になる．図3.9のスミスチャートは $r>0$ のエリアの図表であり，これを $r<0$ の領域まで拡張することもできる．図3.10は負性抵抗領域まで表示したスミスチャートの例で，$|\Gamma|>1$ の領域は，インピーダンス平面では，$r<0$ の領域に相当する．付属の CD-ROM にスミスチャートのサンプルプログラムを添付する．このサンプルコードは，Microsoft 社の Visual stdio.NET のプロジェクトで 'Smith' の名称となっている．このプログラムは，任意の大きさのスミスチャートを描くことができる．描画部分は分かりやすいように，CSmithChart クラス一つにまとめてある．

3.4.2 フィールドプロット

フィールドプロットには，電磁界分布や電流密度分布，遠方界パターンのプロットなどがある．データの表示手法としては，等高線表示，シェーディング，ベクトル表示などが一般的である．ここではモーメント法における電流密度分布のプロットの場合を例にとって要点を述べる．

（1）電流分布の表示

モーメント法の場合，一次解は各サブセクションにおける面電流値であるので，この値を可視化することで導体上の電流分布を見ることができる．

（a）展開関数と電流分布の関係　ルーフトップ展開関数を用いて積分

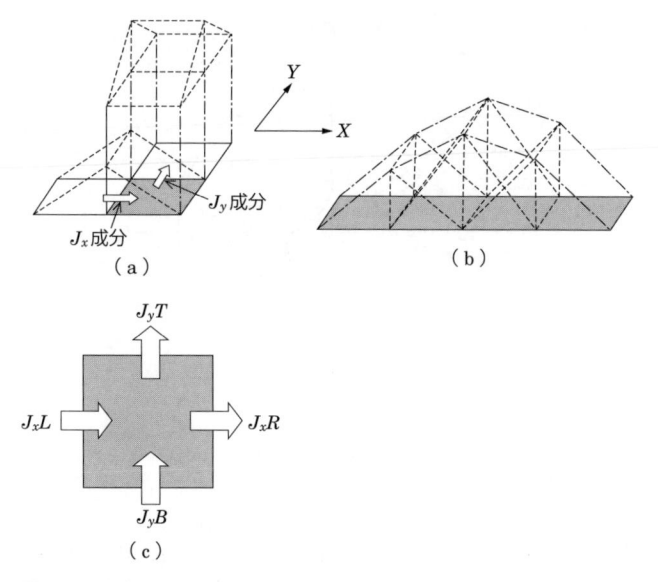

図 3.11 （a）X, Y 方向それぞれの展開関数の様子，（b）複数のサブセクション上の電流分布，（c）一つのサブセクション上の変数の配置

方程式の解を展開した場合，一つのサブセクションには図 3.11（a）のような X, Y 方向の展開関数が設定されている．複数のサブセクションが連結している部分では，図 3.11（b）のように各ルーフトップの頂点を結んだ値となり，端部では 0 に収束している．この値を可視化する場合には，展開関数の形に従って各サブセクション内の電流値を計算し，値ごとに色相分割表示やワイヤフレーム表示などを行う．

各サブセクションのサイズは不均一なため，ポストプロセッサにより細かい均一なサブセクションに変換し出力 GUI に渡す．均一化したサブセクションの電流値は図 3.11（c）のように各辺の値としておくとよい．

（b）色相分割表示方法 X 方向の色相変化は J_x 成分，Y 方向の色

赤	緑	青	領域
1	0	0	D
1	1↑	0	
1↑	1	0	C
0	1	0	
0	1	0↑	B
0	1	1	
0	1↑	1	A
0	0↑	1	

赤(100)

青(0)

図 3.12 電流レベルと色相の関係

相変化は J_y 成分に従うようにし，色相と電流値の関係は，図 3.12 の色相順を用いるとよい．この色相分割の手法は，電流値レベルを低いほうから青→水色→緑→黄色→赤へと可変するもので，領域 A では赤を 0，青を 1 とし，緑を 0 から 1 まで可変していることを示している．例えば各領域での色相変化を 128 段階とすると，全体を 512 色に分割することとなる．

（c） ワイヤフレーム表示方法　　ルーフトップの頂点を結んだ図を表示すると，図 3.14（b）のワイヤフレーム表示となる．ワイヤフレーム表示の場合は方向性がないので，J_x, J_y 成分の大きなほうを採用するか，$|J|=\sqrt{|J_x|^2+|J_y|^2}$ で計算した値に従って高さを決めるとよい．

（d） ベクトル表示方法　　各サブセクション，若しくはサブセクション内の微小部分における J_x, J_y 成分の実数部をそれぞれ X 及び Y 成分としてベクトルを作成することで，電流の流れる方向及び大きさをベクトル表示することができる（図 3.13）．

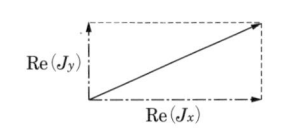

図 3.13　ベクトル表示時の大きさと方向のとり方

（a） 色相表示

（b） ワイヤフレーム表示

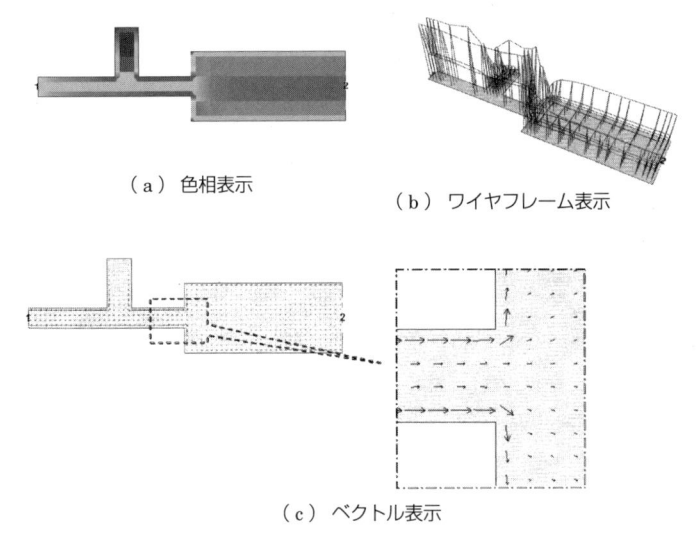

（c） ベクトル表示

図 3.14　電流分布の表示例

（e）**アニメーション方法** アニメーション機能は，電流分布の周波数的な変動や時間的な変動を動的に観測する機能である．時間的な変動とは，1周期内の電流変動をダイナミックに観測するもので，J_x, J_y に時間因子 $\exp(-j\omega t)$ を乗じ，ωt を 0 から 2π まで可変することで，観測することが可能である．

（f）**三次元グラフィック処理の実現** 三次元構造のものをシミュレーションする場合，フィールドプロットも三次元表示が要求される．三次元表示を行うには，MFC などの標準グラフィック関数を用いて表示させることもできるが，陰面消去や透視処理など複雑な三次元処理コードを作成する必要があるほか，標準グラフィック関数を用いた場合，レンダリング処理の遅さからシェーディングやアニメーション描画がスムーズに行えないなどの問題がある．このようなグラフィック描画の問題を解決するには，OpenGLや DirectX のような三次元グラフィックスライブラリを利用するとよい．OpenGL の場合は，多角形の頂点座標を指定するだけで，三次元空間での描画を高速に行うことが可能で，各頂点の色を設定するだけで自動的にシェーディングを行うなどの機能が豊富に設けられている．

3.5 シミュレータ制作上の留意点

汎用シミュレータは，入出力 GUI，ソルバなどコンポーネントの種類も多種にわたるが，各コンポーネントのプログラムサイズもかなり大きなものになる．このため，プログラム構造を十分検討して，実用的なソフトウェアを作成することが重要である．

3.5.1 オブジェクト指向

シミュレータを開発する場合，プログラムを作成する場合と，保守拡張する場合の二つの状況がある．プログラム作成時は，初期の目的とする機能を十分達成させること，開発スピードを速くすることである．また，保守拡張時は，プログラムの読みやすさ，ステートメントの追加，削除の容易さなどが要点となる[3]．オブジェクト指向プログラムの特徴には，情報の隠ぺい，多相性，継承などがあり，各機能をクラス化や構造体化することで，コンポーネント間のコードの共用化や，変更が他の機能への影響を及ぼしにくいソ

フトウェア構造にすることができる．

3.5.2 メモリアロケーション

汎用性を重要視するのであれば，解析規模や入力データ数によって処理制限を受けないようなメモリアロケーションを心がける必要がある．処理可能な最大サイズを最初から限定し，起動時に固定メモリを確保するというような手法は，メモリの利用効率が劣化する上，処理規模が制限を受けるため極力避けるべきである．メモリは必要な量だけ逐次確保し，効率の良いメモリアロケーションを行うようにする．

3.5.3 データ構造

ダイナミックなメモリアロケーションを実現するには，図 3.15 のようなデータ構造の親子関係，兄弟関係のツリー構造とすると扱いやすい．例え

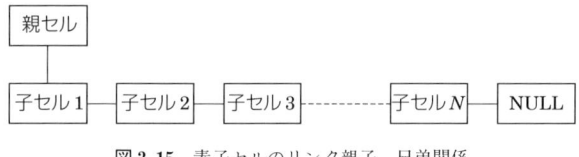

図 3.15 素子セルのリンク親子，兄弟関係

```
//サブセクションデータ構造体
struct subsection {
  double xp,yp; //座標
  double wx,wy; //サイズ
  .
  .
  struct subsection *pPrev; //一つ前の子セルへのポインタ
  struct subsection *pNext; //次の子セルへのポインタ
};

//ループ処理の例
struct subsection *pSub=pTopSubsection; //子セル1のポインタ
for(; pSub;pSub=pSub->pNext) {
   //処理
   pSub->xp=10;
   pSub->yp=10;
   .
   .
}
```

図 3.16 素子セルの構造例とアクセス例

ば，モーメント法の場合のサブセクションを例にとると，C言語で記述する場合であれば，図3.16のような構造体を定義し，サブセクション一つに対してこの構造体一つを確保する．サブセクション構造体間は'pNext'，'pPrev'ポインタにより相互にリンクする．このようにすると，トップのポインタから順次リンクを手繰ることで，すべてのサブセクションデータにアクセスすることができる．また，メモリはサブセクションの個数だけ構造体を確保することとなり，むだなアロケーションは発生しない．C++言語で行う場合は，同様のクラスを定義し，リストクラスで管理すると同等の構造とすることができる．

参考文献

[1] 豊田一彦,"マイクロ波シミュレータ共通利用基盤の構想," 信学技報, MW 2000-92, pp. 1-6, Sept. 2000.
[2] 山下榮吉, 銭 永喜,"FDTD法によるマイクロ波平面回路・アンテナ特性の解析," pp. 14-15, リアライズ社, 東京, 1998.
[3] 宇都宮敏男ほか,"電子回路のCAD," pp. 252-254, 電子通信学会, 東京, 1984.

第4章

積分表現から出発する解析法

4.1 はしがき

　1960年代後半にハリントン（Harrington）は積分方程式の数値解法にモーメント法（Method of Moment）の考え方を導入し，この方法をアンテナや散乱問題の解析手法として具体的かつ理論的に整理した[1]．このモーメント法の手順は電磁界問題の積分方程式解析ではほとんど必ず使用されるため，モーメント法という言葉はほぼ積分方程式解法の同義語として使われるようになった．しかし，積分方程式法は積分表現に基礎を置く方法の通称であり，モーメント法は積分方程式あるいは積分微分方程式の数値解析に適用される一つの手法であって，両者は本来別物である．

　周波数を指定した解析の場合には積分方程式法は数ある電磁波の数値解法の中でも最も少ない未知数の数で最も精度の高い結果を与えるという大きな特徴を持つ手法である．未知数の数が少なくてすむのは未知数を面上のみにとるという他の手法にない特徴のためである．また，精度が高いのはモーメント法の適用ということに幾分理論的根拠があるが，実は積分という平滑化作用素のほうが計算精度を上げる効果が大きいといえる．この方法の最大の欠点は手順が大変複雑で定式化に数多くの数学的あるいは物理数学的知識を必要とする点である．特にマイクロ波集積回路のように接地導体や誘電体基板が存在する構造の場合この傾向が顕著である．精度が高くかつ実用上重要

な手法であるにもかかわらず，マイクロ波集積回路の電磁波特性を解析するという観点で積分方程式法を総合的に説明した文献は現在のところ皆無に近い．本章では電磁波の基本的な方程式から始まって，本格的な大規模構造解析の特別な手法までを含め，できるだけ手順を追って，積分方程式法による定式化法の要点を総合的に解説する．ただ，この手法にもいくつかの異なる手法があり，解析対象の違いによる定式化法の違いもある．したがって，限られたページでこれらを広く網羅する記述はとうていできない．特に最初の段階の定式化でスペクトル領域の解析法と空間領域の解析法の選択が必要となるが，本章ではこれまでの文献の記述から判断して本道と思われる後者の空間領域解析法のみを取り上げる．また，解析対象もかなり最初の段階から絞り込み，基板の広がりが理論的に無限大のマイクロストリップ構造のもの（アンテナやマイクロ波集積回路）を想定して話を進める．

マイクロストリップタイプのマイクロ波集積回路やアンテナの解析では，通常パッチ上の電流を未知数とした積分方程式をつくる．この際パッチ上の電流を近似表現する簡単な方法としてワイヤグリッド（wire-grid）モデルを利用する方法があり，この方法がしきりに用いられた時代があった．しかし，ワイヤグリッド近似には偽のループ電流が発生するなどの欠点があり，精度もあまり高くないため，現在ではあまり使われない．最近では面パッチ電流で近似する方法が主流であるので，本章では面パッチで電流を近似する方法のみを取り上げる．モーメント法が散乱問題やアンテナ問題に対してさかんに適用された1970年代，80年代に比べ，最近のマイクロストリップ構造を対象とした積分方程式解法では一連の手順中におけるモーメント法自体の役割はかなり小さくなっている．すなわちモーメント法のほかにCIM（Complex Image Method），Prony法，MPOF（Matrix Pencil of Function）法，FMM（Fast Multipole Method），AIM（Adaptive Integral Method），FFT（Fast Fourier Transform），CGM（Conjugate Gradient Method）などの手順が解析の効率化のために適宜使われるようになっている．本書ではこれらの手法が一連の手順中でどのように使われるのもできるだけ簡潔に説明する．手順の途中でしばしば発生する手法選択が迫られる場面では，できるだけ本道と思われる手法を選んで話を進める．ただ，ペー

ジ数の制約から，具体的な式表現については文献を参照するよう促した箇所が多いことを最初にお断りしておきたい．

4.2 電界の積分表現

一般に電界ベクトル E と磁界ベクトル H はベクトルポテンシャル A とスカラポテンシャル ϕ を用いて

$$E = -j\omega A - \nabla\phi \tag{4.1}$$

$$H = \frac{1}{\mu}\nabla \times A \tag{4.2}$$

と表すことができる．ϕ をローレンツ条件

$$\phi = -\frac{1}{j\omega\varepsilon\mu}\nabla \cdot A \tag{4.3}$$

を満足するように選ぶと，式 (4.1) は

$$E = -j\omega A + \frac{1}{j\omega\varepsilon\mu}\nabla(\nabla \cdot A) \tag{4.4}$$

とも書ける．ただし，A は

$$\nabla^2 A + k^2 A = -\mu J \tag{4.5}$$

を満足するベクトルであり，J は電流源ベクトルである．また，ϕ は

$$\nabla^2 \phi + k^2 \phi = -\frac{\rho}{\varepsilon} \tag{4.6}$$

を満足するスカラ関数であり，ρ は電荷源である．ρ を連続の式を用いて J を使った表現に置き換えると，式 (4.6) は

$$\nabla^2 \phi + k^2 \phi = \frac{1}{j\omega\varepsilon}\nabla \cdot J \tag{4.7}$$

とも書ける．電流の存在する面以外に境界が存在しない自由空間の問題では式 (4.5) の解 A は

$$A = \int_V \mu J G(r, r') dv' \tag{4.8}$$

と表現できる．ここで，V は J の分布する領域，r, r' はそれぞれ観測点，波源点（あるいは積分点）の座標ベクトル，プライム記号はその量が r' 座標に関する量であることを示すために付けてある．また，$G(r, r')$ は方程式

$$\nabla^2 G + k^2 G = -\delta(r - r') \tag{4.9}$$

の自由空間における解，すなわち自由空間グリーン関数

$$G(\boldsymbol{r}, \boldsymbol{r}') = \frac{e^{-jk|\boldsymbol{r}-\boldsymbol{r}'|}}{4\pi|\boldsymbol{r}-\boldsymbol{r}'|} \tag{4.10}$$

である．式(4.9)の $\delta(\boldsymbol{r}-\boldsymbol{r}')$ はディラック(Dirac)のデルタ関数である．

例えば式(4.8)を式(4.4)に代入した場合，∇ が観測点座標の演算子であることを考慮すると，電界 $\boldsymbol{E}$ の積分表現が

$$\boldsymbol{E} = \int_V \left(-j\omega\mu G + \frac{1}{j\omega\varepsilon}\nabla\cdot\nabla G \right) \boldsymbol{J} dv' \tag{4.11}$$

のように得られる[2],[3]．

さて，自由空間の問題と異なり，領域中に導体や誘電体の境界が存在する構造の問題の場合には $\boldsymbol{A}$ を $\boldsymbol{J}$ と同じ成分だけで式(4.8)の形で表現することができない．すなわち

$$\nabla^2 \boldsymbol{A} + k^2 \boldsymbol{A} = 0 \tag{4.12}$$

を満足する一般解を加え，必要な境界条件を満たすようにしなければならない．この場合，表現を簡潔にするためにダイアディックグリーン関数が用いられる．すなわち，$\boldsymbol{A}$ はダイアディックグリーン関数 $\bar{G}_a(\boldsymbol{r}, \boldsymbol{r}')$ を用いて

$$\boldsymbol{A} = \int_V \mu \bar{G}_a(\boldsymbol{r}, \boldsymbol{r}') \cdot \boldsymbol{J} dv' \tag{4.13}$$

と書ける．ここで，$\bar{G}_a(\boldsymbol{r}, \boldsymbol{r}')$ は

$$(\nabla^2 + k^2)\bar{G}_a(\boldsymbol{r}, \boldsymbol{r}') = -\bar{I}\delta(\boldsymbol{r}-\boldsymbol{r}') \tag{4.14}$$

を満足し，かつ必要な境界条件も満たす関数である．$\bar{I}$ は単位ダイアディックである．いま $\bar{G}_a(\boldsymbol{r}, \boldsymbol{r}')$ のほかに式(4.7)の右辺をデルタ関数とした次の式

$$(\nabla^2 + k^2)G_0(\boldsymbol{r}, \boldsymbol{r}') = -\delta(\boldsymbol{r}-\boldsymbol{r}') \tag{4.15}$$

を満足するスカラグリーン関数 G_0 も同時に用いるとすると式(4.1)，(4.7)から電界の積分表現として

$$\boldsymbol{E} = -j\omega\mu \int_V \bar{G}_a \cdot \boldsymbol{J} dv' + \frac{1}{j\omega\varepsilon}\nabla \int_V G_0 \nabla' \cdot \boldsymbol{J} dv' \tag{4.16}$$

という表現が得られる．ここで，∇' は波源点に関する ∇ 演算子である．

4.3 積分方程式とモーメント法

ここで，扱う問題の構造を絞って，図4.1のように無限広がりを持つ接地導体付き誘電体基板の上に平面 S の導体パッチがある構造を想定する．

ダイアディックグリーン関数 $\bar{G}_a$ 及びスカラグリーン関数 G_0 を誘電体境界や導体境界での境界条件を満足するように求めておくと，残る条件はパッチ導体上で電界接線成分が0となる条件のみである．この条件を積分表現式(4.16) を用いて表現すると

$$j\omega\mu_0 \bm{i}_z \times \int_S \bar{G}_a \cdot \bm{J}dS' - \frac{1}{j\omega\varepsilon_{\text{eff}}}\bm{i}_z \times \nabla \int_S \bar{G}_0 \nabla' \cdot \bm{J}dS'$$
$$= \bm{i}_z \times \bm{E}^{\text{inc}} \tag{4.17}$$

という積分方程式が得られる．ここで，$\bm{i}_z$ は z 方向の単位ベクトルであり，$\bm{E}^{\text{inc}}$ は励振電界である．また ε_{eff} は，$\varepsilon_0(1+\varepsilon_r)/2$ と考えるべきである．このタイプの積分方程式は MPIE（Mixed Potential Integral Equation）と呼ばれている．式 (4.16) の代わりに式 (4.11) のタイプの積分表現を用いて積分方程式をつくると EFIE（Electric Field Integral Equation）と呼ばれる積分方程式が得られる．MPIE に比べ EFIE は観測点と積分点が一致したときの特異性の次数が一次高くなるので扱いが少し複雑になる傾向がある．そこで，ここでも式 (4.17) の場合のみを取り上げて説明する．

式 (4.17) を解くためにモーメント法が適用される．モーメント法ではまず未知電流 $\bm{J}$ を展開関数（あるいは基底関数）$\bm{f}_n$ を用いて

$$\bm{J} = \sum_{n=1}^{N} I_n \bm{f}_n(\bm{r}) \tag{4.18}$$

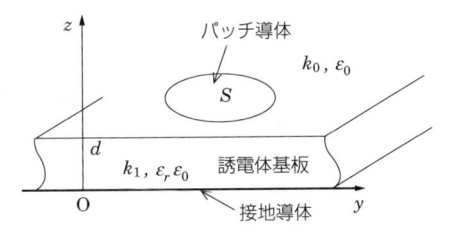

図4.1 マイクロストリップ構造

と展開する．次に，重み関数（あるいは試行関数）W_m ($m=1, 2, \cdots, M$) を選び，式 (4.17) と ($W_m \times i_z$) との内積をとると次式を得る．

$$\sum_{n=1}^{N} I_n j\omega\mu_0 \int_{T_m} \left(\int_{T_n} \bar{G}_a \cdot f_n(r') dS' \right) \cdot W_m(r) dS$$

$$- \sum_{n=1}^{N} I_n \frac{1}{j\omega\varepsilon_{\text{eff}}} \int_{T_m} \nabla \left(\int_{T_n} \bar{G}_0 \nabla' \cdot f_n(r') dS' \right) \cdot W_m(r) dS$$

$$= \int_{T_m} E^{\text{inc}} \cdot W_m(r) dS \tag{4.19}$$

T_n は関数 f_n が有限値である領域，T_m は関数 W_m が有限値である領域である．式 (4.19) は次の形の行列方程式にまとめられる．

$$\hat{Z} I = V \tag{4.20}$$

ここで，I, V はそれぞれ I_n, V_m を要素とするベクトルであり，V_m は

$$V_m = \int_{T_m} E^{\text{inc}} \cdot W_m dS \tag{4.21}$$

と表される．また，$\hat{Z}$ は Z_{mn} を要素とする N 行 M 列の行列であり，インピーダンス行列と呼ばれる．通常は $M=N$ である．

ところで，図 4.1 の構造を扱う場合にはダイアディックグリーン関数 $\bar{G}_a$ は

$$\bar{G}_a = (i_x i_x + i_y i_y) G_a \tag{4.22}$$

という形をしている．ここに，G_a はスカラ関数である．∇ と ∇' がそれぞれ r 座標と r' 座標に関する演算子であることに注意して，式 (4.19) も用いて式変形すると Z_{mn} が次の形に書けることが分かる．

$$Z_{mn} = j\omega\mu_0 \int_{T_m} \int_{T_n} \Big\{ W_m(r) \cdot f_n(r') G_a(|r-r'|)$$

$$- \frac{1}{k_{\text{eff}}^2} \nabla_t \cdot W_m(r) \nabla'_t \cdot f_n(r') G_0(|r-r'|) \Big\} dS dS' \tag{4.23}$$

ただし

$$\nabla_t = \nabla - i_z \frac{\partial}{\partial z} \tag{4.24}$$

である．式 (4.23) ではグリーン関数の変数が $|r-r'|$ となっている．これは，グリーン関数が観測点と積分点の間の距離のみの関数となることを使ったことによる．以後はこの表現を用いる．

4.4 展開関数と重み関数

展開関数としては，未知数をとる領域が特に単純形式でない限り全領域関数を用いるメリットがないので，ほとんどの場合部分領域関数を用いる．特に長方形領域上で定義される屋根形関数（Roof-Top function）か三角形領域上で定義される RWG（Rao-Wilton-Glisson）関数あるいはその両者を同時に使う方法がよく用いられる[4]~[7]．また，重み関数としてはデルタ関数を用いる場合と展開関数と同じ関数を用いる場合（ガラーキン法）がある．前者の場合 Z_{mn} の計算で四重積分が二重積分になり計算が簡単になるが，精度は後者の方法に比べて落ちる．後者のガラーキン法は最も精度が高くなることが理論的に保証されている．RWG 関数は定義領域が三角形領域であるので複雑な形状に柔軟に対応できる上，後述のように ∇ 演算すると定数になるという優れた特長を持っているため，現在ではほぼ標準的な展開関数として定着しているといえる．

RWG 関数は**図 4.2** に示されるように一対の三角形領域 T_n^+, T_n^- 上で定義され，その関数表現は次のように与えられる[4],[8]．

$$\left.\begin{aligned}\boldsymbol{f}_n(\boldsymbol{r})&=\frac{l_n}{2A_n^+}\boldsymbol{\rho}_n^+ \quad (\boldsymbol{r} \text{ が } T_n^+ \text{ にあるとき})\\&=\frac{l_n}{2A_n^-}\boldsymbol{\rho}_n^- \quad (\boldsymbol{r} \text{ が } T_n^- \text{ にあるとき})\\&=0 \quad \quad \;\; (\text{その他})\end{aligned}\right\} \qquad (4.25)$$

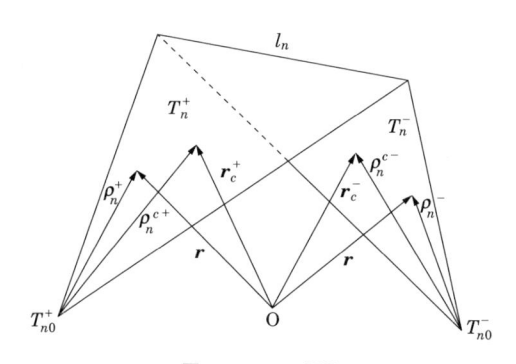

図 4.2　RWG 関数

ここで，l_n は二つの三角形の接続された内辺（エッジ）の長さ，$A_n^\pm$ は三角形 $T_n^\pm$ の面積，$\boldsymbol{\rho}_n^\pm$ は座標ベクトル $\boldsymbol{r}$ の位置の，三角形 $T_n^\pm$ の頂点位置 $T_{n0}^\pm$ から見た位置ベクトルである．

この $\boldsymbol{f}_n(\boldsymbol{r})$ に対して $\nabla_t \cdot$ 演算を施すと，前述のように

$$\begin{aligned}\nabla_t \cdot \boldsymbol{f}_n(\boldsymbol{r}) &= \frac{l_n}{2A_n^+} & (\boldsymbol{r} \text{ が } T_n^+ \text{ にあるとき}) \\ &= -\frac{l_n}{2A_n^-} & (\boldsymbol{r} \text{ が } T_n^- \text{ にあるとき}) \\ &= 0 & (\text{その他})\end{aligned} \quad (4.26)$$

という区分的な定数値になる．MPIE では展開関数のこの性質が有効に生かされるため EFIE に比べて特異性次数が一次分下がる．$W_m = \boldsymbol{f}_m$ の場合式 (4.21)，(4.23) の V_m, Z_{mn} はそれぞれ

$$V_m = \frac{l_m}{2}(E_m^+ + E_m^-) \tag{4.27}$$

$$Z_{mn} = l_m \left[\frac{j\omega}{2}(A_{mn}^+ + A_{mn}^-) + \frac{1}{j\omega}(\Phi_{mn}^+ - \Phi_{mn}^-) \right] \tag{4.28}$$

となる．ただし

$$E_m^\pm = \boldsymbol{\rho}_m^{c\pm} \cdot \boldsymbol{E}_m^{\text{inc}}(\boldsymbol{r}_m^{c\pm}) \tag{4.29}$$

$$A_{mn}^\pm = \mu \int_{T_n'} \boldsymbol{\rho}_m^{c\pm} G_a(|\boldsymbol{r}_m^{c\pm} - \boldsymbol{r}'|) \cdot \boldsymbol{f}_n(\boldsymbol{r}') dS' \tag{4.30}$$

$$\Phi_{mn}^\pm = \frac{1}{\varepsilon} \int_{T_n'} G_0(|\boldsymbol{r}_m^{c\pm} - \boldsymbol{r}'|) \nabla_t' \cdot \boldsymbol{f}_n(\boldsymbol{r}') dS' \tag{4.31}$$

であり，$\boldsymbol{\rho}_n^{c\pm}$ は $T_{n0}^\pm$ から三角形 $T_n^\pm$ の重心へ向かうベクトル，$\boldsymbol{r}_n^{c\pm}$ は原点 O から $T_n^\pm$ の重心へ向かうベクトルである．さて，Z_{mn} の計算は何も工夫しなければ四重積分という大変な計算になる．その上グリーン関数の計算も容易そうには見えない．これらの難題が解決されない限り積分方程式法はマイクロ波集積回路の実用的解析法にはなり得ない．しかし，この 10 年来極めて有用ないくつかの手法が開発され，これらの難題が次々に克服された．次節以降にこれらの手法の要点を述べる．まずグリーン関数計算に関する新しい手法から始める．

4.5 グリーン関数の計算

グリーン関数 G_a, G_0 は空間領域の座標のままでは式表現ができない．しかし，ハンケル（Hankel）積分変換，逆変換の関係に基づくスペクトル領域表現では式表現が可能である．すなわち $G_{a,0}$ は ρ 方向スペクトル k_ρ の積分形で

$$G_{a,0}(\rho) = \frac{1}{4\pi} \int_{-\infty}^{\infty} \tilde{G}_{a,0}(k_\rho, z, z') H_0^{(2)}(k_\rho \rho) k_\rho dk_\rho \qquad (4.32)$$

と書ける[9]．ただし，$\rho = \sqrt{(x-x')^2 + (y-y')^2}$ である．式(4.32)を式(4.9)に代入し，ハンケル関数の微分方程式を用いるとスペクトル関数 $\tilde{G}_{a,0}$ の満たすべき式が

$$\left(\frac{\partial^2}{\partial z^2} + k_i^2 - k_\rho^2 \right) \tilde{G}_{a,0}(k_\rho, z) = -\delta(\boldsymbol{r} - \boldsymbol{r}') \qquad (4.33)$$

と得られる．この式を満足し，かつ $z=0$ 及び $z=d$ での必要な境界条件も満たす $\tilde{G}_{a,0}$ の具体的関数形は $z \geq d$ の領域で次のように得られる[10]~[12]．

$$\tilde{G}_a(k_\rho) = \frac{1}{j8\pi k_{z_0}} \{ e^{-jk_{z_0}(z-d)} + R_E e^{-jk_{z_0}(z+d)} \} \qquad (4.34)$$

$$\tilde{G}_0(k_\rho) = \tilde{G}_a(k_\rho) + \frac{1}{j8\pi k_{z_0}} R_q e^{-jk_{z_0}(z+d)} \qquad (4.35)$$

ただし

$$R_E = \frac{r_E + e^{-j2k_{z_1}d}}{1 + r_E e^{-j2k_{z_1}d}} \qquad (4.36)$$

$$R_q = \frac{2k_{z_0}^2(1-\varepsilon_r)}{(k_{z_1} + k_{z_0})(k_{z_1} + \varepsilon_r k_{z_0})} \times \frac{(1 - e^{-j4k_{z_1}d})}{(1 + r_E e^{-j2k_{z_1}d})(1 - r_M e^{-j2k_{z_1}d})} \qquad (4.37)$$

$$r_E = \frac{k_{z_1} - k_{z_0}}{k_{z_1} + k_{z_0}}, \qquad r_M = \frac{k_{z_1} - \varepsilon_r k_{z_0}}{k_{z_1} + \varepsilon_r k_{z_0}} \qquad (4.38)$$

$$k_{z_0}^2 = k_0^2 - k_\rho^2, \qquad k_{z_1}^2 = \varepsilon_r k_0^2 - k_\rho^2 \qquad (4.39)$$

である[11],[12]．パッチが図4.1のように誘電体境界 $z=d$ にある場合には，積分方程式を解く上では $z<d$ の領域での表現は必要ない．式(4.32)は k_ρ についてのゾンマーフェルト（Sommerfeld）積分であり，図4.3のように

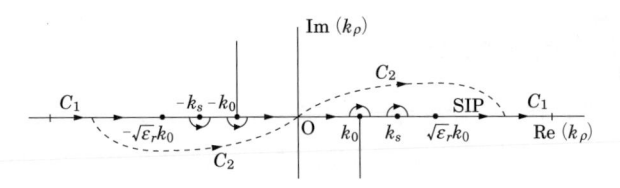

図 4.3 ゾンマーフェルト積分の積分路

極（Pole）や分岐点（Branch Point）が途中に存在する積分路 SIP（Sommerfeld Integration Path）となる．この積分をどのように効率的に行うかがこの方法を実用的に有効な方法とし得るかどうかの要の一つである．

$k_\rho = \pm k_0$ が分岐点，$k_\rho = \pm k_s$ がスラブに沿う表面波モードの極の位置である．この数値積分の計算はそのままの積分路で実行すると大変な時間を消費する．しかも得られた $\tilde{G}_{a,0}(\rho)$ を用いて式（4.30），（4.31）のような面積分もしないとインピーダンス行列が得られない．このような膨大な計算を避ける新しい試みが Fang らによって提案され[11],[13]，Kipp らや[14]，Aksun による改良[15] を経て，Shuley らによる修正[16] で非常に効率の良い手法に発展した．この方法の要点を以下に示す．

まず，ゾンマーフェルト積分の積分路 SIP を図 4.3 の破線で示した曲線 C_2 と残りの実軸上の有限長積分路 C_1 の和に変形する．C_2 上と C_1 上では k_z はそれぞれ

$$\left. \begin{array}{ll} C_2: k_z = k_0 \left\{ -jt + \left(1 - \dfrac{t}{T_2} \right) \right\} & (0 \leq t \leq T_2) \\ C_1: k_z = -k_0(T_2 + t) & (0 \leq t \leq T_1) \end{array} \right\} \quad (4.40)$$

と表すことができ，これらは k_z 面上で図 4.4 に示すような直線経路となる．この経路上で $\tilde{G}_{a,0}(k_\rho)$ を複素変数 k_{z_0} の指数関数項の和で展開表示する．

例えば C_2 上で

$$\tilde{G}_a(k_\rho) = \sum_{i=1}^{N} a_i e^{-b_i k_{z_0}} = \sum_{i=1}^{N} A_i e^{B_i t} \quad (4.41)$$

と表す．ただし

$$a_i = A_i e^{B_i T_2 / (1 + jT_2)}, \quad b_i = \dfrac{B_i T_2}{k_0(1 + jT_2)} \quad (4.42)$$

とする．式（4.41）の右辺は A_i, B_i を未知数とした実数 t に関する指数関

数の和の形をしている．このような関数和の場合，適当な数の t の値に対する左辺 $\tilde{G}_a(k_\rho)$ の値が分かれば Prony 法[17]，あるいは GPOF（Generalized Pencil of Function）法[18],[19] を適用して A_i, B_i を求めることが可能である．文献[15]，[18]によれば Prony 法よりも GPOF 法のほうが精度高い結果を与えるということである．GPOF 法は行列の特異値分解と固有値方程式の解析とを主な手順とする手法であ

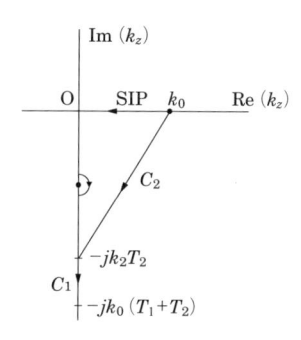

図 4.4 k_z 面上の経路 C_2 及び C_1

り，適切なライブラリを使用すれば，適用は難しくない．A_i, B_i が求まれば $\tilde{G}_a(k_\rho)$ は変数 k_{z_0} の指数関数和で展開表示できたことになるので，ゾンマーフェルトの公式[20]

$$\frac{e^{-jk_0\sqrt{\rho^2-b^2}}}{\sqrt{\rho^2-b^2}} = \frac{1}{2j}\int_{-\infty}^{\infty}\frac{e^{-b\sqrt{k_0^2-k_\rho^2}}}{\sqrt{k_0^2-k_\rho^2}}H_0^{(2)}(k_\rho\rho)k_\rho dk_\rho \qquad (4.43)$$

を使って $G_a(\rho)$ を指数関数の和の形に変換できる．$G_0(\rho)$ についても全く同様である．結局，数値積分なしで $G_{a,0}(\rho)$ が指数関数の和の形の closed form で得られることになる．T_2, T_1, N などの選び方は文献[15]に具体的に書かれている．それによると，扱う構造中の最大の比誘電率を ε_{rm} としたとき，T_2 は

$$\sqrt{1+T_2^2} > \sqrt{\varepsilon_{rm}} \qquad (4.44)$$

を満足する程度でよく，C_2 上のサンプル数は 50 程度でよい．また T_1 は 300〜500 程度，N は 5〜8 程度でよいということである．なおこの方法で得た結果の式表現は $k_0\rho$ が大きいときにすべての項が $O(1/\rho)$ のオーダで減少する．しかし，図 4.1 のようなマイクロストリップ構造には基板に沿って広がる表面波が存在し，この表面波は $O(1/\sqrt{\rho})$ のオーダで減少する．したがって，上述の手順だけでは表面波の寄与を精度高く取り込むことができない可能性がある．ところで表面波は式（4.34）及び式（4.35）の R_E, R_q の分母が 0 となる点に対応する複素 k_ρ 面上の極からの寄与である．この極は 1 対の一次の極からなっている．そこでスペクトル関数 $\tilde{G}_{a,0}(k_\rho)$ から留数の

定理を用いて表面波の項を取り出すと，幸いこの項がハンケル変換公式の一つによって厳密に k_ρ 積分ができる[16]ので，結果はやはり closed form で得られる．あとは元の式からこの極の寄与を差し引いた項に対して上述の GPOF 法を適用すればよい．

4.6 インピーダンス行列の計算

前節の方法で得られた $G_{a,0}(\boldsymbol{\rho})$ を用いると，式 (4.30)，(4.31) の面積分計算は

$$\left.\begin{array}{l}\int_{T_{n'}}\dfrac{e^{-jkR}}{R}dS' \\[4pt] \int_{T_{n'}}u'\dfrac{e^{-jkR}}{R}dS' \\[4pt] \int_{T_{n'}}v'\dfrac{e^{-jkR}}{R}dS'\end{array}\right\} \tag{4.45}$$

の3とおりの形の面積分計算のみとなる．ただし

$$\left.\begin{array}{l}R=|\boldsymbol{\rho}'-\boldsymbol{\rho}_0| \\ \boldsymbol{\rho}'=u'\boldsymbol{i}_u+v'\boldsymbol{i}_v \\ \boldsymbol{\rho}_0=u_0\boldsymbol{i}_u+v_0\boldsymbol{i}_v\end{array}\right\} \tag{4.46}$$

で，u, v は T_n が横たわる面上の直角座標，$\boldsymbol{\rho}'$, $\boldsymbol{\rho}_0$ はそれぞれ積分点，観測点の $\boldsymbol{\rho}$ 座標である．式 (4.45) の3タイプの積分は文献[21]に詳しく書かれている方法でガウス求積法を用いて数値積分できる．しかし，直角座標 (u, v) 表現から極座標 (ρ, ϕ) 表現に変換すると ρ 積分が実行可能となり，残りの ϕ 積分のみをガウス求積法で数値積分するほうがもっと効率良く計算できるという報告が最近出された[22]．

インピーダンス行列の各要素が求まれば，あとは式 (4.20) の一次方程式を適当な方法で解いて未知電流を求めることになる．以上に示した様々な工夫を取り入れれば積分方程式法は複雑なパッチ形状にも柔軟に対応できる効率良い手法となる．

4.7 大規模構造に対する手法―AIM アルゴリズム―

最近極めて大規模な構造の解析に向いた新しい手法が開発され，この手法

を用いた解析例が報告されるようになってきた．この手法はおおまかにいって2種類に分類できるが，共に遠方の波源からの寄与を近似的に簡単化して計算する手法といえる．一つはFMM（Fast Multipole Method）[23]~[25]，もう一つはAIM（Adaptive Integral Method）[26],[27]と名づけられている．文献[26]によるとAIMのほうが効率が良いということであるから，以下にこのAIMの要点をまとめる．この手法について説明するには式（4.23）まで戻らなければならない．式（4.23）で$W_m=f_m$とすると

$$Z_{mn}=j\omega\mu_0\int_{T_m}\int_{T_n}\Big\{f_m(\boldsymbol{\rho})\cdot f_n(\boldsymbol{\rho}')G_a(|\boldsymbol{\rho}-\boldsymbol{\rho}'|)$$
$$-\frac{1}{k_{\text{eff}}^2}\nabla_t\cdot f_m(\boldsymbol{\rho})\nabla_t'\cdot f_n(\boldsymbol{\rho}')G_0(|\boldsymbol{\rho}-\boldsymbol{\rho}'|)\Big\}dSdS' \qquad (4.47)$$

となる．ここで，$\boldsymbol{\rho}$と$\boldsymbol{\rho}'$との距離が十分離れているとき，電流展開関数$f_n(\boldsymbol{\rho})$及び$\nabla_t\cdot f_n(\boldsymbol{\rho})$をこれらの存在領域の周辺にとった幾つかの格子点上の点波源の和で近似表現する．例えば$f_n(\boldsymbol{\rho})$の場合で説明すると

$$f_n(\boldsymbol{\rho})=\sum_{n=1}^{(M+1)^2}\Lambda_{nu}\delta(\boldsymbol{\rho}-\boldsymbol{\rho}_{nu}) \qquad (4.48)$$

のように電流展開関数$f_n(\boldsymbol{\rho})$を，$\boldsymbol{\rho}$が定義されている場所の周辺の$(M+1)^2$個の格子点$\boldsymbol{\rho}_{nu}=(x_{nu},y_{nu})$に点波源を配置してそれらの和に変換する．

Λ_{nu}は展開関数f_nに対する変換係数であり，これを

$$\sum_{n=1}^{(M+1)^2}(x_{nu}-x_0)^{q_1}(y_{nu}-y_0)^{q_2}\Lambda_{nu}$$
$$=\int_{T_n}f_n(\boldsymbol{\rho})(x-x_0)^{q_1}(y-y_0)^{q_2}dS \qquad (4.49)$$

となるように決める．ただし

$$0\leq q_1,\ q_2\leq M \qquad (4.50)$$

とする．ここで，$(x_0,y_0)=\boldsymbol{\rho}_0$は$f_n$の領域の中心に選ぶ．式(4.49)は新しい波源の和が$\boldsymbol{\rho}_0$の周りでもとの波源と同じ多重極モーメントを生成する条件である．Mの値としては通常3程度が使われるようである．式(4.49)を満足するΛ_{nu}は厳密に求まる．この解の具体的数式表現は文献[26]付録に与えられている．$\nabla_t\cdot f_n(\boldsymbol{\rho})$に関しても同様に点波源集合に変換する．$f_n(\boldsymbol{\rho})$に対しては$x$方向成分，$y$方向成分それぞれの$\Lambda_{nu}$が$\Lambda_{xnu},\Lambda_{ynu}$と求まったとし，$\nabla_t\cdot f_n(\boldsymbol{\rho})$に対しては$\Lambda_{0nu}$と求まったとする．このとき，式(4.48)の形

の点波源和表現を式 (4.47) に代入すると

$$Z_{mn} = Z_{mn}^{\text{near}} + Z_{mn}^{\text{far}} = (Z_{mn} - Z_{mn}^{\text{far}}) + Z_{mn}^{\text{far}} \tag{4.51}$$

の形の表現を得る．ただし

$$Z_{mn}^{\text{far}} = j\omega\mu_0 \sum_{u=1}^{(M+1)^2} \sum_{v=1}^{(M+1)^2} \Big\{ (\Lambda_{xmu}\Lambda_{xnv} + \Lambda_{ymu}\Lambda_{ynv}) G_a(|\boldsymbol{\rho}_u - \boldsymbol{\rho}'_v|)$$

$$- \frac{1}{k_{\text{eff}}^2} \Lambda_{0mu}\Lambda_{0nv} G_0(|\boldsymbol{\rho}_u - \boldsymbol{\rho}'_v|) \Big\} \tag{4.52}$$

である．Z_{mn}^{far} の far は $|\boldsymbol{\rho}_u - \boldsymbol{\rho}'_v|$ が十分大きいとき，すなわち観測点と波源点が十分離れているときを意味する．式 (4.52) を行列式で書くと

$$\hat{Z}^{\text{far}} = j\omega\mu_0 \Big\{ \hat{\Lambda}_x \hat{G}_a \hat{\Lambda}_x^T + \hat{\Lambda}_y \hat{G}_a \hat{\Lambda}_y^T - \frac{1}{k_{\text{eff}}^2} \hat{\Lambda}_d \hat{G}_0 \hat{\Lambda}_d^T \Big\} \tag{4.53}$$

と書ける．肩文字 T のついた行列は転置（Transverse）行列を意味する．$\hat{\Lambda}_x, \hat{\Lambda}_y, \hat{\Lambda}_d, \hat{Z}^{\text{near}}$ はどれも限られた要素のみが 0 でない非常に疎な（スパース）行列であり，メモリの使用量を最小限にするよう工夫すれば未知数を N として $O(N)$ のオーダで収まるということである．N が極めて大きいとき行列方程式 (4.20) を消去法などで直接解くのは計算時間が $O(N^3)$ のオーダとなり大変である．そこで，これを逐次的に解く方法がしばしば用いられる．例えばこれを CG（Conjugate Gradient）法[27],[2],[3]などで逐次的に解くとすると，各繰返しごとに

$$\hat{Z}I = \hat{Z}^{\text{near}}I + \hat{Z}^{\text{far}}I \tag{4.54}$$

という計算が必要になる．この式の右辺第 2 項の計算は

$$\hat{Z}_2 = j\omega\mu_0 \hat{\Lambda}_i \hat{G}_a(|\boldsymbol{\rho}_u - \boldsymbol{\rho}'_v|) \hat{\Lambda}_i^T I \tag{4.55}$$

という形の3種類の行列積の計算になっている．式 (4.55) を見ると畳込み積分（Convolution）の形がある．この部分の計算に FFT（Fast Fourier Transform）を利用するというのがこの手法の巧みなところである．いま $f_2(x)$ と $g(x)$ という二つの関数があったとし，そのフーリエ変換をそれぞれ $F_2(k)$ 及び $G(k)$ とすると，畳込み積分の定理から

$$\int_{-\infty}^{\infty} g(x-t)f_2(t)dt = -\int_{-\infty}^{\infty} G(k)F_2(k)dk \tag{4.56}$$

という関係が成立するから，フーリエ変換の FFT 計算記号を $F[\ ]$，逆 FFT 計算記号を $F^{-1}[\ ]$ としたとき，式 (4.55) に式 (4.56) を二次元で適

用すると次式が得られる．

$$\hat{Z}_2 = j\omega\mu_0\{\hat{\Lambda}_i F^{-1}[F[\hat{G}_a]F[\hat{\Lambda}_i^T I]]\} \tag{4.57}$$

すなわち，3回の二次元FFT計算を用いて行列・ベクトル積の計算時間を短縮する．また，式 (4.54) の右辺第1項は $\boldsymbol{\rho}$ と $\boldsymbol{\rho}'$ 間距離が非常に近い場合しか有意な値にならないので，メモリと計算時間を大幅に節約できる．通常のCG法では1回の逐次計算に要する時間は $O(N^2)$ のオーダであるが，上の方法を用いればそれが $O(N \log N)$ のオーダですむということである．

4.8 励振と回路特性の計算

励振電界 $\boldsymbol{E}^{\mathrm{inc}}$ は仮の励振ポート位置で電圧源として与えるのが簡単である．仮のポート位置は，そこから発した波が線路のモード界を形成した後に不連続部に達するという条件が必要であるため，不連続部からある程度以上離れた位置に設定しなければならない．遠方界は放射電界の積分表現で鞍部点法を適用して求めるか，または相反定理から得られる次の式を用いて求める．

$$\boldsymbol{E}^{\infty}(\boldsymbol{r}) \cdot \boldsymbol{i}_u = -\frac{j\omega\mu_0 e^{-jk_0 r}}{4\pi r}\int_{S'} \boldsymbol{J}(\boldsymbol{r}') \cdot \boldsymbol{E}^{\mathrm{inc}}(\boldsymbol{r}') dS' \tag{4.58}$$

ただし，$\boldsymbol{E}^{\mathrm{inc}}(\boldsymbol{r}')$ は，電界が $\boldsymbol{i}_u$ 方向に偏波した単位振幅の平面波が (θ, ϕ) 方向からパッチ導体のない構造に入射したときの電界である[29]．

Sパラメータの計算には次の方法がよく用いられる．すなわち，仮の励振ポートと不連続部の間の場所で，励振ポートからも不連続部からもある程度以上離れた位置，例えば $\lambda_g/4 \sim \lambda_g/2$ 程度（λ_g は伝搬モードの波長）離れた位置に等間隔に3点をとり，電流を求める．この3点を例えば $x = -x_0$，0, x_0 とし，それぞれの点の電流を入射波，反射波に分解すると

$$J_1 = ae^{\gamma x_0} - be^{-\gamma x_0} \tag{4.59}$$

$$J_2 = a - b \tag{4.60}$$

$$J_3 = ae^{-\gamma x_0} - be^{\gamma x_0} \tag{4.61}$$

となる．γ は伝搬定数，a, b はそれぞれ入射波，反射波の振幅である．式 (4.59) と式 (4.61) の和から

$$(J_1 + J_3) = 2(a-b)\cosh(\gamma x_0) \tag{4.62}$$

を得る．この式と式 (4.60) から

$$\cosh(\gamma x_0) = \frac{J_1 + J_3}{2J_2} \tag{4.63}$$

を得るので

$$\gamma = \frac{1}{x_0} \cosh^{-1}\left(\frac{J_1 + J_3}{2J_2}\right) \tag{4.64}$$

によって γ が求まり，式 (4.59)〜(4.61) のどれか二つから a と b が求まる．複数個のポートがある場合，例えば第 i ポート位置の電流を c_i とすれば，S パラメータは

$$S_{11} = \frac{b}{a}, \quad S_{i1} = \frac{c_i}{a} \tag{4.65}$$

で求められる．

4.9 ま と め

　自由空間中の導体散乱体を扱う場合には本章で取り上げたグリーン関数が簡単な自由空間中のグリーン関数部分のみになるので計算がかなり単純化される．しかし，基本手順はほとんど変わりない．コンピュータのメモリ増大と計算スピードの向上だけでなく，本章で取り上げたような多くの計算効率化手法の発展によって，最近では数十波長の散乱体の解析がパソコンクラスのコンピュータの並列使用で可能になってきている．マイクロストリップ集積回路の場合には，複雑な構造の部分に展開関数をかなり多く取らないと精度が十分出ないので，自由空間中の散乱体の問題と大分事情が異なるが，それでも最近は驚くほど大規模な構造（例えば数波長の広がりを持つ構造）の回路が実際に計算されている[28]．

　ところで積分方程式法を基本解析法としたシミュレータがいくつか市販されており，精度の高い効率良い手法として認知されているが，これらを本章の対象としたマイクロストリップ構造の解析に使う場合には，接地導体付き基板が理論的に無限大の広がりを持つ場合しか取り扱えないことに注意しなければならない．また，これらのシミュレータがどの程度の効率化手法まで実際に取り込んでいるか，そしてそれらをどの程度まで忠実に取り込んでいるのか，あるいは修正して取り込んでいるのかなどの詳細は個々のシミュレ

第4章 積分表現から出発する解析法

ータで異なるはずである．実際のところこれらの詳細は定式化に直接かかわった人しか分からない面がある．しかし積分方程式法に基づくシミュレータを使う場合には，本章で述べたような手順をある程度知っていると解析結果に対する信頼度や精度などがある程度予測でき，随分使いやすくなるのではないかと考える．

基板が有限大きさの場合には，接地導体部分にも未知電流を仮定しなければならない上，更に誘電体基板の部分に対する積分方程式も必要となる．後者の定式化は導体の場合に対する定式化とかなり違うことになるので，全体としてのアルゴリズムは本章で取り上げたアルゴリズムとかなり違ってくると予想される．このような問題に対する解析法についてはこれまでの文献では全く取り上げられておらず，将来の課題として残されているようである．

参 考 文 献

[1] R. F. Harrington, "Field Computation by Moment Methods," IEEE Press, 1993.
[2] 熊谷信昭, 森田長吉, "電磁波と境界要素法," 森北出版, 東京, 1987.
[3] N. Morita, N. Kumagai and J. R. Mautz, "Integral Equation Methods for Electromagnetics," Artech House, Boston, 1990.
[4] S. M. Rao, D. R. Wilton and A. W. Glisson, "Electromagnetic scattering by surfaces of arbitrary shape," IEEE Trans. Antennas & Propag., vol. AP-30, no. 3, pp. 409-418, May 1982.
[5] D. C. Chang and X. Zheng, "Electromagnetic Modeling of passive circuit elements in MMIC," IEEE Trans. Microwave Theory & Tech., vol. MTT-40, no. 9, pp. 1741-1747, Sept. 1992.
[6] J. Sercu, N. Fache, F. Libbrecht and P. Lagasse, "Mixed potential integral equation technique for hybrid microstrip-slotline multilayered circuits using a mixed rectangular-triangular mesh," IEEE Trans. Microwave Theory & Tech., vol. MTT-43, no. 5, pp. 1162-1172, May 1995.
[7] J. R. Mosig, "Arbitrarily shaped microstrip structures and their analysis with a mixed potential integral equation," IEEE Trans. Microwave Theory & Tech., vol. MTT-36, no. 2, pp. 314-323, Feb. 1988.
[8] K. A. Michalski and D. Zheng, "Electromagnetic scattering and radiation by surfaces of arbitrary shape in layered media, Part II: Implementation and results for contiguous half-spaces," IEEE Trans. Antennas & Propag., vol. AP-38, no. 3, pp. 345-352, March 1990.
[9] 森口繁一, 宇田川銈久, 一松 信, "数学公式II," p. 313, 岩波書店, 東京, 1993.
[10] W. C. Chew, "Waves and Fields in Inhomogeneous Media," Van Nostrand Reinhold, New York, 1990.
[11] Y. L. Chow, J. J. Yang, D. G. Fang and G. E. Howard, "A closed form spacial Green's

function for the thick microstrip substrate," IEEE Trans. Microwave Theory & Tech., vol. MTT-39, no. 3, pp. 588-592, March 1991.

[12] G. Dural and M. I. Aksun, "Closed-form Green's functions for general sources and stratified media," IEEE Trans. Microwave Theory & Tech., vol. MTT-43, no. 7, pp. 1545-1552, July 1995.

[13] D. G. Fang, Y. Y. Yang and G. Y. Delisle, "Discrete image theory for horizontal electric dipoles in a multilayered medium," IEE Proc. Pt. H, vol. 135, no. 5, pp. 297-303, Oct. 1988.

[14] R. A. Kipp and C. H. Chan, "Complex image method for sources in bounded regions of multilayer structures," IEEE Trans. Microwave Theory & Tech., vol. MTT-42, no. 5, pp. 860-865, May 1994.

[15] M. I. Aksun, "A robust approach for the derivation of closed-form Green's functions," IEEE Trans. Microwave Theory & Tech., vol. MTT-44, no. 5, pp. 651-658, May 1996.

[16] N. V. Shuley, R. R. Boix, F. Medina and M. Horno, "On the fast approximation of Green's functions in MPIE formulations for planar layered media," IEEE Trans. Microwave Theory & Tech., vol. MTT-50, no. 9, pp. 2185-2192, Sept. 2002.

[17] R. W. Hamming, "Numerical Methods for Scientists and Engineers," Dover, New York, 1973.

[18] Y. Hua and T. K. Sarkar, "Generalized pencil-of-function method for extracting poles of an EM system from its transient response," IEEE Trans. Antennas & Propag., vol. AP-37, no. 2, pp. 229-234, Feb. 1989.

[19] T. K. Sarkar and O. Pereira, "Using the matrix pencil method to estimate the parameters of a sum of complex exponentials," IEEE Antennas & Propag. Mag., vol. 37, no. 1, pp. 48-55, Feb. 1995.

[20] J. A. Stratton, "Electromagnetic Theory," p. 576, McGraw-Hill, New York, 1941.

[21] R. D. Graglia, "On the numerical integration of the linear shape functions times the 3-D Green's function or its gradient on a plane triangle," IEEE Trans. Antennas & Propag., vol. AP-41, no. 10, pp. 1448-1455, Oct. 1993.

[22] L. Rossi and P. J. Cullen, "On the fully numerical evaluation of the linear shape function times the 3-D Green's function on a plane triangle," IEEE Trans. Microwave Theory & Tech., vol. MTT-47, no. 4, pp. 398-402, April 1999.

[23] V. Jandhyala, E. Michielssen and R. Mittra, "Multipole-accelerated capacitance computation for 3-D structures in a stratified dielectric medium using a closed-form Green's function," Int. J. Microwave and Millimeter Wave Computer-Aided Eng., vol. 5, no. 2, pp. 68-78, May 1995.

[24] P. A. Macdonald and T. Itoh, "Fast simulation of microstrip structures using the fast multipole method," Int. J. Numerical Modelling, vol. 9, pp. 345-357, 1996.

[25] J.-S. Zhao, W. C. Chew, C.-Cheng, E. Michielssen, and J. Song, "Thin-stratified medium fast-multipole algorithm for solving microstrip structures," IEEE Trans. Microwave Theory & Tech., vol. MTT-46, no. 4, pp. 395-403, April 1998.

[26] E. Bleszynski, M. Bleszynski and T. Jacroszewicz, "AIM : Adaptive integral method for solving large-scale electromagnetic scattering and radiation problems," Rad. Sci., vol. 31, no. 5, pp. 1225-1251, Sept.-Oct. 1996.

[27] T. K. Sarkar and S. M. Rao, "The application of the conjugate gradient method for the solution of electromagnetic scattering from arbitrarily oriented wire antennas," IEEE Trans. Antennas & Propag., vol. AP-32, no. 4, pp. 398-403, April 1984.

[28] F. Ling, C.-F. Wang and J.-M. Jin, "An efficient algorithm for analyzing large-scale microstrip structures using adaptive integral method combined with discrete complex-image method," IEEE Trans. Microwave Theory & Tech., vol. MTT-48, no. 5, pp. 832-839, May 2000.

[29] 文献[1], p. 69.

第5章

微分表現から出発する解析法

　シミュレーションの基本は物理現象の「模擬」であり，特に近年のディジタルコンピュータの著しい進歩は数値解析による様々な現象の計算機内における仮想的生起を可能にしている．一般に計算機で現象を取り扱う場合，対象のモデル化とそれに対応する数学的表現が必要不可欠となる．しかし，それらは密接に結びついており，特定の現象に対象を絞った取扱いから，あらゆる場合に対応できる汎用性を持つ取扱いまで，解析目的と現象に影響を与える条件によって，それぞれに応じて用いるモデルとそれを記述する数学的表現すなわち定式化が異なってくる．前者の特定の対象を取り扱う場合には，時間軸解析か周波数軸解析か，媒質や境界条件更に入力条件などの解析条件に応じて空間次元及び用いる変数成分はどう選ぶかなどが挙げられる．しかし，このようなモデル化は既知の現象をいかに効率的に精度良く解くかということが目的であり，それに基づいた計算の結果，時間的・空間的に様々な界変動が得られても与えられた方程式を解いたに過ぎず，シミュレーションの基本である物理現象の「模擬」とはいえない．対象の基本となるモデル化とその定式化は既に机上で解析的に演繹されており，計算機はそれに基づいたアルゴリズムに従って数値計算をしているにすぎない．また，この方程式は微分方程式で与えられる場合は，空間的・時間的微分項が高次項を含めて含まれ，「微分表現」であるがそれぞれの項は物理現象の「メカニズム」すなわち基本式で与えられる変数間の相互関係を直接記述するものでな

第5章　微分表現から出発する解析法

く，方程式として各項の拘束条件を定式化したものである．例えば，スカラ関数をϕ，波動伝搬速度をv_0としてz方向一次元の空間モデルに対する双曲形方程式

$$\frac{\partial^2 \phi}{\partial z^2} - \frac{1}{v_0^2} \frac{\partial^2 \phi}{\partial t^2} = 0 \tag{5.1}$$

が得られ，与えられた入力に対して初期条件及び境界条件のもとで解が解析的に求められる．また，調和的定常界に対しては$\phi = \phi(z)\varepsilon^{j\omega t}$の変数分離解を仮定して

$$\frac{\partial^2 \phi(z)}{\partial z^2} + k^2 \phi(z) = 0 \tag{5.2}$$

なるヘルムホルツ方程式が得られ，境界条件のもとで解析解が求められる．これらの式はそれぞれのz軸や時間tに関する二次の微分で与えられた項が満足する関係，すなわち波動場の数学的表現を与えているが，一次元で取り扱うことや調和解の仮定など特定したモデルの表現となっている．また，式(5.1)では表される波動伝搬をもたらす物理的メカニズム，例えば一次元線路の次の電圧(v)電流(i)の微分表現式は陽には表現されていない．

$$-\frac{dv}{dz} = L_0 \frac{di}{dt} \tag{5.3 a}$$

$$-\frac{di}{dz} = C_0 \frac{dv}{dt} \tag{5.3 b}$$

一方，後者の汎用性を持つ取扱いの場合は物理現象を生じさせる原理すなわち物理的「メカニズム」を計算機内での演算アルゴリズムに直接対応づけることで，最終的にシミュレーションの基本である物理現象の「模擬」を実現することになる．モデル化と定式化の対象は与えられた解析条件に影響されず現象を生じる「メカニズム」そのものであり，物理的時空間が計算機内仮想的時空間へ変換される．このとき，このモデル化と定式化はその物理「メカニズム」を記述する「微分表現」された基本式に直接対応し，三次元の各空間位置及び時間軸における物理的諸量の相互関係を解析的に処理することなく，直接計算式として表現されることが求められる．

電磁界シミュレーションの場合，定式化の基本はマクスウェル方程式，すなわち2本の回転の式と2本の発散の式及び媒質特性を表す構成方程式で与

えられる．この回転と発散の式はそれぞれ空間内における電磁界の成分間の関係を各空間位置における「微分表現」として表すものであるが，その物理的意味はそれぞれ周回積分則とガウスの定理として「積分表現」され，もともとはうずや湧出しなどの流体の可視的現象に帰着される．しかし，それらの現象のメカニズムそのものの把握には，対象の空間的規模に影響されない「積分表現」の極限として各空間位置に局在化された「微分表現」が一般性を持つことになる．更に，すべての物理現象の時間変動は現象の生起する媒質内でのエネルギー伝搬より速い変動はエネルギー保存則より不可能であり，必然的に界変動を引き起こす変数間の関係式も伝搬時間に影響を受けない各位置に局在化されていることが一般性を持つ．また，「微分表現」を構成する各式は，それぞれの位置における変数値の「勾配」であり，場の変動そのものに対応している．このように「微分表現」は現象の一般性のある数学的表現の基本となるものであるが，上述のように現象のメカニズムを与える，すなわち各時空間点での位置の関数となる単位体積・単位面積・単位長により規格化された大きさや量の「変数勾配関数」で与えられるのであるから，「微分表現から出発する方法」とはその基本として，この「変数勾配関係」を空間的にかつ時間軸上でモデル化し，それに一対一に対応した定式化とアルゴリズムを用いる方法である．結果としての場全体の微分方程式により与えられる特性，例えば上述の波動方程式を「解析的」あるいは「数値的」に解くのとは本質的に異なり，逆に式 (5.3) の各基本式の交互の代入により電圧及電流に関する (5.1) の波動方程式が導かれる過程を計算アルゴリズムとして用いることで波動場を計算機内に実現する．これは空間的時間的に電気的エネルギーと磁気的エネルギーの間で交互に変換が生じることが波動伝搬メカニズムであることの直接的なモデル化である．計算機によるシミュレーションでは，モデルは計算機内では「数値的」に扱われ，その有限桁のため必然的に「微分表現」は離散的な「差分表現」となる．「差分」はある座標系の有限量増分とそれに対応する関数の増分の比で与えられる概念あるいは演算であり，その極限において次のように「微分」概念に一致する．一般化座標を u とするとき[1]

第5章　微分表現から出発する解析法

$$\frac{\partial \phi}{\partial u} = \lim_{\Delta u \to 0} \frac{\Delta \phi}{\Delta u} \tag{5.4}$$

　これはまた関数の「離散性」と「連続性」にそれぞれ密接に関連する．しかし，マクロあるいは古典的取扱いで物理現象は通常連続関数として与えられるが，コンピュータで扱う場合は必然的に基本的に離散的となるから，離散性自体はコンピュータにおける「差分」の取扱いとは直接対応せず，物理現象を関数として扱えるかどうかということが本質と考えられる．関数として扱えるのであれば，微分は関数に対して解析的に行うことでよく，微分方程式は固有関数系の上に成り立つ係数などのパラメータを求める連立方程式に帰着される．このとき，精度は固有関数による展開項数で決定されることとなり，その収束を最終的に決定するのは演算器の桁数であり，「差分」操作そのものが影響を与えるわけでない．

　しかし，物理現象を境界条件と媒質条件のもとで微分方程式を満足する固有関数系としての取扱いは，「アプリオリ」としての現象の仮定，極端に言えば途中の経過は無視して結果の現象のみに着目した一つの数学的解釈の結果を示すにすぎないと考えられる．例えば，上述の式 (5.2) のヘルムホルツ方程式において定常状態における調和的界分布は，波動の反射，回折，透過など様々な現象の結果として生き残ったもののみが波動方程式の固有関数系で表される．例えば一次元や二次元での定式化と導かれる固有関数系は結果としての場の空間特性に着目しているにすぎない．すなわち，反射や回折も境界や障害物などに波動が到達して初めて生じるわけで，「メカニズム」を扱うには時間軸上での逐次的な波動伝搬過程の計算が不可欠となる．過程における諸現象の生起は定常状態においてなくなったわけでなく，絶えず，定常状態の界分布といわれるものを生成しているが，その過程は関数の影に隠れてしまっている．シミュレーションの立場で考えると，この過程を，すなわち現象を起こす「メカニズム」を表に出すことが基本となる．最終的にどのような解になるか，数学的にはどのような関数で表されるかは，この現象のメカニズムを忠実に逐次的に再現することで結果的に得られることとなる．そのメカニズムは，それぞれの物理現象を与える基本の特性方程式として定式化されるが，それは物理現象の近接作用に対応して，時間軸を含む三

次元での基本微分演算公式で表され，すべての方向に等方的なメカニズムを形成する先に述べた「微分」関係式の取扱いそのものがシミュレーションの骨格を形成することとなる．その結果，実際の有限桁で制限される数値計算においては「微分」の「差分」表現による近似が精度や計算効率に直接に関連することとなるが，現象の生成過程のモデル化もそれらに影響を与えるとともに，更に対象の空間構造や媒質構造の取扱いの一般性や容易さなどに影響を与え，手法を特徴づけることとなる．

シミュレーションの対象となる電磁界現象は本質的に三次元空間の中で時間的変動仮定として生じ，電界磁界はベクトル量であり，通常波動方程式として例えば次のマクスウェル方程式から

$$\nabla \times \boldsymbol{E} = -\mu_0 \frac{\partial \boldsymbol{H}}{\partial t} \tag{5.5a}$$

$$\nabla \times \boldsymbol{H} = \boldsymbol{J} + \varepsilon_0 \frac{\partial \boldsymbol{E}}{\partial t} \tag{5.5b}$$

電界についてまとめると

$$\nabla \times \nabla \times \boldsymbol{E} = -\mu_0 \frac{\partial}{\partial t} \left[\boldsymbol{J} + \varepsilon_0 \frac{\partial \boldsymbol{E}}{\partial t} \right] \tag{5.6}$$

上式にベクトル公式 $\nabla \times \nabla \times \equiv \nabla \nabla \cdot - \nabla \cdot \nabla$ を用いると

$$\nabla \nabla \cdot \boldsymbol{E} - \nabla \cdot \nabla \boldsymbol{E} + \varepsilon_0 \mu_0 \frac{\partial^2 \boldsymbol{E}}{\partial t^2} = -\mu_0 \frac{\partial \boldsymbol{J}}{\partial t} \tag{5.7}$$

を得，ここで，真電荷密度 ρ を0とすると $\nabla \cdot \boldsymbol{E} (\equiv \rho/\varepsilon_0) = 0$ となり，上式は $\nabla \cdot \nabla \equiv \nabla^2$ として

$$\nabla^2 \boldsymbol{E} - \varepsilon_0 \mu_0 \frac{\partial^2 \boldsymbol{E}}{\partial t^2} = \mu_0 \frac{\partial \boldsymbol{J}}{\partial t} \tag{5.8}$$

が得られる波動方程式となる．電界 $\boldsymbol{E}$ のある成分 E_i について中心差分を行うと空間差分間隔をそれぞれ $\Delta x, \Delta y, \Delta z$，時間差分間隔を Δt とするとき

$$\frac{E_i(x+\Delta x, y, z, t) - 2E_i(x, y, z, t) + E_i(x-\Delta x, y, z, t)}{\Delta x^2}$$

$$+ \frac{E_i(x, y+\Delta y, z, t) - 2E_i(x, y, z, t) + E_i(x, y-\Delta y, z, t)}{\Delta y^2}$$

$$+ \frac{E_i(x, y, z+\Delta z, t) - 2E_i(x, y, z, t) + E_i(x, y, z-\Delta z, t)}{\Delta z^2}$$

第5章　微分表現から出発する解析法

$$-\frac{E_i(x,y,z,t+\Delta t)-2E_i(x,y,z,t)+E_i(x,y,z,t-\Delta t)}{c_0^2 \Delta t^2}$$
$$=\mu\frac{J_i(x,y,z,t+\Delta t)-J_i(x,y,z,\Delta t)}{\Delta t} \tag{5.9}$$

を得る．ここで，$c_0^2=1/\sqrt{\varepsilon_0\mu_0}$ で光速の2乗である．上式は $E_i(x,y,z,t+\Delta t)$ なる次の時間ステップの値を逐次的に現在 t と過去 $t-\Delta t$ の隣接する4点及び中心点の値を用いて陽公式や Crank-Nicolson の陰公式で計算できる．各成分間の関係は媒質や領域の境界条件で与えられるが，三次元では非常に複雑となり，実用上は一次元や二次元での電界が一方向成分すなわちスカラ変数として扱える場合に有効である．磁界に対しても同様である．式(5.5)のマクスウェル方程式から式 (5.8) で与えられる波動方程式を導く際にベクトル公式を用いているため，前述のように波動場形成のメカニズムすなわち各電磁界成分間の相互関連が影に隠れてしまい，各成分ごとの独立な波動方程式についての差分方程式を解いていくため，媒質境界や構造境界などにおいて，公式に対応しない他の成分との間の結合の関係式が必要となり，計算が複雑になる．このように，ベクトル場に対しては単なる波動方程式の差分化では困難が生じるので「物理現象の発生メカニズム」に一対一に対応している「微分表現から出発」して計算機の中の数学的表現である数値モデルとアルゴリズムを構築することが不可欠となる．

　以下，本章では 5.1 節で全電磁界成分のベクトル場に対する差分表現が一次元線路と等価電流連続が成立する節点より構成される空間回路網モデルの中で実現されることと，そのホイヘンスの原理に基づく散乱行列を用いた伝送線路行列法と d'Alembert（ダランベール）の解に基づいたベルジェロン法による定式化の説明を行う．次に 5.2 節で現在最もあらゆる電磁界解析の分野で広く活発に用いられているマクスウェル方程式の Yee 格子に基づく直接離散化とカエル跳び法による計算アルゴリズムを特徴とする FDTD 法（Finite-Difference Time-Domain Method）を説明する．

5.1　差　分　法

　本節では汎用性のあるマイクロ波回路の解析に不可欠である三次元ベクト

ル場電磁界に対する離散格子網において差分波動方程式が成立し，十分離散間隔を小さくしたとき全電磁界成分に対する波動場がシミュレートできることを離散節点間に一次元線路を仮定する空間回路網を用いて説明する．

5.1.1 電磁界波動場の実現[2]~[5]

三次元マクスウェル方程式に対する**図5.1**に示す空間回路網では電磁界変数が空間の各離散点にそれぞれの成分方程式が満足されるよう配置される．その結果，界成分及びマクスウェル方程式の各二次元成分式が各々 $A_n \sim F_n$ の節点名を持つ各離散点に**表5.1**のように対応づけられるとともに離散格子点間に仮定された各線路には TEM 波伝搬が仮定される．また，各電磁界変数は回路変数表示され，電磁界の回転の関係が節点での電流連続の関係に変換される．電界を電圧関数とする節点を電気的節点と呼び，磁界を電圧関数とする節点を磁気的節点と呼ぶ．このとき後者の節点では電圧電流の物理的意味は通常の電気回路の場合と双対であるのでそれらの電圧電流名に'*'を付けて区別している．

なお，この等価回路の等価電圧の各成分の空間配置はもとの電磁界成分に直すと，当然 FDTD の Yee 格子[5]における配置といずれもマクスウェル方

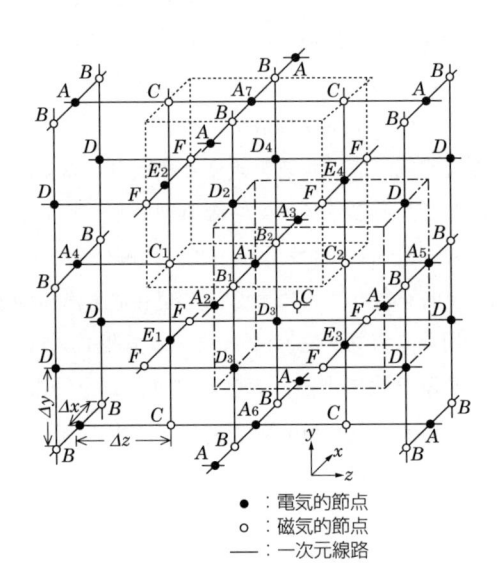

図5.1 三次元立方格子網（Δd：離散間隔）

第5章 微分表現から出発する解析法

表5.1

	電気的節点		磁気的節点	
	マクスウェル方程式	変数対応	マクスウェル方程式	変数対応
A_k	$\frac{\partial H_x}{\partial z}-\frac{\partial H_z}{\partial x}=\varepsilon_0\frac{\partial E_y}{\partial t}$	$V_y \equiv E_y$	$\frac{\partial E_x}{\partial z}-\frac{\partial E_z}{\partial x}=-\mu_0\frac{\partial H_y}{\partial t}$	$V_y^* \equiv H_y$
	$-\frac{\partial E_y}{\partial z}=-\mu_0\frac{\partial H_x}{\partial t}$	$I_z \equiv -H_x$	$-\frac{\partial H_y}{\partial z}=\varepsilon_0\frac{\partial E_x}{\partial t}$	$I_z^* \equiv E_x$
	$\frac{\partial E_y}{\partial x}=-\mu_0\frac{\partial H_z}{\partial t}$	$I_x \equiv H_z$	$\frac{\partial H_y}{\partial x}=\varepsilon_0\frac{\partial E_z}{\partial t}$	$I_x^* \equiv -E_z$
D_k	$\frac{\partial H_z}{\partial y}-\frac{\partial H_y}{\partial z}=\varepsilon_0\frac{\partial E_x}{\partial t}$	$V_x \equiv E_x$	$\frac{\partial E_y}{\partial z}-\frac{\partial E_x}{\partial y}=-\mu_0\frac{\partial H_z}{\partial t}$	$V_z^* \equiv H_z$
	$\frac{\partial E_x}{\partial z}=-\mu_0\frac{\partial H_y}{\partial t}$	$I_z \equiv H_y$	$\frac{\partial H_z}{\partial y}=\varepsilon_0\frac{\partial E_x}{\partial t}$	$I_y^* \equiv -E_x$
	$-\frac{\partial E_x}{\partial y}=-\mu_0\frac{\partial H_z}{\partial t}$	$I_y \equiv -H_z$	$-\frac{\partial H_z}{\partial x}=\varepsilon_0\frac{\partial E_y}{\partial t}$	$I_x^* \equiv E_y$
E_k	$\frac{\partial H_y}{\partial x}-\frac{\partial H_x}{\partial y}=\varepsilon_0\frac{\partial E_z}{\partial t}$	$V_z \equiv E_z$	$\frac{\partial E_z}{\partial y}-\frac{\partial E_y}{\partial z}=-\mu_0\frac{\partial H_x}{\partial t}$	$V_x^* \equiv -H_x$
	$\frac{\partial E_z}{\partial y}=-\mu_0\frac{\partial H_x}{\partial t}$	$I_y \equiv -H_x$	$\frac{\partial H_x}{\partial z}=\varepsilon_0\frac{\partial E_y}{\partial t}$	$I_z^* \equiv E_y$
	$-\frac{\partial E_z}{\partial x}=-\mu_0\frac{\partial H_y}{\partial t}$	$I_x \equiv H_y$	$-\frac{\partial H_x}{\partial y}=\varepsilon_0\frac{\partial E_z}{\partial t}$	$I_y^* \equiv -E_z$

程式に基づくものであるから等しい．電流は各線路のポインティングベクトルの方向すなわちエネルギー伝送の方向が各座標正方向を向くよう定められた磁界と対応しており伝導電流と同様に扱える．

　その結果，各一次元線路は電圧が電界に電流が磁界に対応し通常の伝送線路として扱え，例えば x-z 平面内の直交する線路の接続節点で図5.2の二次元伝送回路が成立し，各線路の単位長当り容量とインダクタンスをそれぞれ C,L として，表のマクスウェル方程式の成分式は次の二次元伝送方程式を満足する．

$$\frac{\partial I_x}{\partial x}+\frac{\partial I_z}{\partial z}=-2C\frac{\partial V_y}{\partial t} \quad (5.10\text{ a})$$

$$\frac{\partial V_y}{\partial x}=-L\frac{\partial I_x}{\partial t} \quad (5.10\text{ b})$$

$$\frac{\partial V_y}{\partial z}=-L\frac{\partial I_z}{\partial t} \quad (5.10\text{ c})$$

このような空間格子網において誘電体，磁性体，更に損失などの媒質条件を含む場合に対する電磁界波動場が実現できることを示す．その際，媒質条

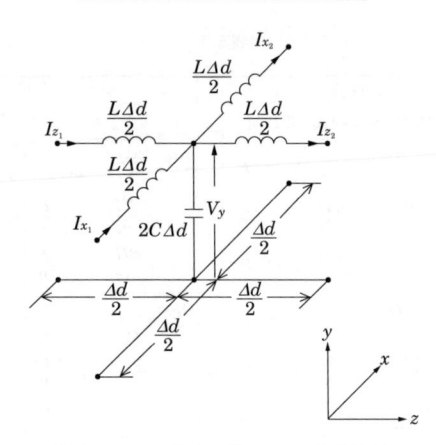

図5.2　二次元伝送回路（Δd：離散間隔）

（a）節点配置

（b）A_1における回路変数の定義

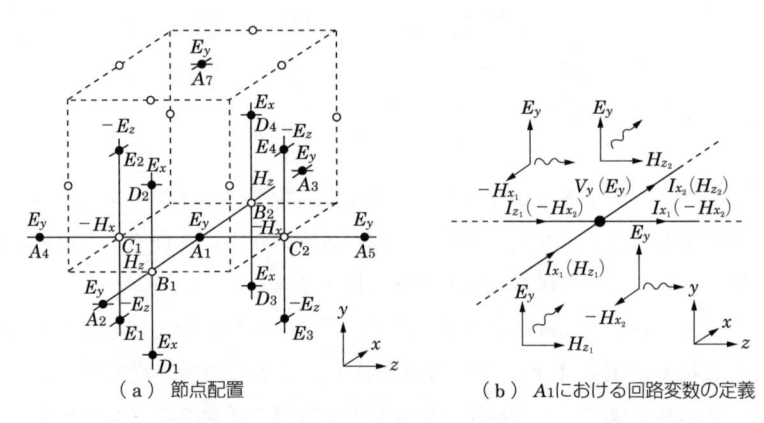

図5.3　電界 E_y を等価電圧とする電気的節点 A_1 を中心とする(a)節点配置と(b)A_1 における回路変数の定義

件は各節点における表5.1に示す集中定数素子で表す．電流源及び磁流源をそれぞれ J, J^* としてマクスウェル方程式を次のように定義する．

$$\nabla \times \boldsymbol{E} = -\boldsymbol{J}^* - \sigma^* \boldsymbol{H} - \mu \frac{\partial \boldsymbol{H}}{\partial t} \tag{5.11 a}$$

$$\nabla \times \boldsymbol{H} = \boldsymbol{J} + \sigma \boldsymbol{E} + \varepsilon \frac{\partial \boldsymbol{E}}{\partial t} \tag{5.11 b}$$

なお，σ^* は仮想的な磁流伝導率である．図5.3(a)の A_1 点に接続する一

第 5 章 微分表現から出発する解析法

次元線路における電圧降下の中心差分式はそれぞれ次式で与えられる.

$$V_y(A_2) - V_y(A_1) = \left\{ 2\varDelta x\left(\frac{\sigma^*}{2}\right) + 2\varDelta x\left(\frac{\mu_0 \chi_m}{2}\right)\varDelta_t \right.$$
$$\left. + 2\varDelta x\left(\frac{\mu_0}{2}\right)\varDelta_t \right\} V_z^*(B_1) \tag{5.12 a}$$

$$V_y(A_1) - V_y(A_3) = \left\{ 2\varDelta x\left(\frac{\sigma^*}{2}\right) + 2\varDelta x\left(\frac{\mu_0 \chi_m}{2}\right)\varDelta_t \right.$$
$$\left. + 2\varDelta x\left(\frac{\mu_0}{2}\right)\varDelta_t \right\} V_z^*(B_2) \tag{5.12 b}$$

$$V_x(D_1) - V_x(D_2) = -\left\{ 2\varDelta y\left(\frac{\sigma^*}{2}\right) + 2\varDelta y\left(\frac{\mu_0 \chi_m}{2}\right)\varDelta_t \right.$$
$$\left. + 2\varDelta y\left(\frac{\mu_0}{2}\right)\varDelta_t \right\} V_z^*(B_1) \tag{5.12 c}$$

$$V_x(D_3) - V_x(D_4) = -\left\{ 2\varDelta y\left(\frac{\sigma^*}{2}\right) + 2\varDelta y\left(\frac{\mu_0 \chi_m}{2}\right)\varDelta_t \right.$$
$$\left. + 2\varDelta y\left(\frac{\mu_0}{2}\right)\varDelta_t \right\} V_z^*(B_2) \tag{5.12 d}$$

$$V_y(A_4) - V_y(A_1) = \left\{ 2\varDelta z\left(\frac{\sigma^*}{2}\right) + 2\varDelta z\left(\frac{\mu_0 \chi_m}{2}\right)\varDelta_t \right.$$
$$\left. + 2\varDelta z\left(\frac{\mu_0}{2}\right)\varDelta_t \right\} V_x^*(C_1) \tag{5.12 e}$$

$$V_y(A_1) - V_y(A_5) = \left\{ 2\varDelta z\left(\frac{\sigma^*}{2}\right) + 2\varDelta z\left(\frac{\mu_0 \chi_m}{2}\right)\varDelta_t \right.$$
$$\left. + 2\varDelta z\left(\frac{\mu_0}{2}\right)\varDelta_t \right\} V_x^*(C_2) \tag{5.12.f}$$

$$V_z(E_1) - V_z(E_2) = \left\{ 2\varDelta y\left(\frac{\sigma^*}{2}\right) + 2\varDelta y\left(\frac{\mu_0 \chi_m}{2}\right)\varDelta_t \right.$$
$$\left. + 2\varDelta y\left(\frac{\mu_0}{2}\right)\varDelta_t \right\} V_x^*(C_1) \tag{5.12 g}$$

$$V_z(E_3) - V_z(E_4) = \left\{ 2\varDelta y\left(\frac{\sigma^*}{2}\right) + 2\varDelta y\left(\frac{\mu_0 \chi_m}{2}\right)\varDelta_t \right.$$
$$\left. + 2\varDelta y\left(\frac{\mu_0}{2}\right)\varDelta_t \right\} V_x^*(C_2) \tag{5.12 h}$$

図 5.3(b) の中心節点である A_1 点における電流により C_1, C_2, B_1, B_2 の各節点の電圧は次式のように表現される.

$$V_z^*(B_1) = I_{x_1}(A_1) - \Delta x \Delta_x V_z^*(B_1)$$
$$= I_{x_1}(A_1) + \left(\frac{\varepsilon_0}{2}\right)\Delta x \Delta_t V_y(B_1) \tag{5.13 a}$$

同様に

$$V_z^*(B_2) = I_{x_2}(A_1) - \left(\frac{\varepsilon_0}{2}\right)\Delta x \Delta_t V_y(B_2) \tag{5.13 b}$$

$$V_x^*(C_1) = I_{z_1}(A_1) + \left(\frac{\varepsilon_0}{2}\right)\Delta z \Delta_t V_y(C_1) \tag{5.13 c}$$

$$V_x^*(C_2) = I_{z_2}(A_1) - \left(\frac{\varepsilon_0}{2}\right)\Delta z \Delta_t V_y(C_2) \tag{5.13 d}$$

なお，簡単のため各方向の離散間隔は等しく取るとともに，以下のような簡略記号を用いている．

$$\Delta d = \Delta x = \Delta y = \Delta z, \quad \Delta_t = \frac{\partial}{\partial t}, \quad \Delta_t^2 = \frac{\partial^2}{\partial t^2}$$

$$\Delta_x = \frac{\partial}{\partial x}, \quad \Delta_y = \frac{\partial}{\partial y}, \quad \Delta_z = \frac{\partial}{\partial z}$$

式 (5.13) を代入した式 (5.12) の各式を電流の A_1 点への流入，流出に応じて辺々を加算，減算してまとめると次式を得る．

$$\begin{aligned}
&\{V_y(A_2) + V_y(A_3) - 2V_y(A_1)\} \\
&+ \{V_y(A_4) + V_y(A_5) - 2V_y(A_1)\} \\
&- [\{V_x(D_4) - V_x(D_2) - V_x(D_3) + V_x(D_1)\} \\
&- \{V_z(E_4) - V_z(E_2) - V_z(E_3) + V_z(E_1)\}] \\
&= 4\Delta d^2 \left(\frac{\sigma^* \varepsilon_0}{2}\right) \frac{\{I_{z_1} - I_{z_2} + I_{x_1} - I_{x_2}\}_{A_1}}{\Delta d} \\
&+ 4\Delta d^2 \left(\frac{\mu_0(1+\chi_m)}{2}\right) \Delta_t \frac{\{I_{z_1} - I_{z_2} + I_{x_1} - I_{x_2}\}_{A_1}}{\Delta d} \\
&+ 4\Delta d^2 \left(\frac{\sigma^* \varepsilon_0}{4}\right) \Delta_t \{V_y(B_1) + V_y(B_2) + V_y(C_1) + V_y(C_2)\} \\
&+ 4\Delta d^2 (\varepsilon_0 \mu_0 (1+\chi_m)) \Delta_t^2 \{V_y(B_1) + V_y(B_2) + V_y(C_1) + V_y(C_2)\}
\end{aligned}$$
$$\tag{5.14}$$

A_1 点での電流連続の式 (5.15 a) とその中の伝導電流 I_d，変位電流 I_c 及び電流源 I_R を与える式 (5.15 b)～(5.15 d) は次式で与えられる．

$$I_{z_1} - I_{z_2} + I_{x_1} - I_{x_2} - I_d - I_c + I_R = 0 \tag{5.15 a}$$

第 5 章 微分表現から出発する解析法

$$I_d = 4\sigma\left(\frac{\Delta d}{2}\right)V_y \tag{5.15 b}$$

$$I_c = 4\varepsilon_0 \chi_e\left(\frac{\Delta d}{2}\right)V_y \tag{5.15 c}$$

$$I_R = 4J_y\left(\frac{\Delta d}{2}\right) \tag{5.15 d}$$

ここで，J_y は電流源密度である．式 (5.14) の両辺を $4\Delta d^2$ で割った後，電磁界変数の各方向成分の位置関係を考慮して左辺をまとめると次式を得る．

$$\begin{aligned}
& \frac{V_y(A_2)+V_y(A_3)-2V_y(A_1)}{4\Delta x^2}+\frac{V_y(A_4)+V_y(A_5)-2V_y(A_1)}{4\Delta z^2} \\
& -\frac{1}{2\Delta y}\left[\left\{\frac{V_x(D_4)-V_x(D_2)}{2\Delta x}\right\}-\left\{\frac{V_x(D_3)-V_x(D_1)}{2\Delta x}\right\}\right. \\
& \left.-\left\{\left\{\frac{V_z(E_4)-V_z(E_2)}{2\Delta z}\right\}-\left\{\frac{V_z(E_3)-V_z(E_1)}{2\Delta z}\right\}\right\}\right] \tag{5.16}
\end{aligned}$$

式 (5.16) の各空間差分式は空間離散間隔 Δd を十分小さくしたとき微分演算子で表現でき，更に等価電圧変数を今後の便利のため対応する電界の各成分に書き直すと次のようになる．

$$\frac{\partial^2 E_y}{\partial x^2}+\frac{\partial^2 E_y}{\partial z^2}-\frac{\partial}{\partial y}\left(\frac{\partial E_x}{\partial x}+\frac{\partial E_z}{\partial z}\right) \tag{5.17}$$

式 (5.17) のカッコ内を図 5.1 に破線で示す基本立方体からの "div $\boldsymbol{E}=\rho/\varepsilon$" を考慮して書き換えると

$$\begin{aligned}
-\frac{\partial}{\partial y}\left(\frac{\partial E_x}{\partial x}+\frac{\partial E_z}{\partial z}\right) &= -\frac{\partial}{\partial y}\left(\boldsymbol{\nabla}\cdot\boldsymbol{E}-\frac{\partial E_y}{\partial y}\right) \\
&= -\frac{\partial}{\partial y}\left(\frac{\rho}{\varepsilon}\right)+\frac{\partial^2 E_y}{\partial y^2} \tag{5.18}
\end{aligned}$$

となり，結果的に式 (5.14) の左辺は次式となる．

$$\therefore \text{ 式 (5.14) の左辺} \Rightarrow \nabla^2 E_y-\nabla_y\frac{\rho}{\varepsilon} \tag{5.19 a}$$

一方，$4\Delta d^2$ で割った式 (5.14) の右辺は次のようになる．すなわち第 1 項目，第 2 項目を式 (5.15) の関係を用いて変形し，第 3 項目，第 4 項目は A_1 点の周囲 4 点の電圧の平均値を与えるので，空間離散間隔 Δd を十分小さくしたとき中心節点 A_1 の電圧に収束すると考えると次式が得られる．

$$\left(\frac{\sigma^*}{2}\right)\frac{\{I_d+I_c+I_{Ry}\}_{A_1}}{\Delta d}$$

$$+\left(\frac{\mu_0(1+\chi_m)}{2}\right)\Delta_t\frac{\{I_d+I_c+I_{Ry}\}_{A_1}}{\Delta d}$$

$$+\left(\frac{\sigma^*\varepsilon_0}{4}\right)\Delta_t\{V_y(B_1)+V_y(B_2)+V_y(C_1)+V_y(C_2)\}$$

$$+\left(\frac{\varepsilon_0\mu_0(1+\chi_m)}{4}\right)\Delta_{t^2}\{V_y(B_1)+V_y(B_2)+V_y(C_1)+V_y(C_2)\}$$

$$=\left(\frac{\sigma^*}{2\Delta d}\right)4\sigma\left(\frac{\Delta d}{2}\right)V_y(A_1)+\frac{\mu_0(1+\chi_m)}{2\Delta d}\frac{\partial}{\partial t}4\sigma\left(\frac{\Delta d}{2}\right)V_y(A_1)$$

$$+\varepsilon_0(1+\chi_e)\sigma^*\Delta_tV_y(A_1)+\varepsilon_0(1+\chi_e)\mu_0(1+\chi_m)\Delta_{t^2}V_y(A_1)$$

$$+\mu_0(1+\chi_m)\Delta_tI_{Ry}V_y(A_1)+\sigma^*I_{Ry}V_y(A_1) \qquad (5.20)$$

最終的に式 (5.7) の右辺は対応する電界成分 E_y を用い，十分時間離散間隔を小さくしたとき微分演算子を用いて書き直すと

∴ 式 (5.14) の右辺

$$\Rightarrow \sigma\sigma^*E_y(A_1)+(\mu\sigma+\varepsilon\sigma^*)\frac{\partial}{\partial t}E_y(A_1)+\varepsilon\mu\frac{\partial^2}{\partial t^2}E_y(A_1)$$

$$+\mu\frac{\partial}{\partial t}J_y(A_1)+\sigma^*J_y(A_1) \qquad (5.19\,\mathrm{b})$$

ここで，$\varepsilon=\varepsilon_0(1+\chi_e)$, $\mu=\mu_0(1+\chi_m)$ である．式 (5.19 a) と式 (5.19 b) を等置して y 方向電界 E_y に関する波動方程式が得られる．

$$\nabla^2E_y(A_1)-\sigma\sigma^*E_y(A_1)-(\mu\sigma+\varepsilon\sigma^*)\frac{\partial}{\partial t}E_y(A_1)-\varepsilon_0\mu_0\frac{\partial^2}{\partial t^2}E_y(A_1)$$

$$=\mu\frac{\partial}{\partial t}J_y(A_1)+\sigma^*J_y(A_1)+\nabla_y\frac{\rho}{\varepsilon} \qquad (5.21)$$

これより，他の成分に関しても同様に波動方程式を求めると，全電界成分に対するベクトル表示は

$$\nabla^2\boldsymbol{E}-\varepsilon\mu\frac{\partial^2\boldsymbol{E}}{\partial t^2}-(\mu\sigma+\varepsilon\sigma^*)\frac{\partial\boldsymbol{E}}{\partial t}-\sigma\sigma^*\boldsymbol{E}$$

$$=\mu\frac{\partial\boldsymbol{J}}{\partial t}+\sigma^*J+\frac{\nabla\rho}{\varepsilon} \qquad (5.22\,\mathrm{a})$$

となり，同様に磁界に対する波動方程式も同様に次のように得られる．

$$\nabla^2\boldsymbol{H}-\varepsilon\mu\frac{\partial^2\boldsymbol{H}}{\partial t^2}-(\mu\sigma+\varepsilon\sigma^*)\frac{\partial\boldsymbol{H}}{\partial t}-\sigma\sigma^*\boldsymbol{H}$$

$$= \varepsilon \frac{\partial \boldsymbol{J}^*}{\partial t} + \sigma J^* + \frac{\nabla \rho^*}{\mu} \tag{5.22 b}$$

5.1.2 伝送線路行列表示と空間回路網表示

前項で示したように図5.1の格子網は波動場をその中で実現することが確かめられたが,実際の数値計算を行うに際しては,各格子点で仮定された各平面内2方向の一次元線路の接続を定式化するに際して,二つの方法がある.すなわち伝送線路行列表示(Transmission Line Matrix Expression)と空間回路網表示(Spatial Network Expression)である.前者は各格子点での散乱行列による定式化に,後者は各格子点での等価電流に対する節点方程式にそれぞれ基づいている.いずれの方法もホイヘンスの原理による波動伝搬,すなわち波動の各空間点における二次波の発生による波面の形成と進行を,図5.4に示すようにシミュレートするものである.このような取扱

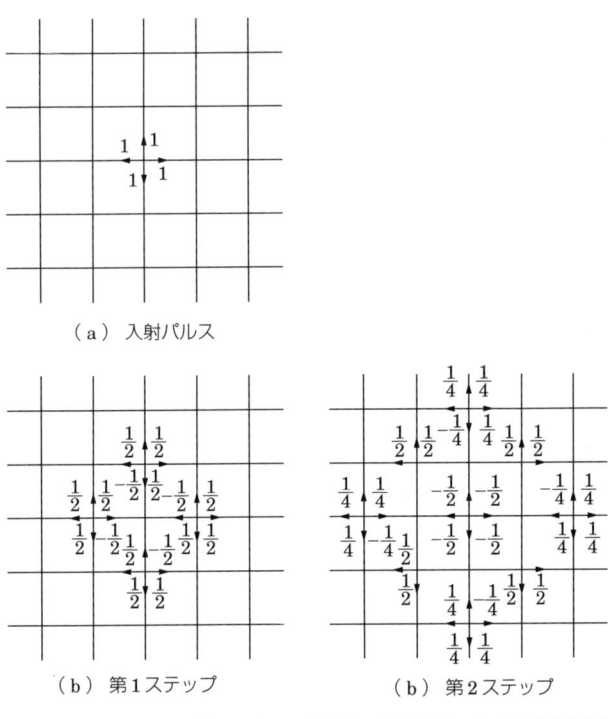

図5.4 二次元の場合の各格子点での電圧波の反射透過による波動伝搬過程のモデル図(ホイヘンスの原理)

いはマクスウェル方程式の直接の差分化による波動場形成メカニズムの定式化とは異なるが，波動の特性線上の伝搬と散乱・透過という基本的物理的現象に基づいたアルゴリズムであり，同じく波動場形成という物理的メカニズムを記述している．前者は数学的なモデル化であり，後者は物理的なモデル化であるといえる．

（1） 伝送線路行列法（TLM法）[6],[7]

TLM法では図5.1に示す空間回路網の電界を等価電圧とする電気的節点と，磁界を等価電圧とする磁気的節点をそれぞれ図5.5(a)並列節点と(b)直列節点として扱う．これは，前者においては電界すなわち等価電圧が両方向線路に共通であり，後者は磁界すなわち等価環電流が両方向線路に共通であることに対応している．はじめに図5.1の電界 E_y に関する A_n 節点に対応する図5.5(a)に示す x-y 平面における電圧共通の並列節点で入射波と反射波の関係を用いて説明する．v を進行波関数とし，上付き添え字 "out" と "in" で，それぞれ反射波及び入射波を区別するとき，両者の間には等しい特性インピーダンスを持つ4本の線路の並列接続節点では次の散乱行列が成立する．添え数字は線路番号である．

$$\begin{vmatrix} v_1^{\text{out}} \\ v_2^{\text{out}} \\ v_3^{\text{out}} \\ v_4^{\text{out}} \end{vmatrix} = \frac{1}{2} \begin{vmatrix} -1 & 1 & 1 & 1 \\ 1 & -1 & 1 & 1 \\ 1 & 1 & -1 & 1 \\ 1 & 1 & 1 & -1 \end{vmatrix} \begin{vmatrix} v_1^{\text{in}} \\ v_2^{\text{in}} \\ v_3^{\text{in}} \\ v_4^{\text{in}} \end{vmatrix} \qquad (5.23)$$

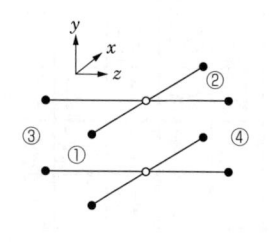

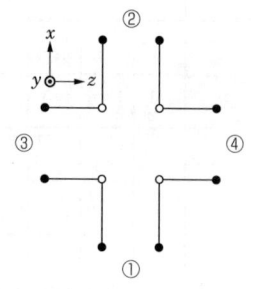

（a）並列節点（SNMにおける電気的節点）　（b）直列節点（SNMにおける磁気的節点）
　　　［共通電圧（電界）節点］　　　　　　　　　　［共通電流（磁界）節点］

図5.5　TLM法における節点概念図

上式を,各線路 ($i=1,4$) ごとに書き出すと次式を得る.

$$v_i^{\text{out}}(x,z,t)=\frac{1}{2}\sum_{j=1}^{4}v_j^{\text{in}}(x,z,t)-v_i^{\text{in}}(x,z,t) \tag{5.24}$$

上式の進行波を接続している各線路の次の電圧電流を用いて表す.このとき節点に向かう進行波の電流を正とする.

$$v_j^{\text{in}}(x,z,t)=\frac{1}{2}\{V_j(x,z,t)\pm z_0 I_j(x,z,t)\} \tag{5.25 a}$$

$$v_i^{\text{out}}(x,z,t)=\frac{1}{2}\{V_i(x,z,t)-z_0 I_i(x,z,t)\} \tag{5.25 b}$$

式 (5.24) に式 (5.25) の関係式を代入し,整理すると,共通電圧 $V(x,z,t)$ として

$$V(x,z,t)=\frac{1}{4}\sum_{j=1}^{4}\{V_j(x,z,t)\pm z_0 I_j(x,z,t)\} \tag{5.26}$$

を得る.上式の右辺は Δt 時間前に隣接する Δd 離れた節点を出発したそれぞれの波動に対応し,特性線上で $V\pm z_0 I$ は保存量であるから,出発時の電圧電流値で書き換えると,座標方向を電流の正方向として次式を得る.

$$\begin{aligned}V(x,z,t)=\frac{1}{4}\{&V_1(x-\Delta d,z,t-\Delta t)+z_0 I_1(x-\Delta d,z,t-\Delta t)\\&+V_2(x+\Delta d,z,t-\Delta t)-z_0 I_2(x+\Delta d,z,t-\Delta t)\\&+V_3(x,z-\Delta d,t-\Delta t)+z_0 I_3(x,z-\Delta d,t-\Delta t)\\&+V_4(x,z+\Delta d,t-\Delta t)-z_0 I_4(x,z+\Delta d,t-\Delta t)\}\end{aligned}$$
$$\tag{5.27}$$

一方,図5.1の磁界 H_y に対する F_n 節点に対応する図5.5(b)に示す x-z 平面における直列節点における環電流を,上述の並列節点と同様に入射波と反射波の関係を用いて導く.入射電圧波と反射波の関係は次式で与えられる.

$$\begin{vmatrix}v_1^{\text{out}}\\v_2^{\text{out}}\\v_3^{\text{out}}\\v_4^{\text{out}}\end{vmatrix}=\frac{1}{2}\begin{vmatrix}1&-1&-1&-1\\-1&1&-1&-1\\-1&-1&1&-1\\-1&-1&-1&1\end{vmatrix}\begin{vmatrix}v_1^{\text{in}}\\v_2^{\text{in}}\\v_3^{\text{in}}\\v_4^{\text{in}}\end{vmatrix} \tag{5.28}$$

上式を,各線路 ($i=1,4$) ごとに書き出すと次式を得る.

$$v_1^{\text{out}}(x, z, t) = -\frac{1}{2}\sum_{j=1}^{4} v_j^{\text{in}}(x, z, t) + v_1^{\text{in}}(x, z, t) \quad (5.29)$$

式 (5.28) に式 (5.25) の関係式を代入し，整理すると直列節点における共通還電流として

$$I(x, z, t) = \frac{1}{4}\sum_{j=1}^{4}\{y_0 V_j(x, z, t) \pm I_j(x, z, t)\} \quad (5.30)$$

を得る．ここで線路の特性アドミタンス $y_0 = z_0^{-1}$ である．上式の右辺は Δt 時間前に隣接する節点を出発したそれぞれの電流進行波関数に対応するから，特性線上でそれぞれの出発時の電圧-電流値で書き換え，後進波の符号を負としてまとめると次式を得る．

$$\begin{aligned}I(x, z, t) = \frac{1}{4}\{&(I_1(x-\Delta d, z, t-\Delta t) + y_0 V_1(x-\Delta d, z, t-\Delta t)\\&+ I_2(x+\Delta d, z, t-\Delta t) - y_0 V_2(x+\Delta d, z, t-\Delta t)\\&+ I_3(x, z-\Delta d, t-\Delta t) + y_0 V_3(x, z-\Delta d, t-\Delta t)\\&+ I_4(x, z+\Delta d, t-\Delta t) - y_0 V_4(x, z+\Delta d, t-\Delta t)\}\end{aligned}$$
$$(5.31)$$

このように TLM 法の散乱行列を用いた定式化も隣接節点の等価電圧-電流すなわち電磁界値を用いた差分関係式に帰着された．TLM は散乱行列という二次量を用いるので，境界条件は反射係数で，媒質条件は各節点に終端短絡や開放のスタブを付加することでリアクタンスを，無限長線路で損失を表す．

（2） ベルジェロン法[8],[9]

この方法は無損失線路における一次元波動方程式の d'Alembert の解である進行波，後進波関数が特性線上で位相差量とフロー量で構成される保存量であることに基づいて，空間離散長に対応した有限長線路の両端の電圧-電流値の関係式を与えるものであり，波動伝搬特性の差分表現とみなされる．無損失線路の基本式として電圧-電流の全微分式は次式で与えられる．

$$\frac{d}{dt}v(x, t) = \frac{\partial v}{\partial x}\frac{dx}{dt} + \frac{\partial v}{\partial t} \quad (5.32\,\text{a})$$

$$\frac{d}{dt}i(x, t) = \frac{\partial i}{\partial x}\frac{dx}{dt} + \frac{\partial i}{\partial t} \quad (5.32\,\text{b})$$

上式に一次元線路の基本式

$$-\frac{\partial v}{\partial x} = L_0 \frac{\partial i}{\partial t} \tag{5.33 a}$$

$$-\frac{di}{dx} = C_0 \frac{\partial v}{\partial t} \tag{5.33 b}$$

を代入してまとめると次式を得る．

$$\frac{d}{dt}\left\{v \pm \sqrt{\frac{L_0}{C_0}} i\right\} = \left\{\frac{\partial v}{\partial x} - \sqrt{\frac{L_0}{C_0}} \frac{\partial i}{\partial x}\right\}\left\{\frac{dx}{dt} \mp \frac{1}{\sqrt{L_0 C_0}}\right\} \tag{5.34}$$

ここで複号は同順であり，特性インピーダンス z_0，伝搬速度 c_0 は，それぞれ線路の単位長さ当りのインダクタンス L_0 と容量 C_0 を用いて

$$z_0 = \sqrt{\frac{L_0}{C_0}}, \quad c_0 = \frac{1}{\sqrt{L_0 C_0}} \tag{5.35}$$

で与えられる．式（5.34）の右辺の 2 番目のカッコ内は

$$\frac{dx}{dt} = \pm \frac{1}{\sqrt{L_0 C_0}} = \pm c_0 \tag{5.36}$$

となる伝搬速度に等しい移動座標系では 0 となり，式（5.32）は

$$\frac{d}{dt}\{v \pm z_0 i\} = 0 \tag{5.37}$$

となる．ここで，正符号は進行波に，負符号は後進波に対応し，正負を電流の向きに含ませると，式（5.37）は "$v \pm z_0 i$" なる量が移動座標系，すなわち特性線上で保存されることを示している．上式を有限長線路長 Δd に対応した伝搬時間 $\Delta t (=\Delta d \sqrt{L_0 C_0})$ の間で積分すると

$$[v \pm z_0 i]_{t-\Delta t}^{t} = 0 \tag{5.38}$$

となり，図 5.6（a）に示す長さ Δd の有限長無損失線路の両端の電圧電流が特線上では代数方程式で互いに関連づけられ，進行波に対しては

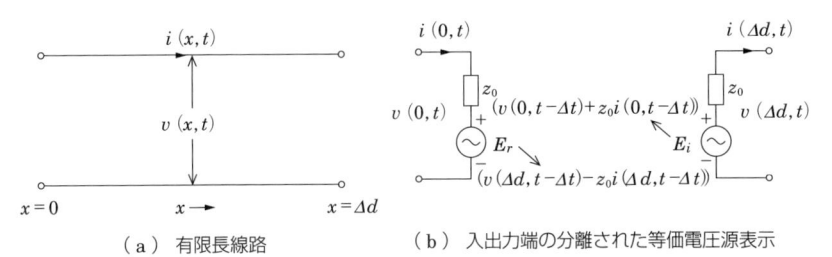

（a）有限長線路　　　（b）入出力端の分離された等価電圧源表示

図 5.6　一次元線路のベルジェロン法による定式化

$$v(\Delta d, t) + z_0 i(\Delta d, t)$$
$$= v(0, t-\Delta t) + z_0 i(0, t-\Delta t) \qquad (5.39\,\text{a})$$

後進波に対しては

$$v(0, t) - z_0 i(0, t)$$
$$= v(\Delta d, t-\Delta t) - z_0 i(\Delta d, t-\Delta t) \qquad (5.39\,\text{b})$$

がそれぞれ成立し，それぞれの右辺を等価制御電圧源として図5.6(b)に示す各ポートごとの分離した等価回路が導かれる．この分離性は各ポート相互の関係には伝搬時間の遅れがあることを示し，同時刻ではそれぞれのポートが独立に扱えることを示す．一方，この保存関係式は一次元線路に対する電圧進行波 f，電圧後進波 g とするダランベールの解に次のように対応する．

$$v + z_0 i = 2f(x - c_0 t) \qquad (5.40\,\text{a})$$
$$v - z_0 i = 2g(x + c_0 t) \qquad (5.40\,\text{b})$$

このように，線路両端の電圧-電流値で波動伝搬特性が差分表示されるベルジェロン法においては，各端子に接続した集中定数素子もその特性を電圧電流関係式で表すことが可能となる．抵抗やコンダクタンスは各時刻での電圧降下を v_R, v_G，電流を i_R, i_G とすると次式で特性が表される．

$$v_R(t) = R i_R \qquad (5.41\,\text{a})$$
$$i_G(t) = G v_G \qquad (5.41\,\text{b})$$

ここで，R, G はそれぞれ抵抗，コンダクタンスの値である．次にリアクタンス素子はそれらの素子の電圧-電流特性式を台形近似を用いて時間軸上で定式化される．インダクタンスは図5.7(a)に示すようにその値を L，端子間電圧・電流を v_L, i_L とするとき特性微分式は

$$v_L(t) = L \frac{di_L(t)}{dt} \qquad (5.42)$$

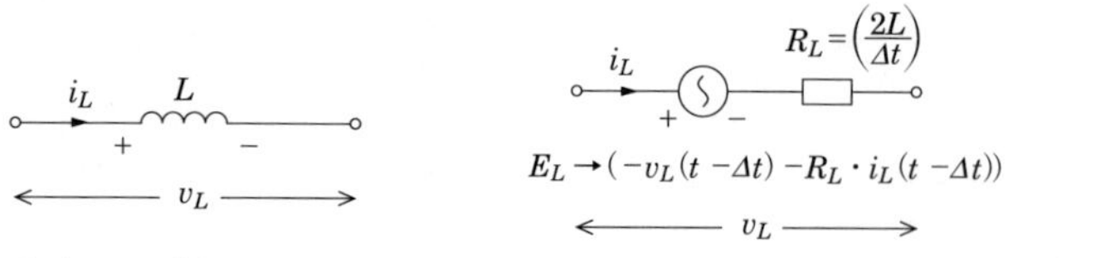

（a）インダクタンス素子　（b）台形近似による時間領域での等価電圧源表示

図5.7　インダクタンスのベルジェロン法による定式化

第5章 微分表現から出発する解析法

で表されるが，$t-\Delta t$ 時点から現時刻 t の間の台形積分を行うと

$$i_L(t) = \frac{v_L(t) + v_L(t-\Delta t)}{2L}\Delta t + i_L(t-\Delta t) \tag{5.43}$$

上式を現時刻の項と Δt 前の項にまとめると次のインダクタンスに対する差分を得ることができ，図5.7(b)のように等価回路表示される．

$$v_L(t) - R_L i_L(t) = -\{v_L(t-\Delta t) + R_L i_L(t-\Delta t)\} \tag{5.44 a}$$

$$R_L = \frac{2L}{\Delta t} \tag{5.44 b}$$

ここで，R_L は抵抗の次元を持ち，インダクタンスの時間軸における特性抵抗と考えられる．等価電圧源は式 (5.44 a) の右辺で与えられる．同様に容量についても図5.8(a)に示すようにその値を C，端子間電圧・電流を v_C, i_C とするとき，特性微分式は

$$i_C(t) = C\frac{dv_C(t)}{dt} \tag{5.45}$$

で表されるが，$t-\Delta t$ 時点から現時刻 t の間の台形積分を行うと

$$v_C(t) = \frac{i_C(t) + i_C(t-\Delta t)}{2C}\Delta t + v_C(t-\Delta t) \tag{5.46}$$

上式を現時刻の項と Δt 前の項にまとめると次の容量に対する差分式が得られる．

$$v_C(t) - R_C i_C(t) = v_C(t-\Delta t) + R_C i_C(t-\Delta t) \tag{5.47 a}$$

$$R_C = \frac{\Delta t}{2C} \tag{5.47 b}$$

ここで，R_C は抵抗の次元を持ち，容量の時間軸における特性抵抗と考えられ，等価回路は図5.8(b)のように表される．等価電圧源は式 (5.47 a) の右辺で与えられる．

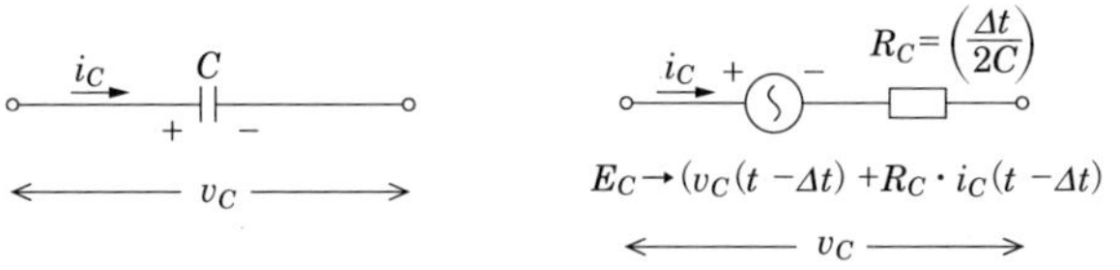

(a) 容量素子　　(b) 台形近似による時間領域での等価電圧源表示

$E_C \to (v_C(t-\Delta t) + R_C \cdot i_C(t-\Delta t)$

図5.8　容量のベルジェロン法による定式化

以上のように抵抗素子及び台形近似で導かれたリアクタンス素子の時間軸の差分式は，式 (5.39) の線路のベルジェロン表示式とともに一離散時間前の電圧-電流値に対応した制御電源を含む回路方程式を各節点で形成し，各時における電圧-電流値が計算されるとともに，次の時間ステップの制御電源値を与え逐次的に時間応答が計算される．その際，離散時間間隔 Δt は系全体で一定であることが必要であり，またベルジェロン法よりそれは空間離散間隔間伝搬時間に等しいので時間的波形変動のみでなく波長などの空間的変動をもっと近似できるように決定されなければならない．通常，含まれるあるいは必要な小時間周期あるいは波長を 10 分割以上することが求められる．ベルジェロン法は特性線上の保存量を用いているので波形伝搬時の誤差はなく，台形近似二次の誤差量で安定な計算法であるなどの数値計算上の特徴を持つ．

5.1.3　空間回路網法（SNM）[3],[4]

前項で示された三次元空間回路網の波動伝搬を求めるため一次元伝送線路伝搬特性を表すベルジェロン法を用いて時間軸上で定式化する．図 5.9 に電界 E_y を電圧関数とする損失性誘電体中の節点 $A(l, n, m)$ の等価回路を示す．l, n, m は x, y, z 各方向に対する離散点番号である．図中で磁気的節点 B, C の各節点に挿入されている ⊣⊢ なる記号は理想ジャイレータを表す．なお，容量とコンダクタンスは誘電体の分極と損失を表し，各線路方向二分された値が与えられ，不平衡線路で表した各無損失一次元線路の線間に並列に接続されている．各一次元線路のベルジェロン表示式は z_0 を特性インピーダンス，Δt を伝搬時間（時間軸での離散時間）として各ポートが隣接する節点の一離散時間前の電圧-電流値と関係づけられる．このとき，$Z_0, \Delta t_0$ は表 5.1 より自由空間における特性インピーダンス z_0，伝搬時間 Δt_0 と次の関係を持っている．

$$z_0 = \sqrt{\frac{L_0}{C_0}} = \sqrt{\frac{\mu_0}{\varepsilon_0}} Z_0 \tag{5.48 a}$$

$$\Delta t = \Delta d \sqrt{L_0 C_0} = \Delta d \sqrt{\varepsilon_0 \mu_0} = \frac{\Delta t_0}{2} \tag{5.48 b}$$

この A_n 点におけるベルジェロン表示式は式 (5.39) より，他端の磁気的

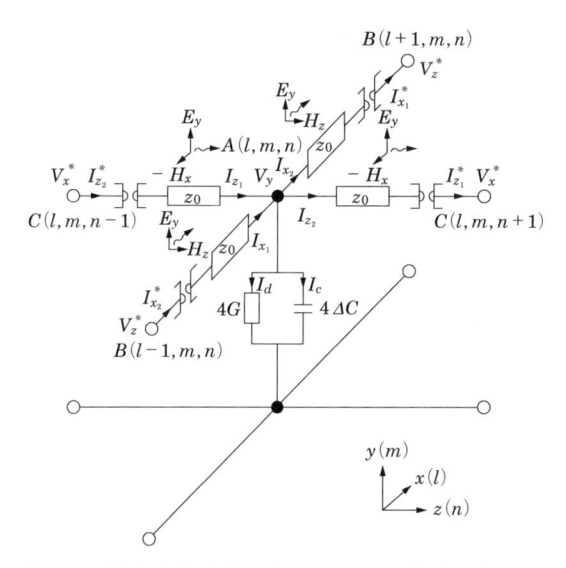

第5章 微分表現から出発する解析法

図 5.9 電界 E_y を等価電圧とする任意の電気的節点 $A(l, m, n)$ での誘電体と損失などの媒質条件を含む等価回路と隣接節点間のジャイレータを含む一次元線路表示

節点に挿入されたジャイレータを考慮して次式で与えられる．

$$V_y(l, m, n, t) + z_0 I_{z_1}(l, m, n, t)$$
$$= I_{z_2}^*(l, m, n-1, t-\Delta t) + z_0^* V_x^*(l, m, n-1, t-\Delta t) \quad (5.49\,\text{a})$$

$$V_y(l, m, n, t) - z_0 I_{z_2}(l, m, n, t)$$
$$= I_{z_1}^*(l, m, n+1, t-\Delta t) - z_0^* V_x^*(l, m, n+1, t-\Delta t) \quad (5.49\,\text{b})$$

$$V_y(l, m, n, t) + z_0 I_{x_1}(l, m, n, t)$$
$$= I_{x_2}^*(l-1, m, n, t-\Delta t) + z_0^* V_z^*(l-1, m, n, t-\Delta t) \quad (5.49\,\text{c})$$

$$V_y(l, m, n, t) - z_0 I_{x_2}(l, m, n, t)$$
$$= I_{x_1}^*(l+1, m, n, t-\Delta t) - z_0^* V_z^*(l+1, m, n, t-\Delta t) \quad (5.49\,\text{d})$$

分極に対応する容量の電圧-電流式は台形近似を用いて式 (5.47) より

$$\left.\begin{aligned}
&V_y(l, m, n, t) + R_c I_c(l, m, n, t) \\
&\quad = V_y(l, m, n, t-\Delta t) + R_c I_c(l, m, n, t-\Delta t) \\
&R_c = \frac{\Delta t}{2(4\Delta C)}
\end{aligned}\right\} \quad (5.49\,\text{e})$$

で表され，損失を表すコンダクタンスの電流は式 (5.41) より

$$I_d(l, m, n, t) = 4G \cdot V_y(l, m, n, t) \tag{5.49 f}$$

となる．これらの式と節点での電流連続の式

$$I_{x_1} - I_{x_2} + I_{z_1} - I_{z_2} - I_c - I_d = 0 \tag{5.50}$$

から，電圧 V_y に関する節点方程式

$$V_y(l, m, n, t) = \frac{R_c * (\Psi_1^* + \Psi_2^* + \Psi_3^* + \Psi_4^*) + z_0 \Psi_c}{z_0 + R_c * (4 + z_0 * 4G)} \tag{5.51}$$

が得られる．ここで，Ψ_1^*, Ψ_2^*, Ψ_3^*, Ψ_4^* および Ψ_c はそれぞれ式 (5.49 a)〜(5.49 d) と式 (5.49 e) の右辺であり，すべて1離散時間前に求められた変数からなる既知の値である．また各電流値はこの式 (5.51) で得られた電圧値 V_y を式 (5.49) の各式に代入することで求められる．これらの値を用いて再び同様に次の Δt 時間後の計算が行われる．このように他節点の同様の式とともに時間軸上での逐次計算が行われる．一方，磁気的節点では y 方向磁界 H_y を電圧関数とする F_n 点を例にとるとベルジェロン表式はジャイレータを考慮して次式で与えられる．y_0 は線路の特性アドミタンスで z_0^{-1} である．

$$V_y^*(l, m, n, t) + y_0 I_{z_1}^*(l, m, n, t)$$
$$= I_{z_2}(l, m, n-1, t-\Delta t) + y_0 V_x(l, m, n-1, t-\Delta t) \tag{5.52 a}$$

$$V_y^*(l, m, n, t) - y_0 I_{z_2}^*(l, m, n, t)$$
$$= I_{z_1}(l, m, n+1, t-\Delta t) - y_0 V_x(l, m, n+1, t-\Delta t) \tag{5.52 b}$$

$$V_y^*(l, m, n, t) + y_0 I_{x_1}^*(l, m, n, t)$$
$$= I_{x_2}(l-1, m, n, t-\Delta t) + y_0 V_z(l-1, m, n, t-\Delta t) \tag{5.52 c}$$

$$V_y^*(l, m, n, t) - y_0 I_{x_2}^*(l, m, t, n)$$
$$= I_{x_1}(l+1, m, n, t-\Delta t) - y_0 V_z(l+1, m, n, t-\Delta t) \tag{5.52 d}$$

また，磁気分極に対応する容量の電圧-電流式は台形近似を用いて

$$\left. \begin{array}{l} V_y^*(l, m, n, t) + R_c^* I_c^*(l, m, n, t) \\ = V_y^*(l, m, n, t-\Delta t) + R_c^* I_c^*(l, m, n, t-\Delta t) \\ R_c^* = \dfrac{\Delta t}{2(4 \Delta C^*)} \end{array} \right\} \tag{5.52 e}$$

で表され，磁気損失を表すコンダクタンスの電流は

第5章 微分表現から出発する解析法

$$I_d^*(l, m, n, t) = 4G^* \cdot V_y^*(l, m, n, t) \tag{5.52 f}$$

となる．これらの式と節点での電流連続の式

$$I_{x_1}^* - I_{x_2}^* + I_{z_1}^* - I_{z_2}^* - I_c^* - I_d^* = 0 \tag{5.53}$$

から電圧 V_y^* に関する節点方程式

$$V_y^*(l, m, n, t) = \frac{R_c^* * (\Psi_1 + \Psi_2 + \Psi_3 + \Psi_4) + z_0 \Psi_c^*}{y_0 + R_c^* * (4 + y_0 * 4G^*)} \tag{5.54}$$

が得られる．ここで，$\Psi_1, \Psi_2, \Psi_3, \Psi_4$ 及び Ψ_c^* はそれぞれ式（5.52 a）～（5.52 d）と式（5.52 f）の右辺である．また各電流値はこの式（5.47）で得られた電圧値 V_y^* を式（5.52）の各式に代入することで求められる．なお，式（5.51）及び式（5.54）はそれぞれ媒質定数が0のときはそれぞれ伝送線路マトリックス行列の対応電圧-電流表示式である式（5.27）及び式（5.31）にそれぞれ等しい．

空間回路網法はそれぞれ時間的に独立した節点での等価集中定数素子での媒質条件の取扱いに特徴を持ち，特に二方向の等価電流の存在は異方性媒質の取扱いに特徴を持つ[10]~[16]．

5.2 有限差分時間領域法

種々の三次元時間領域解析手法の中でFDTD（Finite-Difference Time-Domain）法[17]~[21]が最も盛んに用いられている．FDTD法は電磁界を記述するマクスウェル方程式を直接離散化する手法である．すなわち，偏微分である $\partial t, \partial x, \partial y, \partial z$ をそれぞれ $\Delta t, \Delta x, \Delta y, \Delta z$ に置き換えて時間及び空間軸で直接差分解析する．このように本手法は単純な演算操作を用いているので，プログラミングが非常に容易である．本手法は有限要素法と同様に領域分割形解法である．有限要素法では任意形状の格子を用いるが，本手法では一般的に直方体格子を用いる．このように本手法は三次元時間域解析手法であるので非常に汎用性に優れている．なお，本手法は

（1） 時間領域の解析手法であるので直接時間軸での値を観測できる
（2） 時間軸データにフーリエ変換を施すことにより周波数領域データを得ることが可能である．特に入力としてパルス波を加えることにより，一度の計算で系の広帯域特性を求めることが可能である

（3）多媒質で複雑な三次元形状を持つ系の解析に非常に有効であるという特徴を持っている．本手法は上記の特徴により近年盛んにマイクロ波シミュレーションに用いられている．

5.2.1 FDTD法

（1） FDTD差分式

マクスウェルの方程式は磁流も考慮すると，以下の式で表される．

$$\nabla \times \boldsymbol{E} = -\frac{\partial \boldsymbol{B}}{\partial t} - \boldsymbol{J}_m \tag{5.55}$$

$$\nabla \times \boldsymbol{H} = \frac{\partial \boldsymbol{D}}{\partial t} + \boldsymbol{J} \tag{5.56}$$

$$\nabla \cdot \boldsymbol{D} = \rho \tag{5.57}$$

$$\nabla \cdot \boldsymbol{B} = 0 \tag{5.58}$$

FDTD法は，式（5.55），（5.56）の電界磁界6成分を式（5.67）の中心差分を用いて離散化する手法である．マイクロ波回路では一般的に $\rho=0$ であるので式（5.57），（5.58）は自動的に満足される．ここで，式（5.55），（5.56）に $\boldsymbol{D}=\varepsilon\boldsymbol{E}, \boldsymbol{B}=\mu\boldsymbol{H}, \boldsymbol{J}=\sigma\boldsymbol{E}, \boldsymbol{J}_m=\sigma^*\boldsymbol{H}$ を代入すると

$$\mu\frac{\partial \boldsymbol{H}}{\partial t} + \sigma^*\boldsymbol{H} = -\nabla \times \boldsymbol{E} \tag{5.59}$$

$$\varepsilon\frac{\partial \boldsymbol{E}}{\partial t} + \sigma\boldsymbol{E} = \nabla \times \boldsymbol{H} \tag{5.60}$$

ここで，ε：誘電率，σ：導電率，μ：透磁率，σ^*：導磁率である．
更に，式（5.59），（5.60）を各成分ごとに表示すると

$$\varepsilon\frac{\partial E_x}{\partial t} + \sigma E_x = \frac{\partial H_z}{\partial y} - \frac{\partial H_y}{\partial z} \tag{5.61}$$

$$\varepsilon\frac{\partial E_y}{\partial t} + \sigma E_y = \frac{\partial H_x}{\partial z} - \frac{\partial H_z}{\partial x} \tag{5.62}$$

$$\varepsilon\frac{\partial E_z}{\partial t} + \sigma E_z = \frac{\partial H_y}{\partial x} - \frac{\partial H_x}{\partial y} \tag{5.63}$$

$$\mu\frac{\partial H_x}{\partial t} + \sigma^* H_x = \frac{\partial E_y}{\partial z} - \frac{\partial E_z}{\partial y} \tag{5.64}$$

$$\mu\frac{\partial H_y}{\partial t} + \sigma^* H_y = \frac{\partial E_z}{\partial x} - \frac{\partial E_x}{\partial z} \tag{5.65}$$

第5章 微分表現から出発する解析法

$$\mu\frac{\partial H_z}{\partial t}+\sigma^* H_z=\frac{\partial E_x}{\partial y}-\frac{\partial E_y}{\partial x} \tag{5.66}$$

を得る．ここで，中心差分を以下のように定義する．

$$f'(x)=\frac{f\left(x+\frac{1}{2}\varDelta x\right)-f\left(x-\frac{1}{2}\varDelta x\right)}{\varDelta x} \tag{5.67}$$

FDTDにおける単位格子は図5.10に示される格子となる．この格子は考案者の名前をとってYee格子と呼ばれる．図中において，黒矢印は電界節点，白矢印は磁界節点を表している．また，各節点の計算時刻を図5.11に示す．黒丸は電界節点，白丸は磁界節点に対応している．ここでは，例としてE_x成分の定式化のみについて説明する．

マクスウェル方程式のE_x成分は式（5.61）より，次式で表される．

$$\varepsilon\frac{\partial E_x}{\partial t}+\sigma E_x=\frac{\partial H_z}{\partial y}-\frac{\partial H_y}{\partial z} \tag{5.68}$$

式（5.68）を式（5.69）～（5.72）の差分演算式を用いて離散化を行う．なお

$$f^n(i,j,k)=f(i\varDelta x,j\varDelta y,k\varDelta z,n\varDelta t)$$

と表記する．nはタイムステップ，i,j,kは格子点位置を示している．

$$\frac{\partial E_x}{\partial t}\simeq\frac{E_x^{n+1}\left(i+\frac{1}{2},j,k\right)-E_x^n\left(i+\frac{1}{2},j,k\right)}{\varDelta t} \tag{5.69}$$

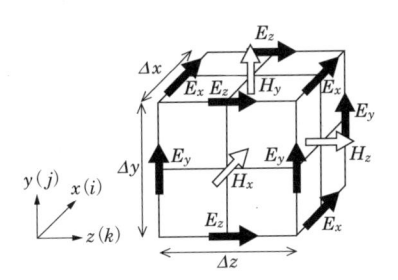

図5.10 Yee格子

図5.11 タイムステップ

$$E_x \simeq E_x^{n+\frac{1}{2}} \simeq \frac{E_x^{n+1}\left(i+\frac{1}{2}, j, k\right) + E_x^n\left(i+\frac{1}{2}, j, k\right)}{2} \tag{5.70}$$

$$\frac{\partial H_y}{\partial z} \simeq \frac{H_y^{n+\frac{1}{2}}\left(i+\frac{1}{2}, j, k+\frac{1}{2}\right) - H_y^{n+\frac{1}{2}}\left(i+\frac{1}{2}, j, k-\frac{1}{2}\right)}{\Delta z} \tag{5.71}$$

$$\frac{\partial H_z}{\partial y} \simeq \frac{H_z^{n+\frac{1}{2}}\left(i+\frac{1}{2}, j+\frac{1}{2}, k\right) - H_z^{n+\frac{1}{2}}\left(i+\frac{1}{2}, j-\frac{1}{2}, k\right)}{\Delta y} \tag{5.72}$$

最終的に，E_x 成分の FDTD 差分式は次式のようになる．

$$\begin{aligned}
& E_x^{n+1}\left(i+\frac{1}{2}, j, k\right) \\
&= Ca_x\left(i+\frac{1}{2}, j, k\right) \cdot E_x^n\left(i+\frac{1}{2}, j, k\right) - Cb_x\left(i+\frac{1}{2}, j, k\right) \\
&\quad \cdot \left(\frac{H_y^{n+\frac{1}{2}}\left(i+\frac{1}{2}, j, k+\frac{1}{2}\right) - H_y^{n+\frac{1}{2}}\left(i+\frac{1}{2}, j, k-\frac{1}{2}\right)}{\Delta z} \right. \\
&\quad \left. - \frac{H_z^{n+\frac{1}{2}}\left(i+\frac{1}{2}, j+\frac{1}{2}, k\right) - H_z^{n+\frac{1}{2}}\left(i+\frac{1}{2}, j-\frac{1}{2}, k\right)}{\Delta y} \right)
\end{aligned} \tag{5.73}$$

$$Ca_x\left(i+\frac{1}{2}, j, k\right) = \frac{2\varepsilon_x\left(i+\frac{1}{2}, j, k\right) - \sigma_x\left(i+\frac{1}{2}, j, k\right)\Delta t}{2\varepsilon_x\left(i+\frac{1}{2}, j, k\right) + \sigma_x\left(i+\frac{1}{2}, j, k\right)\Delta t} \tag{5.74}$$

$$Cb_x\left(i+\frac{1}{2}, j, k\right) = \frac{2\Delta t}{2\varepsilon_x\left(i+\frac{1}{2}, j, k\right) + \sigma_x\left(i+\frac{1}{2}, j, k\right)\Delta t} \tag{5.75}$$

更に，H_x についても同様に求めると

$$\begin{aligned}
& H_x^{n+\frac{1}{2}}\left(i, j+\frac{1}{2}, k+\frac{1}{2}\right) = Da_x\left(i, j+\frac{1}{2}, k+\frac{1}{2}\right) \\
&\quad \cdot H_x^{n-\frac{1}{2}}\left(i, j+\frac{1}{2}, k+\frac{1}{2}\right) + Db_x\left(i, j+\frac{1}{2}, k+\frac{1}{2}\right) \\
&\quad \cdot \left(\frac{E_y^n\left(i, j+\frac{1}{2}, k+1\right) - E_y^n\left(i, j+\frac{1}{2}, k\right)}{\Delta z} \right. \\
&\quad \left. - \frac{E_z^n\left(i, j+1, k+\frac{1}{2}\right) - E_z^n\left(i, j, k+\frac{1}{2}\right)}{\Delta y} \right)
\end{aligned} \tag{5.76}$$

第5章 微分表現から出発する解析法

$$Da_x\left(i, j+\frac{1}{2}, k+\frac{1}{2}\right)$$

$$=\frac{2\mu_x\left(i, j+\frac{1}{2}, k+\frac{1}{2}\right)-\sigma_x^*\left(i, j+\frac{1}{2}, k+\frac{1}{2}\right)\Delta t}{2\mu_x\left(i, j+\frac{1}{2}, k+\frac{1}{2}\right)+\sigma_x^*\left(i, j+\frac{1}{2}, k+\frac{1}{2}\right)\Delta t} \quad (5.77)$$

$$Db_x\left(i, j+\frac{1}{2}, k+\frac{1}{2}\right)$$

$$=\frac{2\Delta t}{2\mu_x\left(i, j+\frac{1}{2}, k+\frac{1}{2}\right)+\sigma_x^*\left(i, j+\frac{1}{2}, k+\frac{1}{2}\right)\Delta t} \quad (5.78)$$

ただし，E_y, E_z, H_y, H_z についても同様である．

この6本の式を各タイムステップごとに空間全体にわたって逐次計算していく．節点の値はその成分の1タイムステップ前の値と回りの成分の半ステップ前の値から陽的に求められる．前述のように，電界節点と磁界節点は時間的にも空間的にも半ステップずれている．このアルゴリズムを数学的にはカエル跳びアルゴリズム（leap-frog algorithm）といい，本手法の大きな特徴となっている．

（2）安定条件

FDTD法においては以下に示す安定条件が存在する．時間離散間隔 Δt は任意にとることができず，空間離散間隔 $\Delta x, \Delta y, \Delta z$ に対してある値以下にならなければならない．この条件はCFL（Courant, Friedrich, Levy）条件と呼ばれる．具体的な安定条件はノイマン（von Neumann）の方法によって求められるが，ここでは物理的に説明を行う．

$$\Delta t \leq \frac{1}{c_0\sqrt{1/\Delta x^2+1/\Delta y^2+1/\Delta z^2}} \quad (5.79)$$

安定条件は物理的には因果律を満足する条件である．データが進むスピードを $c_{compu.}$，物理的光速度を $c_{phys.}(=c_0)$ とする．因果律よりデータの進むスピードが物理的光速度より大きくなければならない．そうしなければ，数値的空間において物理現象を再現することが不可能となる．したがって，下記の条件を満足する必要がある．

$$c_{compu.} \geq c_{phys.} \quad (5.80)$$

例として一次元を仮定すると，以下のように考えることができる．

$$c_{\text{compu.}} = \frac{\Delta x}{\Delta t} \geq c_{\text{phys.}} \tag{5.81}$$

したがって，安定条件は以下の式で表される．

$$\Delta t \leq \frac{\Delta x}{c_0} \tag{5.82}$$

(3) 境界条件

本章では，境界条件の設定について説明する．

(a) 導体条件　　図 5.12 に示す xy 導体面では，電界 $\boldsymbol{E}$ の接線成分及び磁界 $\boldsymbol{H}$ の法線成分は 0 なので

$$\begin{cases} E_x = 0 \\ E_y = 0 \\ H_z = 0 \end{cases} \tag{5.83}$$

上式を対応する各節点の値に強制的に代入する．

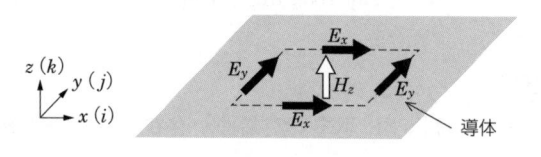

図 5.12　導体面

(b) 誘電体境界　　誘電体境界での取扱いについて説明する．ここでは，E_z 節点について計算方法の導出を行う．E_x, E_y についても同様の方法

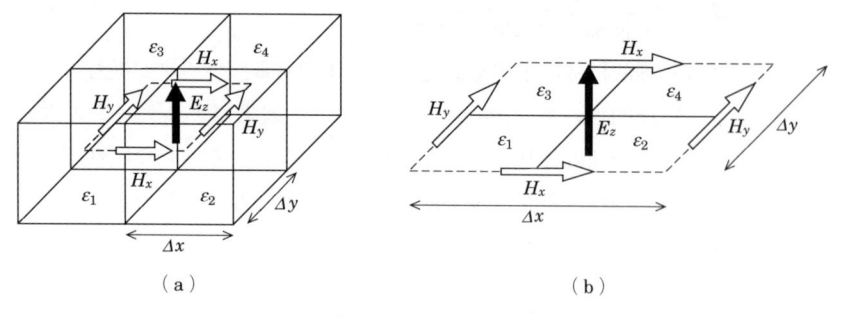

(a)　　　　　　　　　(b)

図 5.13　誘電体境界

第5章 微分表現から出発する解析法　　　　　95

で導出できる．図 5.13(a)のように $\varepsilon_1, \varepsilon_2, \varepsilon_3, \varepsilon_4$ の誘電率を持ったセルに囲まれた E_z を考える．図 5.13(b)に同(a)の E_z の周りを拡大した図を示す．誘電体境界面において接線方向の電界成分は連続なことと，セル内において E_z が一様であるという仮定から，$\varepsilon_1, \varepsilon_2, \varepsilon_3, \varepsilon_4$ の領域の電束密度 D_{z1}, D_{z2}, D_{z3}, D_{z4} は以下のように表される．

$$\begin{cases} D_{z_1} = \varepsilon_1 E_z & (5.84) \\ D_{z_2} = \varepsilon_2 E_z & (5.85) \\ D_{z_3} = \varepsilon_3 E_z & (5.86) \\ D_{z_4} = \varepsilon_4 E_z & (5.87) \end{cases}$$

電界節点 E_z における等価誘電率を $\varepsilon_{z\mathrm{eff}}$ とすると，$\varDelta S = \varDelta x \varDelta y$ として

$$\begin{aligned} D_z \varDelta S &= D_{z_1} \frac{\varDelta S}{4} + D_{z_2} \frac{\varDelta S}{4} + D_{z_3} \frac{\varDelta S}{4} + D_{z_4} \frac{\varDelta S}{4} \\ &= \frac{1}{4}(\varepsilon_1 + \varepsilon_2 + \varepsilon_3 + \varepsilon_4) E_z \varDelta S \\ &= \varepsilon_{z\mathrm{eff}} E_z \varDelta S \end{aligned} \quad (5.88)$$

これより E_z 節点の等価誘電率 $\varepsilon_{z\mathrm{eff}}$ は

$$\varepsilon_{z\mathrm{eff}} = \frac{1}{4}(\varepsilon_1 + \varepsilon_2 + \varepsilon_3 + \varepsilon_4) \quad (5.89)$$

また，E_z 節点の等価導電率 $\sigma_{z\mathrm{eff}}$ も同様の式で計算でき

$$\sigma_{z\mathrm{eff}} = \frac{1}{4}(\sigma_1 + \sigma_2 + \sigma_3 + \sigma_4) \quad (5.90)$$

となる．

(4) 吸収境界条件

吸収境界条件は Absorbing Boundary Condition (ABC) あるいは Radi-

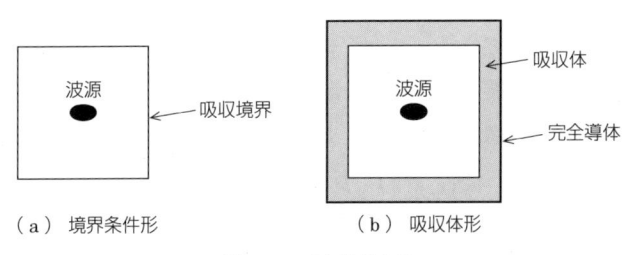

図 5.14　吸収境界条件

ation Boundary Condition (RBC) と呼ばれている.吸収境界条件には,1)境界条件形,及び2)吸収体形に分類される.境界条件形としては Mur, Higdon, Liao, C-COM など,吸収体形には PML がある.ここでは,実用性の高い吸収境界条件として Mur の一次吸収境界条件[22]及び Perfectly Matched Layer (PML)[23] について説明する.

(a) **Mur の一次吸収境界条件**　これは平面波を吸収する手法である.この方法は特定方向から到来する平面波あるいは特定の位相速度を持った平面波を吸収するものである.次数が上がるとより広い角度で電波を吸収することができる.境界条件形の ABC は吸収体形のものに比べプログラミングが非常に簡便なうえ,計算効率が高い.

(b) **PML (Perfectly Matched Layer)**　PML は任意の角度から到来する平面波あるいは任意の周波数の平面波を吸収することができる.PML 自体は任意の入射角度の電波を吸収できるが,図に示すように PML の一番外側は金属導体で覆われているので低仰角の入射波に対しては吸収特性は非常に悪い.また1節点を2変数で分離するなど,定式化が煩雑である.なお,通常の PML はエバネッセント波を吸収できない.エバネッセント波を吸収できるものとして PML-D や CFS などが考案されている.特に CFS は1節点1変数の定式化となっている.

(5) 励振条件

ここでは,三つの励振方法について説明する.

(a) **強制励振**　同軸給電をモデル化するときにギャップ部の定式化に用いる.給電部の座標を (i,j,k) とし,時刻 n における給電電界値を $E_{z\mathrm{inc}}^n$ とすると,次式のように給電位置に給電電界値を直接入力する.

$$E_z^n(i,j,k) = E_{z\mathrm{inc}}^n(i,j,k) \tag{5.91}$$

ここでは z 方向給電を考えたが,他の成分についても同様である.

(b) **抵抗装荷励振**　(a)項で収束を早めたいとき,または同軸部に対応した内部抵抗を考慮して純粋にシミュレートしたいときに用いる.

$$E_z^n(i,j,k) = \frac{V_z^n(i,j,k) - R \cdot I_z^{n-\frac{1}{2}}(i,j,k)}{\Delta z} \tag{5.92}$$

ここで,R は内部抵抗値,V_z はギャップ電圧,I_z は給電点電流で,次の

ように表される.

$$V_z = E_z \Delta z \tag{5.93}$$

$$I_z = \text{rot } H = H_{x(+)}\Delta x - H_{x(-)}\Delta x + H_{y(+)}\Delta y - H_{y(-)}\Delta y \tag{5.94}$$

なお,式(5.94)において添え字 $_{(+),(-)}$ は図5.13(b)における前方及び後方位置の節点を表している.

(c) **付加励振** 導波管,プレーナ回路などの入力に用いる.この入力方法は一方向のみに波を出すことができる.この入力面から逆方向には反射波成分しか伝搬しないため,反射波成分のみを観測することができ反射係数 S_{11} を容易に求めることも可能である.通常のFDTD差分式に,次式に示すように入力電界 $E^n_{y\text{inc}}$,入力磁界 $H^{n+\frac{1}{2}}_{x\text{inc}}$ を付加する[24].

$$\begin{aligned}
&E_y^{n+1}\left(i, j+\frac{1}{2}, k\right) \\
&= Ca\left(i, j+\frac{1}{2}, k\right) \cdot E_y^n\left(i, j+\frac{1}{2}, k\right) - Cb\left(i, j+\frac{1}{2}, k\right) \\
&\quad \cdot \left(\frac{H_z^{n+\frac{1}{2}}\left(i+\frac{1}{2}, j+\frac{1}{2}, k\right) - H_z^{n+\frac{1}{2}}\left(i-\frac{1}{2}, j+\frac{1}{2}, k\right)}{\Delta x} \right. \\
&\quad \left. - \frac{H_x^{n+\frac{1}{2}}\left(i, j+\frac{1}{2}, k+\frac{1}{2}\right) - H_x^{n+\frac{1}{2}}\left(i, j+\frac{1}{2}, k-\frac{1}{2}\right) - H_{x\text{inc}}^{n+\frac{1}{2}}\left(i, j+\frac{1}{2}, k-\frac{1}{2}\right)}{\Delta z} \right)
\end{aligned} \tag{5.95}$$

$$\begin{aligned}
&H_x^{n+\frac{1}{2}}\left(i, j+\frac{1}{2}, k-\frac{1}{2}\right) \\
&= H_x^{n-\frac{1}{2}}\left(i, j+\frac{1}{2}, k-\frac{1}{2}\right) + \frac{\Delta t}{\mu\left(i, j+\frac{1}{2}, k-\frac{1}{2}\right)} \\
&\quad \cdot \left(\frac{E_y^n\left(i, j+\frac{1}{2}, k\right) - E_y^n\left(i, j+\frac{1}{2}, k-1\right) - E_{y\text{inc}}^n\left(i, j+\frac{1}{2}, k\right)}{\Delta z} \right. \\
&\quad \left. - \frac{E_z^n\left(i, j+1, k-\frac{1}{2}\right) - E_z^n\left(i, j, k-\frac{1}{2}\right)}{\Delta y} \right)
\end{aligned} \tag{5.96}$$

ただし,$E_{y\text{inc}} = H_{x\text{inc}} \cdot Z_0$ である.なお,Z_0 は線路における波動インピーダンスである.

以下に導波管の場合の入力例を示す．図 5.15 は無装荷，図 5.16 はアイリス装荷の場合である．図 5.15 では入力位置の手前には波が伝搬しないことが示されている．一方，図 5.16 では入力位置より手前にアイリスからの反射波が伝搬している．この方法を用いることにより回路の反射係数を容易に求めることができる．ただし，この方法が使えるのは，線路のインピーダンス Z_0 があらかじめ分かっていること，またパルス入力を行う場合は，Z_0 が周波数に依存しないことが条件となる．

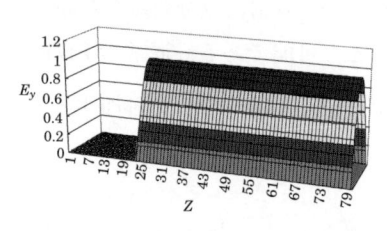

図 5.15 無装荷導波管（電界 E_y 振幅分布）

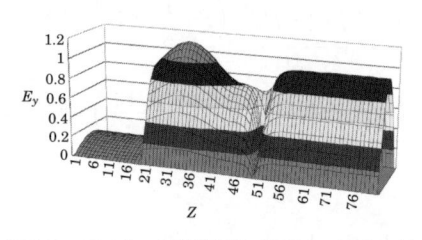

図 5.16 アイリス装荷導波管（電界 E_y 振幅分布）

（6） 格子形状

計算時間及び計算メモリを削減するために，あるいは境界条件をより精確に設定するために種々の格子が用いられる．ここでは FDTD 法において用いられる格子形状について説明する．図 5.17 に各種格子形状を示す．（a）は立方（正方）格子，（b）は直方体（矩形）格子，（c）は不等間隔格子，（d）はサブグリッド，（e）は任意格子である．不等間隔格子では格子境界で反射が起こる．格子の大きさを徐々に変えることにより反射を少なくすることが可能である．サブグリッドでは格子境界で反射が起こり，更に解の発散が起こる場合もある．任意格子においては反変成分，共変成分の 2 成分の計

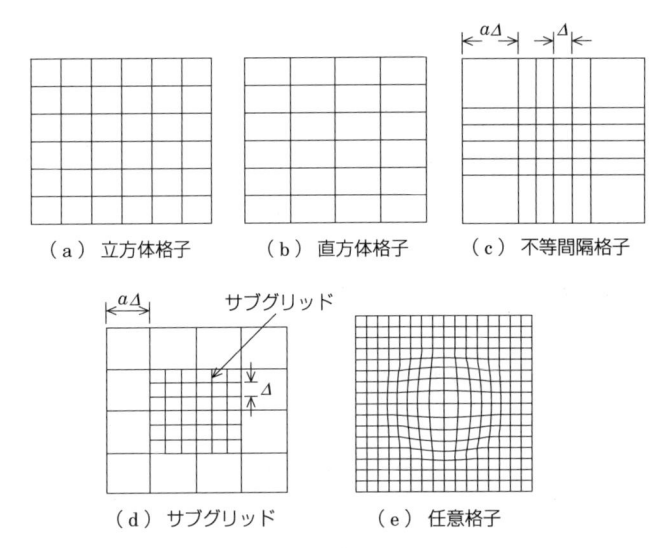

第 5 章　微分表現から出発する解析法

（a）立方体格子　　（b）直方体格子　　（c）不等間隔格子

（d）サブグリッド　　（e）任意格子

図 5.17　格子形状

算が必要になる．

（7）　適用分野[24]

FDTD 法が適用されている分野を**表 5.2**に示す．様々な分野に適用されていることが示されている．FDTD 法は元々は軍事技術として航空機の散

表 5.2

	散乱解析	航空機電磁波散乱
マイクロ波ミリ波	回路素子	プレーナ回路，導波管，非線形素子を含む高周波回路素子
	アンテナ	パッチアンテナ，ワイヤアンテナ，パルス波伝送用アンテナ，アクティブアンテナ
	伝搬	磁化プラズマ，ホットプラズマ
	高エネルギー物理	加速器，クライストロン
	加熱	ハイパーサーミア，電子レンジ
光		光回路素子，レーザ，超短光パルス波
音響		音響管，室内音響，アクティブノイズコントロール
量子系		量子導波路

乱解析に用いられたが，1988年よりマイクロ波回路解析に用いられるようになった．

5.2.2 マイクロ波線路特性の求め方

本章ではマイクロ波線路の基本的なパラメータである伝搬定数，特性インピーダンス及び電圧反射係数の求め方について説明する．

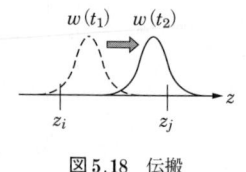

図5.18 伝搬

（1） 伝搬定数

$w(t)$ を時間領域での波形観測値，$W(\omega)$ を $w(t)$ のフーリエ変換量，すなわち，$w(t)$ の周波数成分とする．解析する線路にガウシアンパルスを入力し，観測点 z_i 及び観測点 z_j において時間応答波形を観測することによって伝搬定数 $\gamma(\omega)$ を求めることができる．計算式は以下のとおりである．

$$W(\omega, z_j) = W(\omega, z_i) \exp\{-(z_j - z_i) \cdot \gamma(\omega)\} \tag{5.97}$$

$$\gamma(\omega) = \frac{1}{z_j - z_i} \ln\left[\frac{W(\omega, z_i)}{W(\omega, z_j)}\right] \tag{5.98}$$

ただし，$w(t) \Leftrightarrow W(\omega)$ （⇔ フーリエ変換対）

（2） 特性インピーダンス

ここではマイクロストリップ線路について考える．マイクロ波線路の特性インピーダンスの定義は3種類ある．ここでは電圧 V と電流 I の比で定義

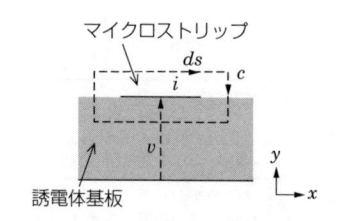

図5.19 マイクロストリップ線路

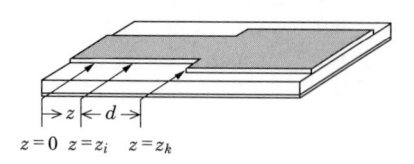

図5.20 不連続部を有するマイクロストリップ線路

第5章　微分表現から出発する解析法

される方法について以下に式を示す．

$$v(t, z_i) = \int_0^h E_y(x_i, y, t, z_i) dy \tag{5.99}$$

$$i(t, z_i) = \oint_c \boldsymbol{H}(x, y, t, z_i) \cdot d\boldsymbol{s} \tag{5.100}$$

$$Z_0(\omega, z_i) = \frac{V(\omega, z_i)}{I(\omega, z_i)} \tag{5.101}$$

（3）　電圧反射係数

ステップを持つ線路の反射係数の求め方について説明する．z_k を負荷の位置，z_i を観測位置，d を線路不連続部より観測位置までの距離とする．観測点での電圧反射係数を観測することにより不連続部での電圧反射係数 S_{11} を求めることができる．式（5.102）に S_{11} を求める式を示す．

$$S_{11}(\omega) = \frac{V_{\text{ref}}(\omega, z_i)}{V_{\text{inc}}(\omega, z_i)} \exp[2\gamma(\omega)d] \tag{5.102}$$

5.2.3　問題点

本手法は非常に汎用的な手法であるが，以下に示すような問題点もある．

① 領域分割形解法であるため多くの計算機メモリを必要とする．

② 時間領域解析手法のため，界が定常に達するまでに相応の計算時間を必要とする．

③ 部分的に微細構造を持つ系を解析する場合には，空間離散間隔が小さくなる．そのため，時間離散間隔も小さくなり，計算時間の増大を招く．これに対し，CFL条件を回避して Δt を任意に大きくすることが可能な ADI（Alternating Direction Implicit）-FDTD 法も近年考案されている[25]．ただし，この手法には位相誤差が大きくなるという問題点も残されている．

④ 大規模な系について高速計算を行うためには並列計算技術が不可欠となる．MPI（Message Passing Interface）などの並列化技法を用いることにより高速に計算を行うことが可能となる[26]．

⑤ 直方体格子を用いるので曲面構造を扱うときには精度の劣化を招く．周回積分法や非直交格子 FDTD 法も考案されているが，これらの方法にも安定性などの点について問題点が残されている．

⑥ 限られた時間離散間隔，空間離散間隔で精度を上げようとすれば，高精度差分スキームを用いる必要がある[27]．

5.2.4 むすび

本手法は汎用的な手法であるが，高精度高効率が求められる実際の解析においては，様々な要素技術を用いる必要がある[24]．本手法はその汎用的特徴を生かしつつマイクロ波に限らず光，音響などの他分野の解析にも盛んに用いられている．FDTD法における様々な要素技術の改良と，計算機の高速大容量化，MPIなどの計算機応用技術により，本手法は電磁界シミュレーションに更に有効性を発揮していくものと思われる．

演習問題

空間回路網法では媒質条件は各節点に接続された集中定数素子によって等価表示される．磁性体や誘電体はもとの式 (5.42) 及び (5.45) の電圧電流の特性微分式が，台形近似によってそれぞれ式 (5.44) 及び (5.47) の逐次差分式に変換され，式 (5.51) あるいは (5.54) の節点方程式に組み込まれる．

この，現在の電圧電流値が1離散時間前の値で決定される差分式の導出は，更に分散性をもたらす分極の運動方程式に対しても拡張でき，時間軸上での逐次的な界変動のシミュレーションを可能にする．

1. 次のデバイ形電気分極の特性方程式の電界と分極電流に関する逐次差分式を導け．

$$\frac{d\boldsymbol{P}}{dt} + \frac{1}{\tau}\boldsymbol{P} = \frac{\varepsilon_0 \chi_e}{\tau}\boldsymbol{E} \tag{5.103}$$

ここで，$\boldsymbol{E}$：電界，$\boldsymbol{P}$：電気分極ベクトル，χ_e：電気的感受率
τ：緩和時間定数

2. 次のローレンツ形電気分極の特性方程式の電界と分極電流に関する逐次差分式を導け．

$$\frac{d^2\boldsymbol{P}}{dt^2} + \gamma\frac{d\boldsymbol{P}}{dt} + \omega_0^2\boldsymbol{P} = \varepsilon_0 \chi_e \boldsymbol{E} \tag{5.104}$$

ここで，$\boldsymbol{E}$：電界，$\boldsymbol{P}$：電気分極ベクトル，χ_e：電気的感受率
γ：減衰定数，ω_0：共鳴角周波数

FDTD法について以下の基本的な質問に答えよ．

3. E_xについてのFDTD差分式は式 (5.73) で表される．この式において電磁界変数は，現在と過去の2変数が必要である（以下，時間変数分離方式と呼ぶ）．ところで，FDTD法では現在と過去の変数を共通にすることにより，電磁界変数の使用メモリを半分にすることができる（以下，時間変数共通方式

と呼ぶ)[24]．このときの差分式を求めよ．
4. 式 (5.68) より式 (5.69)〜(5.72) を用いて，E_x の FDTD 差分式 (5.73) を導出せよ．
5. Mur の一次吸収境界条件は平面波を吸収する吸収境界条件である．この方法は特定方向から到来する平面波あるいは特定の位相速度を持った平面波を吸収するものである．Mur の一次吸収境界条件について FDTD 法におけるその差分式を導出せよ．
6. FDTD 解析において使用されるメモリ量は，プログラムにもよるが，時間変数共通方式では以下のようになる．

$$N \times (\underset{\substack{\text{セル総数}}}{} \quad \underset{\substack{1\text{セル当りの界変数}}}{6} \times \underset{\substack{\text{電界成分}+C_a+C_b\\ \text{磁界成分}+D_a+D_b}}{3} \times \underset{\substack{1\text{変数当りのバイト数}\\ (\text{単精度の場合})}}{4}) \text{(Byte)}$$

ここで，三次元 FDTD の解析領域が一辺 100 セルの場合，必要なメモリ量を求めよ．また，媒質が誘電体のみ（D_a, D_b は使用しない）のときのメモリ量を求めよ．

7. FDTD 法において $\Delta x, \Delta y, \Delta z$ を 1/2 倍にすると計算時間は何倍になるか．ただし，Δt はクーラン条件（CFL 条件）の限界値を用いるものとする．また，シミュレーションにおける物理時間は同じとする．

付録 5.1 空間回路網法と伝送線路行列法の二次元導波管解析プログラム

空間回路網法及び伝送線路行列法の解析例として，二次元導波管内の波動現象の最も基本的な瞬時伝搬波形を示し，解析プログラムを付属の CD-ROM に収録する．

導波管は x 方向幅 $10\Delta d$，z 方向線路長 $100\Delta d$ で 1 周期 10 分割の TE_{10} モード波の入力を仮定し，両側壁は完全導体，入出力端はモードインピーダンスで整合を取っている．電界は E_y のみであるので空間回路網では電気的節点，伝送線路行列法では並列節点のみの二次元回路網でモデル化されている．計算の効率化のため，空間の誘電率 ε_0，透磁率 μ_0 はそれぞれ"1"に規格化し，更に空間分割幅 Δd と時間差分幅 Δt も規格化して"1"としている．二次元の場合，Δd と Δt との間には光速を c_0 とし $\Delta d/\Delta t = c_0/\sqrt{2}$ の関係があるから[2]，正弦波の波長分割数は時間周期分割数の $1/\sqrt{2}$ 倍になることに注意が必要である．

波動伝搬状態の観測は $20\Delta t$ ごとにプログラム変数 "V_{OUT}" の中に等価電圧（電界）の瞬時値が蓄えられる．図 5.21（a）に空間回路網法による，図（b）に伝送線路行列法による瞬時伝搬波形を示し，更に参考として図（c）に FDTD 法による同じ条件での波形を示す．何れも同様の波形を示し，各手法の電磁界シミュレーションにおける同等性が確かめられている．

(a) 空間回路網法

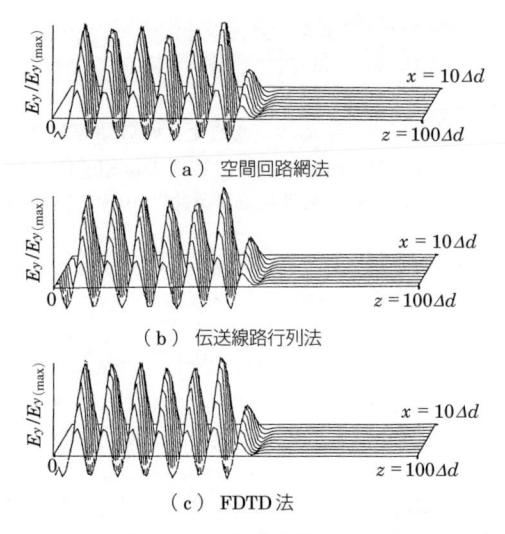

(b) 伝送線路行列法

(c) FDTD法

図 5.21 各手法による二次元導波管内の電界の瞬時伝搬波形.
遮断波長 $\lambda_c = 20\Delta d$,入力波長 $\lambda_0 = 10\Delta d/\sqrt{2}$

付録 5.2 FDTD プログラムの実行結果

FDTD プログラム

二次元アイリス装荷導波管(時間変数共通方式)の解析モデルを図 5.22 に示す.

実行結果は以下のようになる.本プログラムにおける励振方法は付加励振(本文(5)-(c)参照)を用いた.

図 5.23 の励振面から左側にアイリスからの反射波が現れている.

現在,Fortran 90 が標準ではあるが,Fortran 90 はフリーコンパイラが存在しない.そのため,本プログラムは Fortran 77 の書式で書かれている.なお,本プログラムはフリーコンパイラ GNU Fortran 77 において動作確認を行っている.

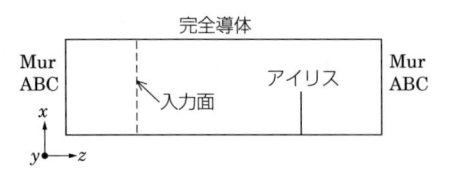

図 5.22 二次元アイリス装荷導波管モデル

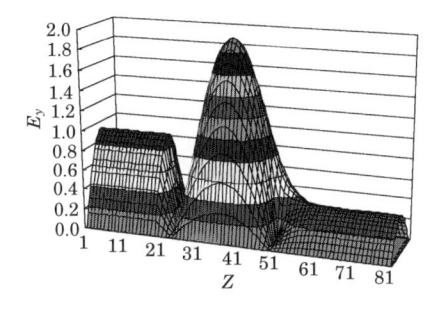

第5章 微分表現から出発する解析法　　　　　　　　　　　　　　　**105**

図 5.23　電界分布

参 考 文 献

[1] 戸川隼人, "微分方程式の数値計算," pp. 10-112, オーム社, 東京, 1985.
[2] 吉田則信, 深井一郎, 福岡醇一, "Bergeron法による2次元マクスウェル方程式の過渡解析," 信学論(B), vol. J 62-B, no. 6, pp. 511-518, June 1979.
[3] 吉田則信, 深井一郎, 福岡醇一, "電磁界の節点方程式による過渡解析," 信学論(B), vol. J 63-B, no. 9, pp. 876-883, Sept. 1980.
[4] 吉田則信, "第5章 空間回路網法," 山下榮吉 編 電磁界の基礎解析法, pp. 130-163, 電子情報通信学会, 東京, 1988.
[5] K. S. Yee, "Numerical solution of initial boundary value problems involving Maxwell's equations in isotropic media," IEEE Trans. Antennas & Propag., vol. AP-14, no. 3, pp. 302-307, May 1966.
[6] P. B. Johns and R. L. Beurl, "Numerrical solution of 2-dimensional scattering problems using a transmission-line matrix," Proc. IEE, vol. 118, no. 9, pp. 1203-1205, Sept. 1971.
[7] S. Akhtarzad and P. B. Johns, "Solution of Maxwell's equations in three space dimensions and time by the t. l. m method of numerical analysis," Proc. IEE, vol. 22, no. 2, pp. 1344-1348, Dec. 1975.
[8] L. J. B. Bergeron, "Du Coup de Belier en Hydraulique au Coup de Foudre en Electricite," Dunoda, Paris, 1949.
[9] H. W. Dommel, "Digital computer solution of electro-magnetic transients in single-and multiphase network," IEEE Trans. Power Apparatus and Systems, vol. PAS-88, no. 4, pp. 388-396, April 1969.
[10] 吉田則信, 深井一郎, 福岡醇一, "Bergeron法の非磁化プラズマへの適用," 信学論(B), vol. J 62-B, no. 11, pp. 1069-1071, Nov. 1979.
[11] 吉田則信, 深井一郎, 福岡醇一, "ベルジェロン法の異方性媒質への適用," 信学論(B), vol. J 64-B, no. 11, pp. 1242-1249, Nov. 1981.
[12] 吉田則信, 深井一郎, 福岡醇一, "共鳴吸収特性を持つ媒質へのBergeron法の適用," 信学論(B), vol. J 65-B, no. 5, pp. 666-667, May 1982.
[13] N. Yoshida and I. Fukai, "Transient analysis of a stripline having a corner in three-dimensional space," IEEE Trans. Microwave Theory & Tech., vol. MTT-36, no. 1, pp.

491-498, Jan. 1988.
[14] S. Koike, N. Yoshida, and I. Fukai, "Transient analysis of micro-stripline on anisotropic substrate in three-dimensional space," IEEE Trans. Microwave Theory & Tech., vol. MTT-36, no. 1, pp. 34-43, Jan. 1988.
[15] N. Kukutsu, N. Yoshida, and I. Fukai, "Transient analysis of ferrite in three-dimensional space," IEEE Trans. Microwave Theory & Tech., vol. MTT-36, no. 1, pp. 114-124, Jan. 1988.
[16] T. Kashiwa, N. Yoshida, and I. Fukai, "Transient analysis of a magnetized plasma in three-dimensional space," IEEE Trans. Antennas & Propag., vol. AP-36, no. 8, pp. 1096-1105, Aug. 1988.
[17] K. S. Kunz and R. J. Luebbers, "The finite difference time domain method for electromagnetics," CRC Press, Boca Raton, 1993.
[18] A. Taflove, "Computational Electrodynamics: The Finite-difference Time-domain method," Artech House, Boston, 1995.
[19] 橋本 修, 阿部琢美, "FDTD 時間領域差分法入門," 森北出版, 東京, 1996.
[20] 宇野 亨, "FDTD 法による電磁界およびアンテナ解析," コロナ社, 東京, 1998.
[21] A. Taflove, "Advances in Computational Electrodynamics: The Finite-Difference Time-Domain Method," Artech House, Boston, 1998.
[22] G. Mur, "Absorbing boundary condition for the finite-difference approximation of the time-domain electromagnetic field equations," IEEE Trans. Electromagn. Compat., vol. EMC-23, no. 4, pp. 377-382, Nov. 1981.
[23] J. P. Berenger, "A perfectly matched layer for the absorption of electromagnetic waves," J. Comp. Physics, vol. 114, pp. 185-200, 1994.
[24] 柏 達也, "時間領域差分法入門," MWE'97 Microwave Workshop Digest, pp. 415-424, 1997.
[25] T. Namiki, "A new FDTD algorithm based on alternating direction implicit method," IEEE Trans. Microwave Theory & Tech., vol. MTT-47, no. 10, pp. 2003-2007, Oct. 1999.
[26] 打矢 匡, 柏 達也, "並列型スーパーコンピュータを用いた FDTD 並列計算," 信学論(C), vol. J 84-C, no. 11, pp. 1122-1125, Nov. 2001.
[27] 千藤雄樹, 田口健治, 工藤祥典, 柏 達也, 大谷忠生, "各種高精度 FDTD 法の数値分散特性及び安定条件の比較検討," 信学論(C), vol. J 85-C, no. 12, pp. 1159-1167, Dec. 2002.

第6章

変分表現から出発する解析法

6.1 まえがき

　自然界の物理現象は，通常，微小領域における物理量の挙動を支配する微視的な表現式，すなわち微分方程式と境界条件とで記述されるが，解析的に微分方程式の解が得られるのは，どちらかというとまれで，理工学の分野における現実的な問題の場合，微分方程式を解析的に厳密に解くことは，一般にはできないのが普通である．ところで，物理現象を記述するには微分方程式によらなくても，考察する領域全体にわたって与えられる巨視的な量，例えば系全体のエネルギーの極値を求める形によってもその記述が可能である．これは，対応するエネルギーが最小となるように実際の物理現象が起こるという事実に基づくもので，微分方程式の境界値問題はこのエネルギーの最小化問題と等価になっている．物理量は一般に時間と空間の関数であり，エネルギーに対応する巨視的な量を，関数の関数という意味で汎関数という．

　微分方程式からそれに対応する汎関数を導いたり，この汎関数の極値問題を解いたりする数学理論を変分法と呼んでいる．また，汎関数は変分表現式と呼ばれることもあり，汎関数の極値問題を変分問題ともいう．この変分問題を解くほうが，微分方程式の境界値問題を直接解くよりも一般にはるかに容易であるため，変分問題の解をもって微分方程式の解とする変分法が従来

から広く用いられている．なお，物理現象は，それを支配する微分方程式と与えられた境界条件とに対応する汎関数が最小となるように実現し，このとき系は平衡状態に達するという自然界において一般的に成立すると考えられる原理を変分原理と呼んでいる．

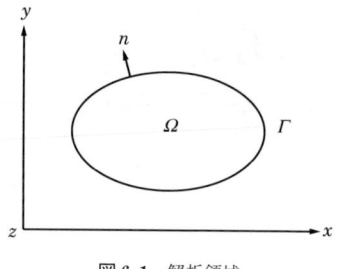

図 6.1 解析領域

ここで，汎関数の極値問題，すなわち変分問題が微分方程式の極値問題と等価になっていることを，具体的に，かつできるだけ簡潔に示すため，二次元のスカラ波問題を考える．また，取り扱う媒質も等方性の誘電体とし，電磁界成分に対応する未知関数 ϕ が，**図 6.1** に示すような二次元領域 Ω において

$$\frac{\partial}{\partial x}\left(p\frac{\partial \phi}{\partial x}\right)+\frac{\partial}{\partial y}\left(p\frac{\partial \phi}{\partial y}\right)-\beta^2 p\phi+k_0^2 q\phi=0 \qquad (6.1)$$

のような微分方程式の解として与えられるものとする．ここに，図 6.1 中の **n** は領域 Ω の境界 Γ 上における外向き単位法線ベクトルである．また，式 (6.1) 中の p, q は媒質定数に関係する量，k_0 は自由空間波数，β は z 方向に一様な導波路を取り扱う場合の伝搬定数に対応する．

いま，領域 Ω の境界 Γ を Γ_u と Γ_v とに分け，これらの境界上で，未知関数 ϕ に対応する境界条件が

$$\phi = u \qquad (\Gamma_u \text{上}) \qquad (6.2)$$

$$p\frac{\partial \phi}{\partial n}+w\phi = v \qquad (\Gamma_v \text{上}) \qquad (6.3)$$

のように与えられるものとする．ここに $\partial \phi/\partial n$ は ϕ の境界 Γ 上における外向き法線微分を表し，u, v はそれぞれ $\phi, p\partial\phi/\partial n + w\phi$ に対する指定値である．式 (6.2) は第 1 種境界条件あるいはディリクレ条件と呼ばれる．一方，式 (6.3) は，$w=0$ のとき，第 2 種境界条件あるいはノイマン条件と呼ばれ，$w\neq 0$ のとき，第 3 種境界条件あるいは混合形ノイマン条件と呼ばれる．

式 (6.1) の微分方程式はスカラ形のヘルムホルツ方程式であるが，**表**

第6章 変分表現から出発する解析法

6.1, 図6.2に示すように，その利用範囲はかなり広い．ここにE_x, E_y, E_zはそれぞれ電界のx, y, z成分，H_x, H_y, H_zはそれぞれ磁界のx, y, z成分，Vは電位であり，ε_rは比誘電率である．

いま，式(6.1)の微分方程式を式(6.2)，(6.3)の境界条件のもとで解

表6.1 式(6.1)の用途

β	k_0	ϕ	p	q	用途	備考
非零	非零	H_z	1	1	金属導波管のTEモード	厳密 ($E_z = 0$)
非零	非零	E_z	1	1	金属導波管のTMモード	厳密 ($H_z = 0$)
非零	非零	E_x	1	ε_r	誘電体導波路の準TEモード	近似 ($E_y \simeq 0$)
非零	非零	H_x	$1/\varepsilon_r$	1	誘電体導波路の準TMモード	近似 ($H_y \simeq 0$)
零	非零	E_z	1	ε_r	二次元誘電体回路のTEモード	厳密 ($E_x = 0, E_y = 0, H_z = 0$)
零	非零	H_z	$1/\varepsilon_r$	1	二次元誘電体回路のTMモード	厳密 ($E_z = 0, H_x = 0, H_y = 0$)
零	零	V	ε_r	—	マイクロストリップ線路やコプレーナ線路などの準TEM解析	近似 ($E_z \simeq 0, H_z \simeq 0$)

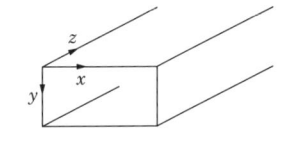

(a) 金属導波管

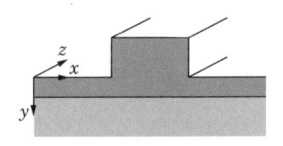

(b) 誘電体導波路

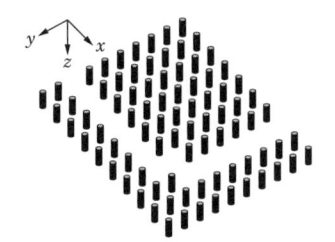

(c) 二次元誘電体回路（z方向に一様な二次元フォトニック結晶光波回路の一例）

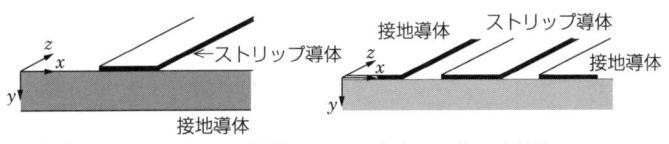

(d) マイクロストリップ線路

(e) コプレーナ線路

図6.2 式(6.1)の用途

くとすると，対応する汎関数 $F(\phi)$ は

$$F(\phi) = \iint_\Omega \frac{1}{2}\left[p\left(\frac{\partial \phi}{\partial x}\right)^2 + p\left(\frac{\partial \phi}{\partial y}\right)^2 + \beta^2 p\phi^2 - k_0^2 q\phi^2\right]dxdy$$
$$-\int_{\Gamma_v}\left(v\phi - \frac{w}{2}\phi^2\right)d\Gamma \tag{6.4}$$

で与えられる．ここに，右辺の第1項は領域 Ω に関する面積分，第2項は境界 Γ_v に関する線積分を表す．

さて，未知関数 ϕ が $\delta\phi$ だけ微小変化すると，汎関数 $F(\phi+\delta\phi)$ は

$$F(\phi+\delta\phi) = \iint_\Omega \frac{1}{2}\left[p\left(\frac{\partial \phi}{\partial x} + \frac{\partial(\delta\phi)}{\partial x}\right)^2 + p\left(\frac{\partial \phi}{\partial y} + \frac{\partial(\delta\phi)}{\partial y}\right)^2\right.$$
$$\left. + \beta^2 p(\phi+\delta\phi)^2 - k_0^2 q(\phi+\delta\phi)^2\right]dxdy$$
$$-\int_{\Gamma_v}\left[v(\phi+\delta\phi) - \frac{w}{2}(\phi+\delta\phi)^2\right]d\Gamma \tag{6.5}$$

となる．汎関数 F の変分 δF，すなわち未知関数 ϕ の微小変化 $\delta\phi$ による F の変化分 δF は

$$\delta F = \delta\phi \lim_{\delta\phi \to 0} \frac{F(\phi+\delta\phi) - F(\phi)}{\delta\phi}$$
$$= \iint_\Omega \left[p\frac{\partial \phi}{\partial x}\frac{\partial(\delta\phi)}{\partial x} + p\frac{\partial \phi}{\partial y}\frac{\partial(\delta\phi)}{\partial y} + \beta^2 p\phi\delta\phi - k_0^2 q\phi\delta\phi\right]dxdy$$
$$-\int_{\Gamma_v}(v\delta\phi - w\phi\delta\phi)d\Gamma \tag{6.6}$$

で与えられる．ここで，式 (6.6) の面積分の項を

$$\iint_\Omega p\frac{\partial \phi}{\partial x}\frac{\partial(\delta\phi)}{\partial x}dxdy$$
$$= \int_\Gamma n_x\left(p\frac{\partial \phi}{\partial x}\right)\delta\phi d\Gamma - \iint_\Omega \frac{\partial}{\partial x}\left(p\frac{\partial \phi}{\partial x}\right)\delta\phi dxdy \tag{6.7}$$

$$\iint_\Omega p\frac{\partial \phi}{\partial y}\frac{\partial(\delta\phi)}{\partial y}dxdy$$
$$= \int_\Gamma n_y\left(p\frac{\partial \phi}{\partial y}\right)\delta\phi d\Gamma - \iint_\Omega \frac{\partial}{\partial y}\left(p\frac{\partial \phi}{\partial y}\right)\delta\phi dxdy \tag{6.8}$$

のように部分積分する．ここに n_x, n_y はそれぞれ外向き単位法線ベクトル $\boldsymbol{n}$ の x, y 成分である．式 (6.7)，(6.8) の線積分項の和が，ϕ の勾配 $\nabla\phi$ を用いて

$$\int_\Gamma \left[n_x \left(p \frac{\partial \phi}{\partial x} \right) + n_y \left(p \frac{\partial \phi}{\partial y} \right) \right] \delta \phi d\Gamma = \int_\Gamma \bm{n} \cdot (p \nabla \phi) \delta \phi d\Gamma$$

$$= \int_\Gamma p \frac{\partial \phi}{\partial n} \delta \phi d\Gamma \tag{6.9}$$

となることに注意すると，δF は

$$\delta F = -\iint_\Omega \left[\frac{\partial}{\partial x}\left(p\frac{\partial \phi}{\partial x}\right) + \frac{\partial}{\partial y}\left(p\frac{\partial \phi}{\partial y}\right) - \beta^2 p\phi + k_0^2 q\phi \right] \delta\phi dxdy$$

$$+ \int_{\Gamma_u} p\frac{\partial \phi}{\partial n}\delta\phi d\Gamma + \int_{\Gamma_v} \left(p\frac{\partial \phi}{\partial n} - v + w\phi \right)\delta\phi d\Gamma \tag{6.10}$$

と書ける．

任意の $\delta\phi$ に対して，変分原理，すなわち

$$\delta F = 0 \tag{6.11}$$

のように，汎関数 F が極値を取るためには，未知関数 ϕ は，領域 Ω において

$$\frac{\partial}{\partial x}\left(p\frac{\partial \phi}{\partial x}\right) + \frac{\partial}{\partial y}\left(p\frac{\partial \phi}{\partial y}\right) - \beta^2 p\phi + k_0^2 q\phi = 0 \tag{6.12}$$

の微分方程式を満たしていなければならず，これは式（6.1）の微分方程式そのものである．また，境界 Γ_v 上では

$$p\frac{\partial \phi}{\partial n} = v - w\phi \tag{6.13}$$

のように，式（6.3）の境界条件を満たしていなければならない．なお，境界 Γ_u 上では，式（6.2）のように ϕ の値が u に指定されているので，$\delta\phi=0$ であることに注意する．

このように，微分方程式を直接解かなくても，汎関数の極値問題を解くことによって微分方程式の解が得られることになる．汎関数に変分原理を適用して得られる式（6.12）の微分方程式はオイラーの方程式と呼ばれる．また，式（6.3）の境界条件は変分演算に自動的に組み入れられることになるので，自然境界条件と呼ばれる．これに対して，式（6.2）の境界条件は変分演算の過程であらかじめ考慮すべき拘束条件であるので，強制境界条件と呼ばれる．

結局，式（6.2），（6.3）の境界条件のもとで式（6.1）の微分方程式を解くということは，式（6.4）の汎関数を最小にする未知関数 ϕ を見いだすこ

とにほかならない．このとき，ϕ に対する境界条件については，ディリクレ条件のみを考慮すればよく，ノイマン条件や混合形ノイマン条件に対する配慮は不要である．このように変分法では，導関数に関係する境界条件が自然境界条件として自動的に満足されるのに対して，微分を直接差分に置き換えて離散化する差分法では，ノイマン条件や混合形境界条件の処理にかなり手間がかかる．なお，強制境界条件が課せられた境界 Γ_u では，ϕ の値が既知であるので，$p\partial\phi/\partial n$ の値は未知となる．当然のことながら，境界 Γ_v 上で $v=0, w=0$，すなわち $\partial\phi/\partial n=0$ である場合には，汎関数 F は

$$F(\phi) = \iint_\Omega \frac{1}{2}\left[p\left(\frac{\partial \phi}{\partial x}\right)^2 + p\left(\frac{\partial \phi}{\partial y}\right)^2 + \beta^2 p\phi^2 - k_0^2 q\phi^2 \right] dxdy \quad (6.14)$$

で与えられ，境界積分項は含まれない．

　変分法は微分方程式を解くための極めて有力な方法であるが，変分法を用いるためには，汎関数の存在が前提であり，当然のことながら，汎関数が存在しない問題の場合には，変分法を用いることはできない．しかし，対象としている物理現象を支配している微分方程式と境界条件は通常分かっていることが多いので，このような場合には，重み付き残差法という方法を用いて弱形式と呼ばれる巨視的な関係式，すなわち汎関数に対応する積分形の関係式を得ることができる．具体的には，近似解と重み関数を用意しておき，この近似解を微分方程式と境界条件式に代入したときに生じる残差を重み関数を用いて重み付けし，これが領域全体にわたって平均的に 0 となるように積分すると，先ほどの弱形式が得られる．

6.2　有限要素法

6.2.1　区分多項式

　変分法は微分方程式の境界値問題を解くための有力な方法の一つであるが，通常，対象とする領域全体に対して汎関数の極値を求めるための，いわゆる試験関数を想定するために，境界の形状が複雑であったり，未知関数 ϕ が急変したり，あるいは不均質媒質や異方性媒質などを含んでいたりすると，この試験関数の選択そのものが困難になる．そこで，有限要素法では，図 6.3 に示すように，解析領域 Ω を要素と呼ばれる小さな領域に分割して，

その一つ一つに対して変分原理を適用し，それぞれの要素 e に対する離散化方程式，すなわち要素方程式をつくる．このとき，試験関数は要素ごとに，すなわち区分的に設定される．こうして出来上がった要素方程式をすべての要素について重ね合わせ，系全体に対する離散方程式，すなわち全体方程式を組み立てる．

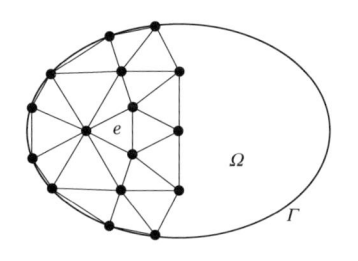

図 6.3 解析領域の要素分割

微分方程式の数値解法の一つとしてよく知られている差分法においても，解析領域を小さな領域に分割するが，この方法では，微分方程式中の導関数を直接差分商に置き換えるので，有限要素法と差分法の数学的基礎は全く異なる．いわゆる「似て非なるもの」の典型といえる．紙面が限られているので，ここでは有限要素法の基本的な考え方を述べることにし，詳細については，ベクトル波解析や三次元解析の場合を含めて文献［1］〜［5］を参照されたい．

さて，図 6.3 のように領域を細かく分割すると，分割されたそれぞれの要素内においては，物理量の変化はそれほど大きくはないと考えられるので，比較的簡単な試験関数を採用したとしても，要素内における物理量の挙動をかなり精度良く記述することができる．有限要素法では，この試験関数として一般に多項式を用いており，要素 e 内で，未知関数 ϕ を

$$\phi(x,y) = a_1 W_1(x,y) + a_2 W_2(x,y) + \cdots + a_n W_n(x,y) \tag{6.15}$$

と近似する．ここに，$W_1, W_2, \cdots, W_n$ は多項式を構成するところの，例えば $1, x, y, x^2, xy, y^2$ などのような個々の項に対応するものである．式 (6.15) 中の係数 $a_1, a_2, \cdots, a_n$ からなるベクトル $\{a\}$ と $W_1, W_2, \cdots, W_n$ からなるベクトル $\{W\}$ を

$$\{a\} = \begin{bmatrix} a_1 \\ a_2 \\ \vdots \\ a_n \end{bmatrix} \tag{6.16}$$

$$\{W\} = \begin{bmatrix} W_1 \\ W_2 \\ \vdots \\ W_n \end{bmatrix} \tag{6.17}$$

のような縦ベクトルとして定義すると，式 (6.15) は

$$\phi(x, y) = \{W\}^T \{a\} = \{a\}^T \{W\} \tag{6.18}$$

と書くことができる．ここに，T は転置を意味し，$\{a\}^T$ や $\{W\}^T$ は横ベクトルになる．

いま，節点 i ($i=1, 2, \cdots, n$) の座標を (x_i, y_i) として，節点 i における $\phi(x, y)$, $W_j(x, y)$ ($j=1, 2, \cdots, n$) の値をそれぞれ $\phi_i^{(e)} \equiv \phi(x_i, y_i)$, $X_{ij} \equiv W_j(x_i, y_i)$ と置くと，未知変数 $\phi(x, y)$ の節点値 $\phi_1^{(e)}, \phi_2^{(e)}, \cdots, \phi_n^{(e)}$ は

$$\phi_i^{(e)} = \sum_{j=1}^{n} X_{ij} a_j \quad (i=1, 2, \cdots, n) \tag{6.19}$$

で与えられる．これを行列表示すると

$$\{\phi\}_e = [X]\{a\} \tag{6.20}$$

となる．ここにベクトル $\{\phi\}_e$, 行列 $[X]$ は

$$\{\phi\}_e = \begin{bmatrix} \phi_1^{(e)} \\ \phi_2^{(e)} \\ \vdots \\ \phi_n^{(e)} \end{bmatrix} \tag{6.21}$$

$$[X] = \begin{bmatrix} X_{11} & X_{12} & \cdots & X_{1n} \\ X_{21} & X_{22} & \cdots & X_{2n} \\ \vdots & \vdots & \ddots & \vdots \\ X_{n1} & X_{n2} & \cdots & X_{nn} \end{bmatrix} \tag{6.22}$$

のように定義されている．なお，上添え字 (e), 下添え字 e は要素に関する量であることを意味する．

式 (6.20) から，係数ベクトル $\{a\}$ を求めると

$$\{a\} = [Y]\{\phi\}_e \tag{6.23}$$

$$[Y] = [X]^{-1} \tag{6.24}$$

となる．ここに，$[X]^{-1}$ は $[X]$ の逆行列である．この式(6.23)を式(6.18)

に代入すると，未知関数 ϕ は

$$\phi(x,y) = \{N(x,y)\}^T\{\phi\}_e$$
$$= \{\phi\}_e^T\{N(x,y)\} = \sum_{i=1}^{n} N_i(x,y)\phi_i^{(e)} \qquad (6.25)$$

のように，節点値 $\phi_i^{(e)}$ を用いて表すことができる．ここに，$N_i(x,y)$ は形状関数あるいは補間関数と呼ばれ，形状関数ベクトル $\{N(x,y)\}$ は，$[X]$ の逆行列である $[Y]$ の転置行列を $[Y]^T$ として

$$\{N(x,y)\} = \begin{bmatrix} N_1(x,y) \\ N_2(x,y) \\ \vdots \\ N_n(x,y) \end{bmatrix} = [Y]^T\{W(x,y)\} \qquad (6.26)$$

で与えられる．また，$\{N(x,y)\}^T$ は形状関数ベクトル $\{N(x,y)\}$ を横ベクトルとして表したもので

$$\{N(x,y)\}^T = [N_1(x,y) \quad N_2(x,y) \quad \cdots \quad N_n(x,y)]$$
$$= \{W(x,y)\}^T[Y] \qquad (6.27)$$

で与えられる．

このように有限要素法では，未知関数 ϕ を節点における ϕ の値を未知量として展開する．このため，要素ごとに得られた離散化方程式を節点のところで接続していくことによって，系全体に対する離散化方程式を組み立てることができることになる．

6.2.2 要素のつくり方

個々の要素に対する離散化方程式（要素方程式）から最終的に解くべき系全体に対する離散化方程式（全体方程式）が得られるという保証は，形状関数がある条件を満足しているという前提の上に成り立っている．この形状関数を選択するうえでの条件は，加法性（要素方程式を重ね合わせることによって全体方程式を組み立てることができるということ）と収束性（要素の寸法を小さくしていけば，得られる解は正しい解に収束していくということ）とを保証するために必要となる．

さて，加法性とは，系全体に対する汎関数を個々の要素に対する汎関数の和として与えることができるようにするために必要なもので，これを保証す

るには，汎関数に現れる最高階の導関数が要素境界において不連続となることはあっても無限大にはならない，すなわち有限な値を持つことが必要になる．また，要素分割を細かくしていけば，要素内における未知関数 ϕ や汎関数に現れるすべての導関数は一定値を取り得るようになるであろうから，収束性を保証するためには，このような状態を表現できるようになっていなければならない．

こうした加法性と収束性を保証するためには，形状関数が次の二つの条件を満たしていることが必要になる．

条件1：要素境界において，未知関数 ϕ 及び汎関数に現れる最高階の導関数よりも一次低い次数までの導関数が連続であること．

条件2：要素内において，未知関数 ϕ 及び汎関数に現れる最高階までの導関数が一定値を含んだ形になっていること．

これらの条件1，2はそれぞれ適合性の条件，完全性の条件とも呼ばれる．

波動問題解析のための汎関数には例えば式（6.4）（あるいは式（6.14））のように，未知関数の一次までの導関数しか含まれていないので，要素境界で未知関数そのものの連続性のみを保証した形状関数を用いればよい．

ここではこうした条件を満足する要素のつくり方を有限要素法解析によく利用される図6.4に示すような三角形要素の場合について考える．

いま，未知関数 ϕ の要素内変化を，完全一次多項式を用いて

$$\phi = a_1 + a_2 x + a_3 y \tag{6.28}$$

と近似する．式（6.4）の汎関数には，一次までの導関数が含まれているので，式（6.28）の近似解が完全性の条件を満たすためには，$a_1 \neq 0, a_2 \neq 0, a_3$

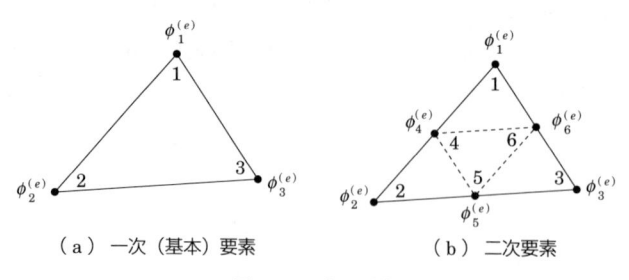

（a）一次（基本）要素　　　　（b）二次要素

図6.4　三角形要素

≠0 であることが必要である．すなわち，完全性の条件を満たす最も次数の低い多項式は完全一次多項式であることになる．また，式 (6.28) の近似解が適合性の条件を満たすためには，境界要素において ϕ を一義的に定めることができるようになっていなければならない．この場合，要素境界は三角形の各辺に対応していること，また，要素内においても未知関数 ϕ が完全一次多項式で近似されているとき，要素境界においても ϕ は線形に変化することに注意すると，辺上における ϕ の一次変化を一義的に定めるためには，各辺上に 2 個の節点を配置し，ϕ の節点値を 2 個用意する必要があることが分かる．ところで，式 (6.28) の完全一次多項式を一義的に定めるためには，要素内に 3 個の節点を配置し，ϕ の節点値を 3 個用意する必要があるので，結局，適合性の条件を満足させるためには，三角形の各頂点に 1 個ずつ節点を配置しなければならないことになる．

図 6.4(a) の要素は，まさにこのようにして構成されたもので，一次要素あるいは基本要素と呼ばれている．図 6.4(b) は高次要素の一例として，二次要素の場合を示したもので，ϕ の要素内変化は

$$\phi = a_1 + a_2 x + a_3 y + a_4 x^2 + a_5 y^2 + a_6 xy \tag{6.29}$$

のような完全二次多項式で近似されている．

6.2.3 三角形要素の形状関数

ここでは，一次要素を例に取り，形状関数を求めるための基本的な考え方について述べる．一次要素の場合，式 (6.15) は

$$\begin{aligned}\phi(x, y) &= a_1 W_1(x, y) + a_2 W_2(x, y) + a_3 W_3(x, y) \\ &= a_1 + a_2 x + a_3 y\end{aligned} \tag{6.30}$$

となるので，W_1, W_2, W_3 が

$$W_1 = 1, \quad W_2 = x, \quad W_3 = y \tag{6.31}$$

で与えられることに注意すると，式 (6.17) のベクトル $\{W(x, y)\} \equiv \{W\}$ と式 (6.22) の行列 $[X]$ は，三角形要素の頂点 1, 2, 3 の座標をそれぞれ $(x_1, y_1), (x_2, y_2), (x_3, y_3)$ として

$$\{W\} = \begin{bmatrix} 1 \\ x \\ y \end{bmatrix} \tag{6.32}$$

$$[X] = \begin{bmatrix} 1 & x_1 & y_1 \\ 1 & x_2 & y_2 \\ 1 & x_3 & y_3 \end{bmatrix} \tag{6.33}$$

と書ける．式 (6.32)，(6.33) を，式 (6.24) の行列 $[Y]$ を用いて式 (6.26) に代入すると，形状関数ベクトル $\{N(x,y)\} \equiv \{N\}$ は

$$\{N\} = \begin{bmatrix} N_1(x,y) \\ N_2(x,y) \\ N_3(x,y) \end{bmatrix} = [Y]^T \begin{bmatrix} 1 \\ x \\ y \end{bmatrix} \tag{6.34}$$

で与えられる．

さて，この場合，$[X]$ は3行3列の行列であるので，その逆行列 $[Y]=[X]^{-1}$ は簡単に計算できて

$$[Y] = [X]^{-1} = \frac{1}{2A_e} \begin{bmatrix} A_1 & A_2 & A_3 \\ B_1 & B_2 & B_3 \\ C_1 & C_2 & C_3 \end{bmatrix} \tag{6.35}$$

となる．ここに $A_1 \sim C_3$ は

$$A_1 = x_2 y_3 - x_3 y_2, \quad A_2 = x_3 y_1 - x_1 y_3, \quad A_3 = x_1 y_2 - x_2 y_1 \tag{6.36}$$

$$B_1 = y_2 - y_3, \quad B_2 = y_3 - y_1, \quad B_3 = y_1 - y_2 \tag{6.37}$$

$$C_1 = x_3 - x_2, \quad C_2 = x_1 - x_3, \quad C_3 = x_2 - x_1 \tag{6.38}$$

で与えられる．また，A_e は三角形の面積で

$$A_e = \frac{1}{2}(A_1 + A_2 + A_3) \tag{6.39}$$

で与えられる．式 (6.35) を式 (6.34) に代入すると，一次要素の形状関数は具体的に

$$N_1(x,y) \equiv N_1 = \frac{1}{2A_e}(A_1 + B_1 x + C_1 y) \tag{6.40 a}$$

$$N_2(x,y) \equiv N_2 = \frac{1}{2A_e}(A_2 + B_2 x + C_2 y) \tag{6.40 b}$$

$$N_3(x,y) \equiv N_3 = \frac{1}{2A_e}(A_3 + B_3 x + C_3 y) \tag{6.40 c}$$

と求められる．これらの形状関数は，図 6.5 に示すように

$$N_1 = 1, \ N_2 = 0, \ N_3 = 0 \quad (\text{ノード 1}) \tag{6.41 a}$$

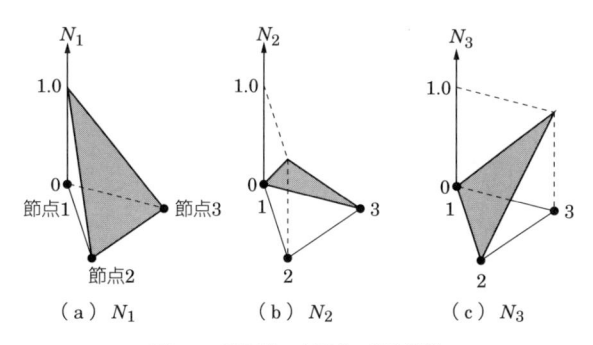

第6章 変分表現から出発する解析法　　**119**

(a) N_1　　(b) N_2　　(c) N_3

図 6.5　三角形一次要素の形状関数

$N_1=0,\ N_2=1,\ N_3=0$　　（ノード 2）　　　　　　(6.41 b)

$N_1=0,\ N_2=0,\ N_3=1$　　（ノード 3）　　　　　　(6.41 c)

となり，屋根形関数になっている．

6.2.4　要素方程式の導き方

要素方程式を導くには，個々の要素に対する汎関数 F_e を求めておく必要がある．いま，式 (6.1) の微分方程式に未知関数 ϕ の微小変化 $\delta\phi$ をかけて，要素領域で積分すると

$$\iint_e \delta\phi \left[\frac{\partial}{\partial x}\left(p\frac{\partial \phi}{\partial x}\right) + \frac{\partial}{\partial y}\left(p\frac{\partial \phi}{\partial y}\right) - \beta^2 p\phi + k_0^2 q\phi \right] dxdy = 0 \quad (6.42)$$

となる．ここで，ある汎関数 F_e の変分 δF_e を

$$\delta F_e = -\iint_e \delta\phi \left[\frac{\partial}{\partial x}\left(p\frac{\partial \phi}{\partial x}\right) + \frac{\partial}{\partial y}\left(p\frac{\partial \phi}{\partial y}\right) - \beta^2 p\phi + k_0^2 q\phi \right] dxdy$$
(6.43)

とすると，これに式 (6.11) の変分原理を適用したものが式 (6.42) になるので，式 (6.1) の微分方程式の解は式 (6.43) の δF_e を変分とする汎関数 F_e の極値として与えられることになる．

ここで，式 (6.43) を部分積分すると

$$\delta F_e = \iint_e \left[p\frac{\partial \phi}{\partial x}\frac{\partial(\delta\phi)}{\partial x} + p\frac{\partial \phi}{\partial y}\frac{\partial(\delta\phi)}{\partial y} + \beta^2 p\phi\delta\phi - k_0^2 q\phi\delta\phi \right] dxdy$$

$$- \int_{\Gamma_e} p\frac{\partial \phi}{\partial n}\delta\phi d\Gamma \quad (6.44)$$

となる．ここに，Γ_e は要素境界を表す．更に

$$\delta\left[\left(\frac{\partial \phi}{\partial x}\right)^2\right] = 2\frac{\partial \phi}{\partial x}\frac{\partial (\delta\phi)}{\partial x} \tag{6.45}$$

$$\delta\left[\left(\frac{\partial \phi}{\partial y}\right)^2\right] = 2\frac{\partial \phi}{\partial y}\frac{\partial (\delta\phi)}{\partial y} \tag{6.46}$$

$$\delta(\phi^2) = 2\phi\delta\phi \tag{6.47}$$

となることに注意すると，式 (6.44) は

$$\delta F_e = \delta\left\{\iint_e \frac{1}{2}\left[p\left(\frac{\partial \phi}{\partial x}\right)^2 + p\left(\frac{\partial \phi}{\partial y}\right)^2 + \beta^2 p\phi^2 - k_0^2 q\phi^2\right]dxdy\right\}$$
$$- \delta\left(\int_{\Gamma_e} p\frac{\partial \phi}{\partial n}\phi d\Gamma\right) \tag{6.48}$$

と書けるので，汎関数 F_e は

$$F_e = \iint_e \frac{1}{2}\left[p\left(\frac{\partial \phi}{\partial x}\right)^2 + p\left(\frac{\partial \phi}{\partial y}\right)^2 + \beta^2 p\phi^2 - k_0^2 q\phi^2\right]dxdy$$
$$- \int_{\Gamma_e} p\frac{\partial \phi}{\partial n}\partial d\Gamma \tag{6.49}$$

と求められる．また，系全体の汎関数 F は，要素ごとの汎関数 F_e についての和として

$$F = \sum_e F_e \tag{6.50}$$

で与えられる．ここに，$\sum_e$ は要素についての和を表す．

ところで，図 6.6 に示すような二つの要素（1），（2）の境界 Γ_e における境界条件は，表 6.1 に示した未知関数 ϕ と電磁界成分との対応関係，また，媒質定数に関する量，すなわち p, q と比誘電率との対応関係に注意すると

$$\phi^{(1)} = \phi^{(2)} \quad (\Gamma_e \text{ 上}) \tag{6.51}$$

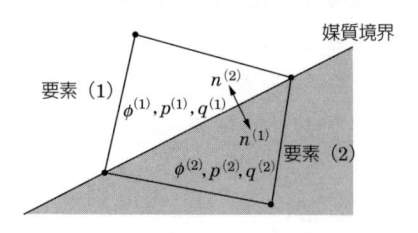

図 6.6 媒質境界と要素境界

第6章　変分表現から出発する解析法

$$p^{(1)}\frac{\partial \phi^{(1)}}{\partial n^{(1)}} = -p^{(2)}\frac{\partial \phi^{(2)}}{\partial n^{(2)}} \quad (\Gamma_e \text{上}) \tag{6.52}$$

で与えられる．ここに，上添え字(1)，(2)はそれぞれ要素(1)，(2)に関する量であることを意味し，$\partial \phi^{(1)}/\partial n^{(1)}$，$\partial \phi^{(2)}/\partial n^{(2)}$ はそれぞれ $\phi^{(1)}$，$\phi^{(2)}$ の境界 Γ_e 上における外向き法線微分を表す．隣り合う二つの要素に共通する要素境界上では，外向き法線の方向が互いに逆になっているので，式 (6.51)，(6.52) の境界条件を考慮すると，要素ごとの汎関数の和を計算する過程で，式 (6.49) 中の境界積分項は互いに打ち消し合うことになる．有限要素法では，式 (6.51) の条件は適合性の条件として満足されているので，未知関数 ϕ の要素境界における，言い換えれば，媒質境界における法線微分に関係する式 (6.52) の境界条件は自動的に満たされることになる．これも有限要素法の特徴の一つであるが，逆に言えば，一つの要素内に媒質の境界が含まれることは許されず，要素境界と媒質境界とが一致するように要素分割を行うことが必要になる．

さて，要素の汎関数 F_e が式 (6.49) で与えられることが分かったので，これに式 (6.25) を代入して

$$\left(\frac{\partial \phi}{\partial x}\right)^2 = \frac{\partial(\{\phi\}_e^T\{N\})}{\partial x}\frac{\partial(\{N\}^T\{\phi\}_e)}{\partial x} = \{\phi\}_e^T \frac{\partial\{N\}}{\partial x}\frac{\partial\{N\}^T}{\partial x}\{\phi\}_e \tag{6.53}$$

$$\left(\frac{\partial \phi}{\partial y}\right)^2 = \frac{\partial(\{\phi\}_e^T\{N\})}{\partial y}\frac{\partial(\{N\}^T\{\phi\}_e)}{\partial y} = \{\phi\}_e^T \frac{\partial\{N\}}{\partial y}\frac{\partial\{N\}^T}{\partial y}\{\phi\}_e \tag{6.54}$$

$$\phi^2 = (\{\phi\}_e^T\{N\})(\{N\}^T\{\phi\}_e) = \{\phi\}_e^T\{N\}\{N\}^T\{\phi\}_e \tag{6.55}$$

となることに注意すると

$$F_e = \frac{1}{2}\{\phi\}_e^T[P]_e\{\phi\}_e - \{\phi\}^T\{Q\}_e \tag{6.56}$$

が得られる．ここに，要素行列 $[P]_e$，要素境界ベクトル $\{Q\}_e$ は

$$[P]_e = \iint_e \Big(p\frac{\partial\{N\}}{\partial x}\frac{\partial\{N\}^T}{\partial x} + p\frac{\partial\{N\}}{\partial y}\frac{\partial\{N\}^T}{\partial y}$$
$$+ \beta^2 p\{N\}\{N\}^T - k_0^2 q\{N\}\{N\}^T \Big) dxdy \tag{6.57}$$

$$\{Q\}_e = \int_{\Gamma_e} \{N\} p \frac{\partial \phi}{\partial n} d\Gamma \tag{6.58}$$

で与えられる．

行列 $[P]_e$ は対称行列であるので，式 (6.56) に変分原理，すなわち

$$\frac{\partial F_e}{\partial \phi_i^{(e)}} = 0 \qquad (i=1, 2, \cdots, n) \tag{6.59}$$

を適用すると

$$[P]_e \{\phi\}_e = \{Q\}_e \tag{6.60}$$

のような要素方程式が得られる．

6.2.5 面積座標

要素方程式を導出する場合には，式 (6.57)，(6.58) で与えたような要素に関する積分計算を伴うが，この積分を系全体に対して定義される座標系，いわゆる全体座標系で行うと，計算が大変面倒なことになる．

このような積分計算を容易にするため，有限要素法では，通常，要素の幾何学的な形状を基にして局所座標系を定義し，全体座標系をこの局所座標系に座標変換してから実際の計算を行っている．特に三角形要素の場合には，面積座標と呼ばれる局所座標系がよく用いられる．紙面が限られているので，ここでは，要素方程式の導出に必要な面積座標に関する諸関係式を公式の形で紹介しておく．

面積座標変数を L_1, L_2, L_3 とすると，これらは三角形要素内の点 P によって図 6.7(a) のように分割された三つの三角形の面積 A_{e1}, A_{e2}, A_{e3} を用

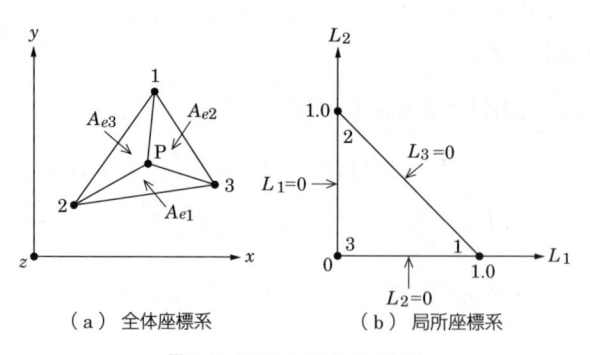

（a）全体座標系　　　（b）局所座標系

図 6.7　三角形要素と面積座標

いて

$$L_1 = \frac{A_{e1}}{A_e}, \quad L_2 = \frac{A_{e2}}{A_e}, \quad L_3 = \frac{A_{e3}}{A_e} \tag{6.61}$$

のように定義される．当然のことながら，面積座標変数の間には

$$L_1 + L_2 + L_3 = 1 \tag{6.62}$$

の関係がある．この式 (6.62) は面積座標変数 L_1, L_2, L_3 のうち，独立なものは 2 個であることを意味している．そこで，L_1, L_2 を独立変数とすると，全体座標系における任意の三角形は，局所座標系 (L_1, L_2) では，図 6.7 に示すような直角二等辺三角形に変換されることになる．

さて，面積座標変数 L_1, L_2, L_3 を補間関数とみなして，点 P の座標 (x, y) を三角形の頂点の座標 $(x_1, y_1), (x_2, y_2), (x_3, y_3)$ を用いて線形補間し，式 (6.62) を考慮すると，座標変換式は

$$x = x_1 L_1 + x_2 L_2 + x_3 L_3 = C_2 L_1 - C_1 L_2 + x_3 \tag{6.63a}$$

$$y = y_1 L_1 + y_2 L_2 + y_3 L_3 = -B_2 L_1 + B_1 L_2 + y_3 \tag{6.63b}$$

で与えられる．ここに B_1, B_2 は式 (6.37) で，C_1, C_2 は式 (6.38) で与えられている．また，微分変換式は

$$\begin{bmatrix} \partial/\partial L_1 \\ \partial/\partial L_2 \end{bmatrix} = \begin{bmatrix} \partial x/\partial L_1 & \partial y/\partial L_1 \\ \partial x/\partial L_2 & \partial y/\partial L_2 \end{bmatrix} \begin{bmatrix} \partial/\partial x \\ \partial/\partial y \end{bmatrix}$$

$$= \begin{bmatrix} C_2 & -B_2 \\ -C_1 & B_1 \end{bmatrix} \begin{bmatrix} \partial/\partial x \\ \partial/\partial y \end{bmatrix} \tag{6.64}$$

で与えられ，これは

$$\begin{bmatrix} \partial/\partial x \\ \partial/\partial y \end{bmatrix} = \frac{1}{2A_e} \begin{bmatrix} B_1 & B_2 \\ C_1 & C_2 \end{bmatrix} \begin{bmatrix} \partial/\partial L_1 \\ \partial/\partial L_2 \end{bmatrix} \tag{6.65}$$

と書くこともできる．更に，要素方程式の導出に必要な積分公式は

$$\iint_e L_1^k L_2^l L_3^m \, dx \, dy = 2A_e \frac{k! \, l! \, m!}{(k+l+m+2)!} \tag{6.66}$$

で与えられる．

ところで，三角形要素の形状関数も面積座標変数を用いて表すことができる．表 6.2 に，面積座標変数表示された形状関数とその x, y に関する微分の具体的な形を一次要素，二次要素の場合についてまとめておく．

表6.2 三角形要素に対する形状関数の面積座標変数表示とその微分

要素	$\{N\}$	$\dfrac{\partial\{N\}}{\partial x}$	$\dfrac{\partial\{N\}}{\partial y}$
一次要素	$\begin{bmatrix} L_1 \\ L_2 \\ L_3 \end{bmatrix}$	$\dfrac{1}{2A_e}\begin{bmatrix} B_1 \\ B_2 \\ B_3 \end{bmatrix}$	$\dfrac{1}{2A_e}\begin{bmatrix} C_1 \\ C_2 \\ C_3 \end{bmatrix}$
二次要素	$\begin{bmatrix} L_1(2L_1-1) \\ L_2(2L_2-1) \\ L_3(2L_3-1) \\ 4L_1L_2 \\ 4L_2L_3 \\ 4L_3L_1 \end{bmatrix}$	$\dfrac{1}{2A_e}\begin{bmatrix} B_1(4L_1-1) \\ B_2(4L_2-1) \\ B_3(4L_3-1) \\ 4(B_1L_2+B_2L_1) \\ 4(B_2L_3+B_3L_2) \\ 4(B_3L_1+B_1L_3) \end{bmatrix}$	$\dfrac{1}{2A_e}\begin{bmatrix} C_1(4L_1-1) \\ C_2(4L_2-1) \\ C_3(4L_3-1) \\ 4(C_1L_2+C_2L_1) \\ 4(C_2L_3+C_3L_2) \\ 4(C_3L_1+C_1L_3) \end{bmatrix}$

6.2.6 全体方程式の組立て方

要素方程式（6.60）から全体方程式

$$[P]\{\phi\}=\{Q\} \tag{6.67}$$

を組み立てる手順を理解するために，3節点三角形要素（図6.4(a)）を用いて二次元領域を分割する場合を考えてみよう．ここに，$[P]$は全体行列，$\{\phi\}$は全体節点値ベクトル，$\{Q\}$は全体境界ベクトルである．図6.8は，4個の要素を用いて分割した状態を表しており，節点数は全部で5個になっている．
表6.3は，要素方程式から全体方程式を組み立てるために必要な要素節点番号と全体節点番号との対応関係を示したものである．例えば，要素(1)における全体節点番号1の節点

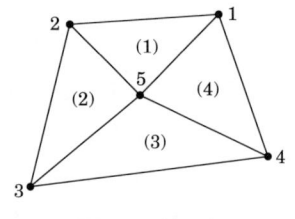

図6.8 要素分割

表6.3 要素節点番号と全体節点番号との対応関係

要素	全体節点番号		
(1)	1	2	5
(2)	2	3	5
(3)	3	4	5
(4)	4	1	5
要素節点番号	1	2	3

を要素内節点1に対応させると，以下，要素内節点2, 3には，それぞれ全体節点番号2, 5の節点が対応することになる．なお，全体節点番号1の節点を必ずしも要素内節点1に対応させる必要はなく，全体節点番号2の節点を要素内節点1に対応させてもかまわない．このとき，要素内節点2, 3にはそれぞれ全体節点番号5, 1の節点が対応することになる．図6.4(a)に示したように，要素節点番号が反時計回りに1, 2, 3と番号づけされているので，全体節点番号と要素節点番号とを反時計回りに対応させることにのみ

第6章 変分表現から出発する解析法

注意すればよい．

さて，式 (6.60) の要素方程式は，具体的に

$$\begin{bmatrix} P_{11}^{(e)} & P_{12}^{(e)} & P_{13}^{(e)} \\ P_{12}^{(e)} & P_{22}^{(e)} & P_{23}^{(e)} \\ P_{13}^{(e)} & P_{23}^{(e)} & P_{33}^{(e)} \end{bmatrix} \begin{bmatrix} \phi_1^{(e)} \\ \phi_2^{(e)} \\ \phi_3^{(e)} \end{bmatrix} = \begin{bmatrix} Q_1^{(e)} \\ Q_2^{(e)} \\ Q_3^{(e)} \end{bmatrix} \tag{6.68}$$

と書ける．図 6.8 の要素分割例では，節点数が全部で5個もあるので，全体方程式は

$$\begin{bmatrix} P_{11} & P_{12} & P_{13} & P_{14} & P_{15} \\ P_{12} & P_{22} & P_{23} & P_{24} & P_{25} \\ P_{13} & P_{23} & P_{33} & P_{34} & P_{35} \\ P_{14} & P_{24} & P_{34} & P_{44} & P_{45} \\ P_{15} & P_{25} & P_{35} & P_{45} & P_{55} \end{bmatrix} \begin{bmatrix} \phi_1 \\ \phi_2 \\ \phi_3 \\ \phi_4 \\ \phi_5 \end{bmatrix} = \begin{bmatrix} Q_1 \\ Q_2 \\ Q_3 \\ Q_4 \\ 0 \end{bmatrix} \tag{6.69}$$

のような五元の連立一次方程式になるはずである．ここに，$\phi_1 \sim \phi_5$ はそれぞれ全体節点番号 1~5 における未知関数 ϕ の節点値であり，節点番号 5 の節点は領域内部にあるので，境界積分項に対応する右辺の全体節点ベクトルには寄与しない．

表 6.3 に示した全体節点番号と要素節点番号の対応関係に注意し，要素方程式を全体方程式に組み入れると，要素(1)に対して

$$\begin{bmatrix} P_{11}^{(1)} & P_{12}^{(1)} & 0 & 0 & P_{13}^{(1)} \\ P_{12}^{(1)} & P_{22}^{(1)} & 0 & 0 & P_{23}^{(1)} \\ 0 & 0 & 0 & 0 & 0 \\ 0 & 0 & 0 & 0 & 0 \\ P_{13}^{(1)} & P_{23}^{(1)} & 0 & 0 & P_{33}^{(1)} \end{bmatrix} \begin{bmatrix} \phi_1 \\ \phi_2 \\ \phi_3 \\ \phi_4 \\ \phi_5 \end{bmatrix} = \begin{bmatrix} Q_1^{(1)} \\ Q_2^{(1)} \\ 0 \\ 0 \\ 0 \end{bmatrix} \tag{6.70 a}$$

要素(2)に対して

$$\begin{bmatrix} 0 & 0 & 0 & 0 & 0 \\ 0 & P_{11}^{(2)} & P_{12}^{(2)} & 0 & P_{13}^{(2)} \\ 0 & P_{12}^{(2)} & P_{22}^{(2)} & 0 & P_{23}^{(2)} \\ 0 & 0 & 0 & 0 & 0 \\ 0 & P_{13}^{(2)} & P_{23}^{(2)} & 0 & P_{33}^{(2)} \end{bmatrix} \begin{bmatrix} \phi_1 \\ \phi_2 \\ \phi_3 \\ \phi_4 \\ \phi_5 \end{bmatrix} = \begin{bmatrix} 0 \\ Q_1^{(2)} \\ Q_2^{(2)} \\ 0 \\ 0 \end{bmatrix} \tag{6.70 b}$$

要素(3)に対して

$$\begin{bmatrix} 0 & 0 & 0 & 0 & 0 \\ 0 & 0 & 0 & 0 & 0 \\ 0 & 0 & P_{11}^{(3)} & P_{12}^{(3)} & P_{13}^{(3)} \\ 0 & 0 & P_{12}^{(3)} & P_{22}^{(3)} & P_{23}^{(3)} \\ 0 & 0 & P_{13}^{(3)} & P_{23}^{(3)} & P_{33}^{(3)} \end{bmatrix} \begin{bmatrix} \phi_1 \\ \phi_2 \\ \phi_3 \\ \phi_4 \\ \phi_5 \end{bmatrix} = \begin{bmatrix} 0 \\ 0 \\ Q_1^{(3)} \\ Q_2^{(3)} \\ 0 \end{bmatrix} \qquad (6.70 \text{ c})$$

要素(4)に対して

$$\begin{bmatrix} P_{22}^{(4)} & 0 & 0 & P_{12}^{(4)} & P_{23}^{(4)} \\ 0 & 0 & 0 & 0 & 0 \\ 0 & 0 & 0 & 0 & 0 \\ P_{12}^{(4)} & 0 & 0 & P_{11}^{(4)} & P_{13}^{(4)} \\ P_{23}^{(4)} & 0 & 0 & P_{13}^{(4)} & P_{33}^{(4)} \end{bmatrix} \begin{bmatrix} \phi_1 \\ \phi_2 \\ \phi_3 \\ \phi_4 \\ \phi_5 \end{bmatrix} = \begin{bmatrix} Q_2^{(4)} \\ 0 \\ 0 \\ Q_1^{(4)} \\ 0 \end{bmatrix} \qquad (6.70 \text{ d})$$

となる. したがって, 全体行列 $[P]$ は

$$[P] = \begin{bmatrix} P_{11} & P_{12} & P_{13} & P_{14} & P_{15} \\ P_{12} & P_{22} & P_{23} & P_{24} & P_{25} \\ P_{13} & P_{23} & P_{33} & P_{34} & P_{35} \\ P_{14} & P_{24} & P_{34} & P_{44} & P_{45} \\ P_{15} & P_{25} & P_{35} & P_{45} & P_{55} \end{bmatrix} \qquad (6.71 \text{ a})$$

$P_{11} = P_{11}^{(1)} + P_{22}^{(4)}$ \hfill (6.71 b)

$P_{12} = P_{12}^{(1)}$ \hfill (6.71 c)

$P_{13} = 0$ \hfill (6.71 d)

$P_{14} = P_{12}^{(4)}$ \hfill (6.71 e)

$P_{15} = P_{13}^{(1)} + P_{23}^{(4)}$ \hfill (6.71 f)

$P_{22} = P_{22}^{(1)} + P_{11}^{(2)}$ \hfill (6.71 g)

$P_{23} = P_{12}^{(2)}$ \hfill (6.71 h)

$P_{24} = 0$ \hfill (6.71 i)

$P_{25} = P_{23}^{(1)} + P_{13}^{(2)}$ \hfill (6.71 j)

$P_{33} = P_{22}^{(2)} + P_{11}^{(3)}$ \hfill (6.71 k)

$P_{34} = P_{12}^{(3)}$ \hfill (6.71 l)

$P_{35} = P_{23}^{(2)} + P_{13}^{(3)}$ \hfill (6.71 m)

$P_{44} = P_{22}^{(3)} + P_{11}^{(4)}$ \hfill (6.71 n)

$$P_{45} = P_{23}^{(3)} + P_{13}^{(4)} \qquad (6.71\,\text{o})$$

$$P_{55} = P_{33}^{(1)} + P_{33}^{(2)} + P_{33}^{(3)} + P_{33}^{(4)} \qquad (6.71\,\text{p})$$

で与えられ，全体境界ベクトル $\{Q\}$ は

$$\{Q\} = \begin{bmatrix} Q_1 \\ Q_2 \\ Q_3 \\ Q_4 \\ Q_5 \end{bmatrix} = \begin{bmatrix} Q_1^{(1)} + Q_2^{(4)} \\ Q_2^{(1)} + Q_1^{(2)} \\ Q_2^{(2)} + Q_1^{(3)} \\ Q_2^{(3)} + Q_1^{(4)} \\ 0 \end{bmatrix} \qquad (6.72)$$

で与えられる．

ところで，有限要素法によって得られる全体行列には，スパース性（行列のほとんどの成分は0であり，非零成分は0となる成分に比べてごくわずかで，疎状態になっているということ）があり，全体節点番号の付け方を工夫すると，バンド性（非零成分は対角成分を中心にしてあるバンド幅以内に含まれており，このバンドの外側にある成分はすべて0になっているということ）を持たせることもできる．ここでは，要素方程式から全体方程式を組み立てる原理を理解することを目的として，節点数をわずか5としたため，式 (6.71) からはただちにこうしたスパース性とバンド性を認めることはできないが，実際の有限要素法解析においては一般に数百～数万元に及ぶ全体方程式を取り扱い，コンピュータを用いて解く場合に，これらの性質，すなわちスパース性とバンド性が有効に活用される．

6.2.7 境界条件の処理

式 (6.2), (6.3) の境界条件の処理の仕方を考えるために，全体節点値ベクトル $\{\phi\}$ を，内部節点値ベクトル $\{\phi\}_i$ と式 (6.2), (6.3) の境界条件に関係するベクトル $\{\phi\}_u, \{\phi\}_v$ とに分け，式 (6.67) の全体方程式を

$$\begin{bmatrix} [P]_{ii} & [P]_{iu} & [P]_{iv} \\ [P]_{ui} & [P]_{uu} & [P]_{uv} \\ [P]_{vi} & [P]_{vu} & [P]_{vv} \end{bmatrix} \begin{bmatrix} \{\phi\}_i \\ \{\phi\}_u \\ \{\phi\}_v \end{bmatrix} = \begin{bmatrix} \{0\} \\ \{Q\}_u \\ \{Q\}_v \end{bmatrix} \qquad (6.73)$$

と書く．ここで，$\{\phi\}_u, \{Q\}_v$ が既知量であることに注意すると，未知量 $\{\phi\}_i, \{\phi\}_v$ は

$$\begin{bmatrix} [P]_{ii} & [P]_{iv} \\ [P]_{vi} & [P]_{vv} \end{bmatrix} \begin{bmatrix} \{\phi\}_i \\ \{\phi\}_v \end{bmatrix} = \begin{bmatrix} -[P]_{iu}\{\phi\}_u \\ \{Q\}_v - [P]_{vu}\{\phi\}_u \end{bmatrix} \tag{6.74}$$

から求められる．また，残る未知量 $\{Q\}_u$ は，$\{\phi\}_i, \{\phi\}_v$ が分かると，既知量である $\{\phi\}_u$ を用いて

$$\{Q\}_u = [P]_{ui}\{\phi\}_i + [P]_{uv}\{\phi\}_v + [P]_{uu}\{\phi\}_u \tag{6.75}$$

で与えられる．

演習問題

1. 三角形一次，二次要素に対する形状関数の面積座標変数表示が表 6.2 で与えられることを示せ．
2. 三角形一次，二次要素に対する要素行列 $[P]_e$（式 (6.57) 参照）の構成に必要な下記の積分を計算せよ．

$$\iint_e \{N\}\{N\}^T dxdy$$

$$\iint_e \frac{\partial \{N\}}{\partial x} \frac{\partial \{N\}^T}{\partial x} dxdy$$

$$\iint_e \frac{\partial \{N\}}{\partial y} \frac{\partial \{N\}^T}{\partial y} dxdy$$

参考文献

[1] 小柴正則，"光・波動のための有限要素法の基礎，" 森北出版，東京，1990．
[2] J. Jin, "The Finite Element Method in Electronics," John Wiley & Sons, Inc., New York, 1993.
[3] T. Itoh, G. Pelosi, and P. P. Silvester, Eds., "Finite Element Software for Microwave Enjineering," John Wiley & Sons, Inc., New York, 1996.
[4] M. Salazar-Palma, T. K. Sarkar, L.-E. García-Castillo, T. Roy, and A. Djordjević, "Iterative and Self-Adaptive Finite-Elements in Electromagnetic Modeling," Artech House, Boston, 1998.
[5] G. Peloci, R. Coccioli, and S. Selleri, "Quick Finite Elements for Electromagnetic Waves," Artech House, Boston, 1998.

第7章

線形方程式の扱い方

　連立一次方程式に代表される線形方程式は，マイクロ波シミュレータを構成するための重要なツールである．本章では，実用的な見地から，計算機を用いて連立一次方程式を解く際の基本的な注意事項について述べ，合わせて線形最小二乗問題の解法にも触れる．

7.1　連立一次方程式

　正則な $N \times N$ 行列 A を係数とする連立一次方程式

$$A\boldsymbol{x} = \boldsymbol{b} \tag{7.1}$$

を考えよう．ここで，方程式の解 $\boldsymbol{x}$ 及び強制項 $\boldsymbol{b}$ は，ともに N 次元の縦ベクトルである．線形代数の教科書によれば，この方程式の解は

$$\boldsymbol{x} = A^{-1}\boldsymbol{b} \tag{7.2}$$

で与えられる．ただし，A^{-1} は A の逆行列で，adj$A$ を A の随伴行列として

$$A^{-1} = \frac{\text{adj } A}{\det A} \tag{7.3}$$

と求められる．右辺の分母は，A が正則だから0とならない．

　連立一次方程式の式（7.2）及び式（7.3）による解法は，クラーメル（Cramer）の公式と呼ばれ，しばしば理論的に重要な役割を果たす．しかしながら，この方法では N が増加すると計算量が急速に増大し，しかも得

られる結果は丸め誤差の影響を受けやすい．このため，この解法は，シミュレータのように数十元を超える方程式を解くことが要求される応用には向かない．

科学技術計算において，連立一次方程式を解くためよく用いられる方法の代表的なものは，ガウス（Gauss）の消去法及び反復法であろう．反復法については別の章で取り上げられるはずであるから，ここでは，ガウスの消去法について説明し，実際にこの方法を適用する際の注意事項を述べる．

7.2 ガウスの消去法

まず，ガウスの消去法によって，簡単な例題を解いてみよう．連立一次方程式

$$\begin{bmatrix} 1 & 2 \\ 4 & 5 \end{bmatrix} \begin{bmatrix} x_1 \\ x_2 \end{bmatrix} = \begin{bmatrix} 3 \\ 6 \end{bmatrix}$$

を考える．ガウスの消去法は，行の基本操作によって係数行列を上三角行列に変換する操作（前進消去）と，得られた上三角行列を係数とする方程式を解く操作（後退代入）に分けられる．前進消去を行うには，1行目の式を4倍して，2行目の式から引けばよい．結果は

$$\begin{bmatrix} 1 & 2 \\ 0 & -3 \end{bmatrix} \begin{bmatrix} x_1 \\ x_2 \end{bmatrix} = \begin{bmatrix} 3 \\ -6 \end{bmatrix}$$

となる．後退代入では，2行目を2/3倍して1行目に加え

$$\begin{bmatrix} 1 & 0 \\ 0 & -3 \end{bmatrix} \begin{bmatrix} x_1 \\ x_2 \end{bmatrix} = \begin{bmatrix} -1 \\ -6 \end{bmatrix}$$

を得る．これより，元の方程式の解が，$(x_1, x_2)^T = (-1, 2)^T$ と求まる．

この計算を実際に行うには，係数と強制項だけを取り出して

$$\begin{cases} 1 & 2 & 3 \\ 4 & 5 & 6 \end{cases} \Longrightarrow \begin{cases} 1 & 2 & 3 \\ 0 & -3 & -6 \end{cases} \Longrightarrow \begin{cases} 1 & 0 & -1 \\ 0 & -3 & -6 \end{cases}$$

とすればよい．また，もし A の逆行列が必要であれば，強制項 $(3,6)^T$ の代わりに単位行列を置いたものから出発して同様の操作を行い，行の基本操作によって A が単位行列に変形されたとき，最初に単位行列を置いた部分に A^{-1} ができている．$\{AI \Longrightarrow \{IA^{-1}$.

さて，一般の行列 A を係数とする連立一次方程式 (7.1) にもどって，以上の計算を整理してみよう．式 (7.1) は，具体的に書けば

$$a_{i1}x_1 + a_{i2}x_2 + \cdots + a_{iN}x_N = b_i \quad (i=1, 2, \cdots, N) \tag{7.4}$$

となる．以後，この式の i 行目を，$[i]$ で表す．

前進消去で最初に行うことは，$[1]$ を残し，$[2]$ ないし $[N]$ の式から x_1 を消去することである．これを，第 1 段の消去という．このためには，$i=2, 3, \cdots, N$ について

$$[i] \Longleftarrow [i] - \frac{a_{i1}}{a_{11}} \times [1]$$

とすればよい．ただし，$\Longleftarrow$ は，左辺を右辺で置き換える操作を表すものとする．この計算が行えるためには，$a_{11} \neq 0$ でなければならない．このため，必要があれば式 (7.4) の行を入れ換えて，$a_{11} \neq 0$ となるようにする．このような操作を枢軸選択（ピボッティング）といい，分母に現れるために 0 とならないことが要求される量を枢軸（ピボット）と呼ぶ．枢軸選択は計算の精度を保つために極めて重要であるから，後に改めて述べる．

第 1 段の消去を，行列を用いて表現しよう．このために，0 及び第 1 段の消去における乗数

$$m_{i1} = \frac{a_{i1}}{a_{11}} \quad (i=2, 3, \cdots, N) \tag{7.5}$$

を成分とする N 次元の縦ベクトルを

$$\bm{m}_1 = (0, m_{21}, m_{31}, \cdots, m_{N1})^T \tag{7.6}$$

とし，$N \times N$ の単位行列を

$$I = \mathrm{diag}(1, 1, \cdots, 1) \tag{7.7}$$

第 1 成分のみ 1 である N 次元の単位ベクトルを

$$\bm{e}_1 = (1, 0, \cdots, 0)^T \tag{7.8}$$

として，$N \times N$ の行列

$$M_1 = I - \bm{m}_1 \bm{e}_1^T \tag{7.9}$$

を定義する．第 1 段の消去は，式 (7.1) に左から M_1 を掛けて

$$M_1 A \bm{x} = M_1 \bm{b} \tag{7.10}$$

とすることにほかならない．M_1 は正則だから，この操作は $\bm{x}$ を変えない．

第 1 段の消去が終わった段階で得られた方程式 (7.10) を見よう．この方

程式の 1 行目は式 (7.1) の 1 行目と同じものであり，2 行目ないし N 行目からは，変数 x_1 が消去されている．この 2 行目以降を

$$a_{i2}^{(2)}x_2 + a_{i3}^{(2)}x_3 + \cdots + a_{iN}^{(2)}x_N = b_i^{(2)} \quad (i=2,3,\cdots,N) \qquad (7.11)$$

と表し，第 i 行を $[i]^{(2)}$ と略記する．第 2 段の消去では，$[2]^{(2)}$ を残し，$[3]^{(2)}$ ないし $[N]^{(2)}$ から x_2 を消去する．このためには，$a_{22}^{(2)}$ を枢軸とし，$i=3,4,\cdots,N$ について，次の操作を実行すればよい．

$$[i]^{(2)} \Longleftarrow [i]^{(2)} - \frac{a_{i2}^{(2)}}{a_{22}^{(2)}} \times [2]^{(2)}$$

この操作は，乗数

$$m_{i2} = \frac{a_{i2}^{(2)}}{a_{22}^{(2)}} \quad (i=3,4,\cdots,N)$$

を成分とするベクトル

$$\boldsymbol{m}_2 = (0, 0, m_{32}, \cdots, m_{N2})^T$$

と単位ベクトル

$$\boldsymbol{e}_2 = (0, 1, 0, \cdots, 0)^T$$

によって定義される行列

$$M_2 = I - \boldsymbol{m}_2 \boldsymbol{e}_2^T$$

を，式 (7.10) に左からかけることに相当する．すなわち，第 2 段の消去の結果を行列を用いて表せば，次のようになる．

$$M_2 M_1 A \boldsymbol{x} = M_2 M_1 \boldsymbol{b} \qquad (7.12)$$

この操作を $N-1$ 段まで繰り返すことができたとすれば，その結果は，これまでと同様の記号法を用いて

$$M_{N-1} M_{N-2} \cdots M_1 A \boldsymbol{x} = M_{N-1} M_{N-2} \cdots M_1 \boldsymbol{b} \qquad (7.13)$$

のようになるはずである．左辺の係数行列は，前進消去によって上三角行列に変換されている．これを U と書く．

$$U = M_{N-1} M_{N-2} \cdots M_1 A = \begin{bmatrix} a_{11} & a_{12} & a_{13} & \cdots & a_{1N} \\ & a_{22}^{(2)} & a_{23}^{(2)} & \cdots & a_{2N}^{(2)} \\ & & a_{33}^{(3)} & \cdots & a_{3N}^{(3)} \\ & & & \ddots & \vdots \\ & & & & a_{NN}^{(N)} \end{bmatrix} \qquad (7.14)$$

ただし,空白の要素はすべて 0 である.前進消去が終わった段階で,もとの方程式 (7.1) は,上三角行列 U を係数に持つ方程式に変換されたことになる.この方程式は,N 行目から始めて,後退代入を繰り返して解くことができる.

一方,M_i ($i=1,2,\cdots,N-1$) はすべて下三角行列であり,その逆行列もまた下三角で

$$M_i^{-1}=I+\boldsymbol{m}_i\boldsymbol{e}_i^T \tag{7.15}$$

と求められる.そこで,式 (7.13) の右辺の係数を

$$L^{-1}=M_{N-1}M_{N-2}\cdots M_1 \tag{7.16}$$

と置けば

$$L=(L^{-1})^{-1}=\begin{bmatrix} 1 & & & & \\ m_{21} & 1 & & & \\ m_{31} & m_{32} & 1 & & \\ \vdots & \vdots & \vdots & \ddots & \\ m_{N1} & m_{N2} & m_{N3} & \cdots & 1 \end{bmatrix} \tag{7.17}$$

であることは容易に分かる.

結局,ガウスの消去法は,もとの係数行列 A を,対角成分が 1 である下三角行列 L と上三角行列 U の積

$$A=LU \tag{7.18}$$

に分解することに相当する.これを,LU 分解という.式 (7.1) の係数行列が LU 分解されれば,もとの方程式を解くことは

$$L\boldsymbol{y}=\boldsymbol{b}, \quad U\boldsymbol{x}=\boldsymbol{y} \tag{7.19}$$

という二つの方程式を解くことに帰着される(ガウスの消去法では,前進消去が終わったときに,2 番目の方程式が得られている).

上の議論では,L の対角要素を 1 と定めたが,U の対角成分を 1 とすることも可能である.前者を Crout 法,後者を Doolittle 法と呼ぶ.場合によっては,U を直交行列にとることもあり,これを直交法という.また,A が正値対称であれば

$$U=L^T \quad i.e., \quad A=LL^T$$

とする Cholesky 分解が可能で,計算量も少ない.A が正値でないときは,

D を対角行列, L を対角成分が 1 である下三角行列として

$$A = LDL^T$$

という修正 Cholesky 分解が利用される.何れの分解を用いるにしても,消去法の基本的な考えは,式 (7.1) の係数行列 A を,逆行列が容易に求められる行列の積に分解することにある.ただし,実際の数値計算では,どうしても必要である場合を除いて,逆行列を求めることは避けたほうがよい.

7.3 枢軸選択

前節の議論では,$a_{11} \neq 0$ 及び $a_{ii}^{(i)} \neq 0$ $(i=2, 3, \cdots, N)$ を仮定した ($a_{NN}^{(N)} \neq 0$ は,後退代入の際に必要である).実際の数値計算では,これらは 0 になることもあるし,0 でなくても,非常に小さな値をとることもあり得る.ここでは,小さな枢軸をそのまま用いた計算によってどのような不都合が生じるかを見よう.

次の例は,Forsythe によって与えられたものである.10 進 3 桁の精度で,次の連立一次方程式を解く.

$$\begin{cases} 0.000100 & 1.00 & 1.00 \\ 1.00 & 1.00 & 2.00 \end{cases} \quad (\text{a})$$

0.000100 を枢軸として第 1 段の消去を行い,与えられた精度で計算すれば,$x_1=0.00, x_2=1.00$ となることは容易に確かめられる.正解は $x_1=x_2=1.00$ であるから,この解は完全に間違っている.この場合,係数行列の 1 列目の中で最大の要素を枢軸とするように,1 行目と 2 行目を入れ換えて

$$\begin{cases} 1.00 & 1.00 & 2.00 \\ 0.000100 & 1.00 & 1.00 \end{cases} \quad (\text{b})$$

とすれば,ガウスの消去法によって正解を得ることができる.

式 (a) を直接解く際に,何が起こったかを調べよう.0.000100 という小さな枢軸を用いて第 1 段の消去を行ったために,このときの乗数は $1.00/0.000100 = 1.00 \times 10^4$ となった.このため,2 行目から x_1 を消去した結果が

$$1.00 \times 10^4 x_2 = 1.00 \times 10^4$$

となって,10^4 に比べて小さい 1.00 や 2.00 が無視されたことが分かる.一方,もとの方程式の行を入れ換えて (b) とすると,第 1 段の乗数は $1.00 \times$

第7章　線形方程式の扱い方

10^{-4} であって，何も問題を生じない．

　上の例のように，与えられた方程式の（あるいは前進消去の途中で得られた方程式の）行を入れ換えて絶対値最大の要素を枢軸とすることを，枢軸の部分選択という．純粋に数学的な立場からいえば，$a_{11} \neq 0$ あるいは $a_{ii}^{(i)} \neq 0$ であれば，それらは枢軸として用いることができる．しかし，有限桁の有効数字で計算を行う場合，枢軸の選択は，上で見たように結果に大きな影響を及ぼすことがある．

　ここで一つ注意しておきたい．式 (a) の例において，計算の精度を 10 進 6 桁とることができれば

$$x_2 = \frac{9,998.00}{9,999.00} = 0.999900$$

となり，これより $x_1 = 1$ という正解を得る．つまり，仮に乗数が大きくても，多倍長演算などの利用によって十分な桁数を確保し，式 (a) の 2 行目にあった 1 や 2 の情報が消えないようにしてやれば，大きな乗数の効果は後に相殺する．このことは消去法の一つの特徴であり，ぜひ利用すべきことである．

　行の入換え（部分選択）だけでなく，演算の対象となるすべての a_{ij} の中から絶対値最大の要素を検索して枢軸とする操作も考えられる．これを，枢軸の完全選択という．完全選択は，理論的には優れているが，予想外に時間がかかる上，変数名の付換えを含むから後処理が面倒であるため，実際に行われることはまれである．実用されているプログラムでは，前進消去の途中で枢軸となるべき要素がある値以下になったら部分選択を行う，という方針で書かれていることが多い．

　枢軸の部分検索を含む LU 分解を，行列の形に表現しておこう．第 1 段の消去においては，A の 1 列目の要素 $\{a_{11}, a_{21}, \cdots, a_{N1}\}$ の中から絶対値最大のものを探し，これを a_{i1} とする．a_{i1} を枢軸とするには，[1] と [i] を入れ換えればよい．このことは，$N \times N$ の単位行列の第 1 行と第 i 行を交換した置換行列 P_1 を式 (7.1) に左からかけることで実現できる．

　第 2 段以降の消去においても同様の置換を行い，その際の置換行列を P_i ($i = 2, 3, \cdots, N-1$) と表すと，枢軸選択を含めた前進消去の結果は

$$M_{N-1} P_{N-1} \cdots M_1 P_1 A \boldsymbol{x} = M_{N-1} P_{N-1} \cdots M_1 P_1 \boldsymbol{b} \tag{7.20}$$

となる．もし，i 段目の消去で枢軸選択が不要なら，$P_i = I$ である．

この結果を利用すれば

$$P_{N-1}P_{N-2}\cdots P_1 A = LU \tag{7.21}$$

という形の LU 分解ができることが示される．ただし，L と U は式(7.14)及び(7.16)に対応して

$$U = M_{N-1}P_{N-1}\cdots M_1 P_1 A \tag{7.22}$$

及び

$$L^{-1} = M_{N-1}\tilde{M}_{N-2}\cdots \tilde{M}_1 \tag{7.23}$$

で与えられる．また，式 (7.24) に現れた $\tilde{M}_i$ は

$$\tilde{M}_i = P_{N-1}P_{N-2}\cdots P_{i+1} M_i P_{i+1}\cdots P_{N-2}P_{N-1} \tag{7.24}$$

で定義されるもので，M_i と同じ形を持ち，乗数の順番だけが入れ換わったものである．

7.4 条件数

連立一次方程式 (7.1) の解は，係数行列 A が正則 ($\det A \neq 0$) ならば一義的に定まることになっている．しかし，計算機を用いて有限桁の計算を行うことを前提とすれば，このことは必ずしも正しくない．$\det A \neq 0$ であっても，その値が 0 に近ければ，正確な解を求めることは困難である．ここで，Forsythe らによる例を見よう．10 進 3 桁の精度で，連立一次方程式

$$\begin{cases} 0.780 & 0.563 & 0.217 \\ 0.913 & 0.659 & 0.254 \end{cases}$$

を解いてみる．枢軸の部分検索を行って，第 1 段の消去をすれば

$$\begin{cases} 0.913 & 0.659 & 0.254 \\ 0 & 0.001 & 0.001 \end{cases}$$

を得る．後退代入によって，順に，$x_2 = 1.00$, $x_1 = -0.443$ が求まる．

解の精度を見るために，誤差

$$e = x_* - x \tag{7.25}$$

を定義する．ただし，x_* は数値計算で得られた近似解，x は厳密解を意味する．上の例では，すぐに分かるように，$x = (1, -1)^T$ である．したがって，消去法で得られた解の誤差は $e = (-1.443, 2)^T$ となって，これは解自身

より大きい．なぜこのようなことが起こったかを調べるには，もとの方程式を10進6桁以上の精度で解いてみるとよい．第1段の消去の結果は

$$\begin{cases} 0.913000 & 0.659000 & 0.254000 \\ 0 & 0.000001 & -0.000001 \end{cases}$$

であって，2行目の右辺の符号が3桁の場合と異なっている．つまり，3桁の計算では，丸め誤差と同程度の大きさで，符号も正しくない二つの値からx_2を計算したことが，重大な誤差の原因である．

試みに係数行列の行列式を計算してみると，$\det A = 0.000001$であることが分かる．したがって，上で見た誤差の原因として，この係数行列が極めて特異に近いということもできる．しかしながら，$\det A$の大きさは，あまり良い尺度ではない．例えば，100×100の対角行列で，対角成分がすべて0.1である場合，その行列式は10^{-100}という小さい値をとるが，この行列を係数とする方程式を解くことは容易である．

ここで，もう一つの注意をしておこう．実際の数値計算では真の解は不明であるから，計算の精度を調べるために残差

$$r = Ax_* - b \tag{7.26}$$

を計算することがよく行われる．上で得た3桁の計算結果をこの式に代入すると，$r = (0.000460, 0.000541)^T$となる．この残差は，3桁の計算としては十分に小さい．実は，このことは，枢軸の部分検索を行うガウスの消去法の一般的な性質である．したがって，残差が小さいことは，必ずしも誤差が小さいことを意味しない．

次に，係数行列の性質を表すための尺度として，行列の条件数を定義しよう．条件数を用いれば，残差の大きさと誤差の大きさの間のある種の目安を与えることができる．また，係数行列の要素や強制項の精度が解に及ぼす影響や，丸め誤差の効果も調べることが可能である．

（1） ベクトルのノルム

ベクトルのp乗ノルムを

$$\|x\|_p = \left(\sum_{i=1}^{N} |x_i|^p \right)^{1/p} \tag{7.27}$$

で定義する．通常用いられるのは，① $p=2$（ユークリッドノルム，$\|x\|_2 =$

$(\boldsymbol{x}^T\boldsymbol{x})^{1/2}$),② $p=1$ ($\|\boldsymbol{x}\|_1 = \sum_{i=1}^{N}|x_i|$),及び $p=\infty$(最大値ノルム,$\|\boldsymbol{x}\|_\infty = \max_{1\leq i \leq N}|x_i|$)である.以後,特に断らないかぎり $p=1$ とし,$\|\boldsymbol{x}\|_1$ を $\|\boldsymbol{x}\|$ と略記するが,他のノルムを用いても議論の大筋に変わりはない.

(2) 行列のノルム

行列のノルムは,ベクトルのノルムを用いて

$$\|A\| = \max_{\|\boldsymbol{x}\|=1} \|A\boldsymbol{x}\| \tag{7.28}$$

で定義する.$\boldsymbol{x}$ が N 次元の単位球面上にあるとき,$\|A\boldsymbol{x}\|$ がとる最大値が $\|A\|$ である.$p=2, 1, \infty$ の場合には,次のようになる.

$$\|A\| = \begin{cases} (A^T A \text{の最大固有値})^{1/2} & (p=2) \\ \max_j \sum_{i=1}^{N}|a_{ij}| & (p=1) \\ \max_i \sum_{j=1}^{N}|a_{ij}| & (p=\infty) \end{cases} \tag{7.29}$$

(3) 条件数

行列 A の条件数とは

$$\text{cond}\, A = \|A\|\|A^{-1}\| \tag{7.30}$$

をいう.あるいは,$\|A\|$ と $m = \min_{\|\boldsymbol{x}\|=1}\|A\boldsymbol{x}\|$ を用いて,$\text{cond}\, A = \|A\|/m$ で定義することもある.容易に分かるように

$$\text{cond}\, A \geq 1 \tag{7.31}$$

であり,等号は A が直交行列のときに成立する.また,c を 0 でないスカラとすれば

$$\text{cond}\, cA = \text{cond}\, A \tag{7.32}$$

であるから,条件数は,A の要素の絶対的な大きさには無関係である.

(4) $A\boldsymbol{x}=\boldsymbol{b}$ の摂動解析 1:$\boldsymbol{b}$ が変化したとき

方程式 (7.1) において,実験データの誤差や丸め誤差などによって,$\boldsymbol{b}$ が $\boldsymbol{b}+\varDelta\boldsymbol{b}$ となり,このために $\boldsymbol{x}$ が $\boldsymbol{x}+\varDelta\boldsymbol{x}$ に変化したとする.このとき,式 (7.1) と

$$A(\boldsymbol{x}+\varDelta\boldsymbol{x}) = \boldsymbol{b}+\varDelta\boldsymbol{b}$$

を用いて

$$\frac{\|\varDelta\boldsymbol{x}\|}{\|\boldsymbol{x}\|} \leq \text{cond}\, A \cdot \frac{\|\varDelta\boldsymbol{b}\|}{\|\boldsymbol{b}\|} \tag{7.33}$$

を導くことができる．この式は，b の相対的な変化が解に及ぼす影響を評価するものである．cond A が誤差拡大の上限を与える．数十元の方程式では，条件数が 10^5 や 10^{10} となることは普通であり，また，Forsythe らによる次の例のように，この式の等号が成立することもあるので，注意が必要である．

$$A = \begin{bmatrix} 4.1 & 2.8 \\ 9.7 & 6.6 \end{bmatrix}, \quad b = \begin{bmatrix} 4.1 \\ 9.7 \end{bmatrix}, \quad x = \begin{bmatrix} 1 \\ 0 \end{bmatrix}$$

x はこの方程式の正しい解であり

$$\|x\| = 1, \quad \|b\| = 13.8$$

である．ここで，方程式の強制項をわずかに変化させて

$$b' = b + \Delta b, \quad \Delta b = (0.01, 0)^T$$

とすると，新しい方程式の解は

$$x' = x + \Delta x, \quad \Delta x = (-0.66, 0.97)^T$$

となる．このとき，$\|\Delta x\| = 1.63, \|\Delta b\| = 0.01$ であるから

$$\frac{\|\Delta b\|}{\|b\|} = 0.0007246, \quad \frac{\|\Delta x\|}{\|x\|} = 1.63$$

となって，b の微小な変化が $2,249$（$= 1.63/0.0007246$）倍に拡大されたことが分かる．一方，A の条件数は，$\|A\| = 13.8$，$\|A^{-1}\| = 163$ であるから

$$\text{cond } A = 13.8 \times 163 = 2,249$$

と求められる．よって，誤差拡大の倍率は，ちょうど条件数に等しい．

（5） $Ax = b$ の摂動解析 1：A が変化したとき

このときは，式（7.1）と

$$(A + \Delta A)(x + \Delta x) = b$$

を用いて

$$\frac{\|\Delta x\|}{\|x + \Delta x\|} \leq \text{cond } A \frac{\|\Delta A\|}{\|A\|} \tag{7.34}$$

を導くことができる．この場合も，条件数が大きいと，係数行列要素のわずかな変化が解を全く違ったものにする可能性がある．ただし，A の条件数と $A + \Delta A$ の条件数は，ときとして大幅に違うことに注意されたい．

7.5 解の反復改良

数値計算を β 進 t 桁で行っているものとしよう.係数行列の条件数があまり大きくなくて

$$\text{cond}\,A=\beta^p \qquad (p<t-1) \tag{7.35}$$

を満たしている場合は,近似解 $\boldsymbol{x}_*$ を改良する手段がある.

これを見るために,多少の準備を行う.Wilkinson によれば,ガウスの消去法によって枢軸の部分選択を正しく行って得られた近似解は

$$(A+E)\boldsymbol{x}_*=\boldsymbol{b} \tag{7.36}$$

を満たす.ここで,E は A の要素の丸め誤差と同程度の大きさの要素からなる行列であって

$$\frac{\|E\|}{\|A\|}\leq \beta^{1-t}\ (=\text{計算機イプシロン}) \tag{7.37}$$

が成立する.式(7.26)及び(7.36)より

$$\boldsymbol{r}=E\boldsymbol{x}_* \tag{7.38}$$

が成り立つ.ここで式(7.37)を考慮すれば

$$\|\boldsymbol{r}\|=\|E\boldsymbol{x}_*\|\leq \|E\|\|\boldsymbol{x}_*\|\leq \beta^{1-t}\|A\|\|\boldsymbol{x}_*\|$$

であるから,次の評価

$$\frac{\|\boldsymbol{r}\|}{\|A\|\|\boldsymbol{x}_*\|}\leq \beta^{1-t} \tag{7.39}$$

を得る.一方,誤差のノルムについては $\boldsymbol{e}=A^{-1}\boldsymbol{r}$ から

$$\|\boldsymbol{e}\|\leq \|A^{-1}\|\|\boldsymbol{r}\| \tag{7.40}$$

となる.式(7.39)及び(7.40)から,重要な評価

$$\frac{\|\boldsymbol{e}\|}{\|\boldsymbol{x}_*\|}\leq \beta^{1-t}\,\text{cond}\,A \tag{7.41}$$

が得られた.この式は,すでに例で見たように,cond A が大きいときは残差が小さくても誤差が大きいことがあり得ることを示している.実際

$$\text{cond}\,A\geq \beta^{t-1}$$

である場合には,数値計算を(多)倍長で行うほかに手段はない.

さて,条件数がそれほど大きくなくて式(7.35)が成立するとき,式

(7.41) は

$$\frac{\|e\|}{\|x_*\|} \leq \beta^{-q} \quad (q = t - 1 - p) \tag{7.42}$$

となる．これは，x_* の上位 q 桁（もちろん β 進で）は正しいことを意味する．そこで，x_* の精度が不足であるなら，残差 r を強制項とする方程式

$$Ae = r \tag{7.43}$$

を解いて，その近似解を e_* とする．e_* についてもその上位 q 桁は正しいはずだから，$x_* + e_*$ は $2q$ 桁まで正しい近似解になっていることが期待できる．以下これを反復して，解の精度を高めることができる．

7.6 線形最小二乗問題

これまでは，方程式 (7.1) において A が正則な $N \times N$ の正方行列である場合を取り扱った．ここでは，A が $J \times N$ ($J > N$) である場合を考えよう．これに伴って，強制項 b も J 次元の縦ベクトルとなる．このとき

$$Ax = b \tag{7.44}$$

は条件過剰であって，普通の意味の解は存在しない．そこで，残差のユークリッドノルム（の 2 乗）

$$\|r\|^2 = \|Ax - b\|^2 = (Ax - b)^T (Ax - b) \tag{7.45}$$

を最小にする問題が考えられる．これを，線形最小二乗問題といい，長方形の係数行列 A をヤコビアン（Jacobian）行列または計画行列という．

方程式 (7.1) の場合に行ったように，ヤコビアン行列の性質を評価するために，条件数を定義したい．このために，まず，A を特異値分解して

$$A = U \Sigma V^T \tag{7.46}$$

とする．ここで，U と V は $J \times J$ と $N \times N$ の直交行列，Σ は $j \neq n$ なら $\sigma_{jn} = 0$ で，$\sigma_{jj} \geq 0$ である $J \times N$ の対角行列である．$\sigma_{jj} = \sigma_j$ を，A の特異値という．もし，A を構成する N 本の列ベクトルが一次独立なら，すべての特異値は正である．逆に，一次従属なら，0 となる特異値がある．そこで，A の条件数を最大の特異値と最小の特異値の比で

$$\text{cond } A = \frac{\sigma_{\max}}{\sigma_{\min}} \tag{7.47}$$

とする．この定義は，7.4節で与えたものとは異なるが，多くの共通の性質を持ち，数値としても似通ったものになる．実際，A の列ベクトルが一次独立なら cond A は有限であり，そうでなければ無限大である．

さて，式 (7.45) を最小とするために x_i ($i=1,2,1\cdots,J$) で微分して 0 と置けば，正規方程式としてよく知られた連立一次方程式

$$A^T A \boldsymbol{x} = A^T \boldsymbol{b} \tag{7.48}$$

を得る．$N \times N$ の係数行列 $A^T A$ は正定値であって，その意味では，正規方程式は良い性質を持つということができる．しかし，A の条件数が比較的大きい場合には，この方法で最小二乗問題を解くことは，二つの理由によってすすめられない．第一に，$A^T A$ の条件数が

$$\text{cond } A^T A = (\text{cond } A)^2 \tag{7.49}$$

となることが挙げられる．仮に，A の条件数が 10^{10} であったとすれば，$A^T A$ の条件数は 10^{20} となり，これは通常の倍精度計算で解ける範囲を超えている．そのような破局が起こらないとしても，正規方程式はもとの最小二乗問題よりデータの誤差及び丸め誤差に敏感であり，得られる解は大きな誤差を含むことが予想される．第二の理由は，$A^T A$ を計算することは時間がかかり，また，計算の過程で一部の情報が失われることである．

正規方程式を用いずに最小二乗問題を解く方法として重要なものは，ヤコビアン行列の直交分解による方法である．その代表的なものに，特異値分解法と QR 分解法がある．

（1）特異値分解法 直交変換はノルムを変えないから

$$\|\boldsymbol{r}\| = \|U^T(A\boldsymbol{x} - \boldsymbol{b})\| = \|U^T(AVV^T\boldsymbol{x} - \boldsymbol{b})\|$$

が成立する．このとき，A が式 (7.46) のように特異値分解されているものとすれば

$$U^T A V = \Sigma$$

であるから

$$V^T \boldsymbol{x} = \boldsymbol{y}, \quad U^T \boldsymbol{b} = \boldsymbol{d}$$

と置くと，もとの最小二乗問題は，対角行列を係数とする最小二乗問題

$$\|\boldsymbol{r}\| = \|\Sigma \boldsymbol{y} - \boldsymbol{d}\| \tag{7.50}$$

に変換される．この解は

$$y_j = \frac{d_j}{\sigma_j} \quad (j=1,2,\cdots,N) \tag{7.51}$$

で与えられ，残差のノルムは次式で計算できる．

$$\|r\|^2_{\min} = \sum_{j=N+1}^{J} d_j^2 \tag{7.52}$$

（2） **QR 分解法**　ヤコビアン行列 A が，QR 分解によって

$$A = Q\tilde{R} = Q\begin{bmatrix} R \\ O \end{bmatrix} \tag{7.53}$$

と分解されたものとする．ただし，Q は $Q^T Q = I$ を満足する $J \times J$ の直交行列，R は $N \times N$ の上三角行列であり，O は $(J-N) \times N$ の 0 行列である．ヤコビアン行列 A の列ベクトルが一次独立なら，R のすべての対角要素は 0 にならない．分解の方法としては，修正されたシュミット（Schmidt）の直交化またはハウスホルダー（Householder）変換が用いられる．このとき

$$\|r\| = \|Q^T(Ax-b)\| = \|\tilde{R}x - Q^T b\|$$

となる．ここで，$Q^T b$ の N 番目までの成分でつくられる N 次元のベクトルを d，$N+1$ 番目から J 番目の成分でつくられるものを z とすれば

$$\|r\|^2 = \|Rx-d\|^2 + \|z\|^2$$

を得る．したがって，最小二乗解は

$$Rx = d \tag{7.54}$$

から求められ，そのときの残差のノルムは $\|z\|$ に等しい．

これらの方法が正規方程式に勝るのは，直交変換が条件数を変えないためである．特異値分解法と QR 分解法は，A の列ベクトルが十分に一次独立であればともに有効であり，同じ解を与える．計算量は QR 分解法のほうが少ないので，最小二乗問題を解くことだけが目的であれば，QR 分解法を使用することが勧められる．特異値分解法が有用であるのは，A の条件数などの情報が必要な場合である．例えば，最小二乗法によって境界条件の整合などを行いたいとき，特異値分解法を利用すれば，最適なサンプリングポイントの位置や数を決定することができる．また，A の列ベクトルが従属に近くなると，QR 分解法では数値的に不安定になりやすいが，特異値分解法によれば，A の有効ランクを導入するなどの工夫によって，ランク落ちの

問題に対する解を得ることができる．しかし，シミュレータへの応用を目的とすれば，このこと自体より，特異値分解法によってランク落ちの原因を推定でき，対策を講じるための手助けとなることがより重要であろう．

ところで，大規模な最小二乗問題をQR分解法によって解こうとする際，メモリの不足や計算時間の増大の問題が生じることがある．この問題は，連続蓄積 (sequential accumulation) の導入によって解決できる．特にAがブロック対角行列またはブロック疎行列である場合に効果が大きく，計算量を（メモリ）×（計算時間）で評価したとき，$N=198$ 及び $2{,}906$（J は N の数倍）の問題に対して，計算量が $1/4\times 10^3$ 及び $1/4\times 10^5$ に減少した例がある．連続蓄積の詳細については，Lawsonらの文献[1]を参照されたい．

7.7　む　す　び

マイクロ波シミュレータで利用することを念頭に置いて，線形方程式及び最小二乗問題の解法と，数値計算を行う際の注意事項を述べた．実際には，これらの問題を解くためのプログラムを自分で書くことはまれであり，数値解析の専門書に掲載されているものや，Web上で入手できるものを利用することが多いと思われる．特に，線形計算については，LAPACK（レイパック）などの優れたパッケージが用意されているので，積極的にダウンロードして活用されることを勧めたい．付属のサンプルプログラムは，LAPACKからダウンロードされた幾つかのサブルーチンを組み込んで動作するように書かれている．サンプルプログラムの説明及びサブルーチンの利用法については，pdfファイルを参照されたい．

実際ダウンロードしたプログラムを利用する際に，プログラムがどのような考えで書かれていて，どのような動作をするのかを理解し，また，不都合が生じたときに何が問題であるかを判断するために，本章の内容が多少でも役立てば幸いである．

演習問題

1. 通常，クラーメルの公式は，以下のように述べられる．正則な $N \times N$ 行列 A を係数とする連立一次方程式 (7.1) はただ一組の解を持ち，その各成分は

$$x_j = \frac{\Delta_j}{\det A} \quad (j=1, 2, \cdots, N)$$

で与えられる．ただし，$\det A$ は A の行列式，Δ_j は A の第 j 列を b で置き換えた行列の行列式を表す．本文式 (7.2) 及び (7.3) の解法が上記のものと同じであることを示せ．

2. 次の連立一次方程式を，① クラーメルの公式，② ガウスの消去法によって解け．

$$\begin{cases} 2x+5y-z=3 \\ 3x+4y+2z=1 \\ x-y+7z=2 \end{cases} \quad (7.55)$$

$$\begin{cases} 2x-3y+z=2 \\ 6x+4y-2z=4 \\ 7x-5y+8z=6 \end{cases} \quad (7.56)$$

3. 本文式 (7.9) の行列およびその後に用いられる行列 M_2 の具体的な形を書け．
4. 7.3 節のはじめに示されている Forsythe の例をていねいにフォローせよ．
5. 7.4 節のはじめにある Forsythe の例を，誤差と残差の計算も含めて，ていねいにフォローせよ．
6. 本文式 (7.29) を示せ．
7. 本文式 (7.33) を導け．
8. 本文式 (7.33) に続く Forsythe の例をていねいにフォローせよ．
9. 本文式 (7.34) を示せ．
10. ヤコビアン行列の QR 分解を行うための代表的な方法に，シュミットの直交化とハウスホルダー変換（鏡像変換）がある．これらの動作について調べよ．また，前者には，修正された（あるいは改良された）シュミットの直交化と呼ばれる変種がある．修正されていないものとの違いを調べよ．修正されたものがどのような点で修正されていないものに勝っているかを述べよ．

参 考 文 献

本章を執筆するにあたって参考にした著書を発行年の順に列記する．これらの著書にはシミュレータの設計にも役立つ多くの知見が記述されているので，読者にはぜひ一読されることをお勧めしたい．

[1] C. L. Lawson and R. J. Hanson, "Solving Least Squares Problems," Prentice Hall, Englewood Cliffs, NJ, 1974.
[2] G. E. Forsythe, M. A. Malcolm, and C. B. Moler, "Computer Methods for Mathematical

Computations," Prentice Hall, Englewood Cliffs, NJ, 1977.（森 正武 訳, "計算機のための数値計算法," 日本コンピュータ協会, 東京, 1978.）

[3] 一松 信, 小柳義夫, "最小二乗法による実験データ解析―プログラム SALS―," 東京大学出版会, 東京, 1982.
[5] 森 正武, 名取 亮, 鳥居達生, "数値計算," 岩波講座 情報科学-18, 岩波書店, 東京, 1982.
[6] 柳井晴夫, 竹内 啓, "射影行列・一般逆行列・特異値分解," 東京大学出版会, 東京, 1983.
[7] 伊理正夫, 藤野和建, "数値計算の常識," 共立出版, 東京, 1985.
[8] 村田健郎, "線形代数と線形計算法序説," Information & Computing＝6, サイエンス社, 東京, 1986.
[9] 村田健郎, 小国 力, 三好俊郎, 小柳義夫, "工学における数値シミュレーション―スーパーコンピュータの応用―," 丸善, 東京, 1988.

第8章

大規模行列の扱い方

8.1 概　要

　工学における問題を数値的に解く場合，問題を適切にモデル化し，更にそれを有限要素法や有限差分法によって離散化することにより，連立一次方程式の求解問題

$$Ax = b$$

や標準固有値問題

$$Ax = \lambda x$$

あるいは一般固有値問題

$$Ax = \lambda Bx$$

に帰着して，これを数値解法によって解くことが多い．

　このとき，離散化の方法にもよるが，通常，係数行列 A, B は大規模スパース行列となる．ここで，スパース行列（sparse matrix）とは，要素のほとんどが 0 である行列のことをいう．したがって，そのような特殊な構造を持った行列を扱う場合は，それに適応した手段を使うのが自然であり，大規模スパース系に向いた方法として反復解法（iterative method）がある．反復解法とは，ある決められた一連の手続きを何度も繰り返すことによって解の精度を上げていく方法である．反復解法の長所の一つは，係数行列のスパース性を保持できることである．連立一次方程式の解法というとガウスの消

去法（Gaussian elimination）が有名であるが，これは数値計算の世界では直接解法（direct method）と呼ばれ，一般的に直接解法は大規模スパース系には向いていないと考えられている．直接解法は数値計算的に非常に安定した解法であるが，計算過程で係数行列のスパース性を著しく失わせる傾向があるため，まず，計算容量（計算に必要なコンピュータメモリ量）の点で不利である．

更に，直接解法の場合，計算が完了するまで解の予想が困難であるため，解に関する何らかの情報を得られるまでに必要な計算量は常に一定（問題サイズの3乗のオーダ）であり，得られる計算解の精度は高い傾向にあるが，ユーザが常にそこまでの精度を求めているかどうかは疑問で，せいぜい数桁正しい解が得られればよいという場合でも，やはり同じ計算量が必要である．

あるいは，固有値問題であれば，最大・最小固有値など，いくつかの固有値を部分的に知りたい場合でも，直接解法では，原理的にすべての固有値を求めなければならない．

それに対し，反復解法では，繰返しの過程において解の精度をある程度は推測できるため，それに応じて適当なところで計算を打ち切ることができる．また，固有値問題に関しては，自分が知りたい固有値だけを決め打ちにして計算することも，ある程度は可能である．

しかしながら，数値計算における反復解法の最大の弱点は，数学的に解の収束が保証されていたとしても，係数行列の性質が悪いと丸め誤差によって必ずしも計算解が真の解に収束するとは限らないことである．対称正定値行列などの一部の特殊な行列を除いては，決定的なアルゴリズムをつくることは困難とされている．したがって，問題に応じてアルゴリズムを変える必要がある，というのが現状である．

一方，近年のコンピュータ性能の向上は著しく，もちろん規模にもよるが，PC上で手軽に数値シミュレーションを行うことも可能となってきた．そこで，本章では数値計算ツールの一つであるMATLABを用いて，大規模スパース系の連立一次方程式を実際に解く方法を主に話を進めてみたい．

また，MATLABにおける固有値問題の数値解法についても触れる．

8.2 連立一次方程式の直接解法

連立一次方程式の直接解法というと，多くの場合，ガウスの消去法に基づく LU 分解法を指す．この方法は，係数行列が特異でなければ適用可能であるという意味で汎用性が高い．また，係数行列が対称行列であれば，Cholesky 分解法あるいは修正 Cholesky 分解法（LDL^T 分解法）が適用でき，それぞれの計算量は LU 分解法の計算量の半分である．これら直接解法は，必要とする計算量と計算容量の点から，比較的小規模な問題に適用されることが多い．大規模スパース系に適用する直接解法は，スパースダイレクトソルバ（sparse direct solver）と呼ばれ，構造解析などの数値解法でよく使われるスカイライン法もこれに属する．

MATLAB におけるスパースダイレクトソルバは，実は大変使いやすく設計されている．密行列を係数行列とする連立一次方程式を解く場合と同様に

>> x = A\b;

とするだけで，A がスパース行列であっても簡単に解を得ることができる．

実際には，MATLAB の内部で A の対称行列であることや三角行列であることを自動判別して解いてくれている．デフォルトでは，スパース行列のリオーダリングには最小次数順序法（minimum degree ordering）を使っている．これにより，計算量と計算容量の両方が最適に近いくらいまで低減されているため，ほとんど何も考えなくてもスパース系の連立一次方程式が直接解法によって解けてしまう．また，これらのスパース行列手法は場合に応じて変更可能であり，MATLAB ヘルプやコマンドで

>> help spparms

とすることによってその詳細を知ることができる．

現在，計算の高速化や計算容量の低減などをテーマにしたスパースダイレクトソルバに関する研究は盛んに行われている．しかしながら，それでも問題がある程度以上の大きさになると直接解法で扱うのは困難になってくる．

8.3 連立一次方程式の反復解法

連立一次方程式の反復解法は，ガウス・ザイデル法（Gauss-Seidel method）や SOR 法（逐次過剰緩和法；successive over-relaxation method）を代表とする定常反復法（stationary iterative method）系統と，CG 法（共役勾配法；conjugate gradient method）を代表とする非定常反復法（non-stationary iterative method）系統の大きく二つに分類できる．MATLAB には，現時点（version 6.5）では，連立一次方程式のために九つの反復解法が用意されているが，それらはすべて非定常反復法である．表 8.1 に列挙する．

各反復解法の適用可能な行列の範囲を表 8.2 に示す．

ここで，$A=(a_{i,j})$ を正方行列とすると，非対称（non-symmetric）とは，$a_{i,j} \neq a_{j,i}$ である (i,j) が存在することである．また，不定値（indefinite）とは，正定値（positive definite）でも負定値（negative definite）でもないこ

表 8.1　MATLAB で使用できる反復解法

関　数	反復解法の名前	文　献
bicg	Bi-CG 法：双共役勾配法 Bi-Conjugate Gradient method	例えば [1], [14]
bicgstab	Bi-CGSTAB 法：安定化双共役勾配法 Bi-Conjugate Gradient Stabilized method	Van der Vorst [12]
cgs	CGS 法：二乗共役勾配法 Conjugate Gradient Squared method	Sonneveld [11]
gmres	GMRES 法：一般化最小残差法 Generalized Minimal Residual method	Saad and Schultz [10]
lsqr	LSQR 法：共役勾配法形の最小二乗法の実現	Paige and Saunders [6], [7]
minres	MINRES 法：最小残差法 Minimal Residual method	Paige and Saunders [5]
pcg	PCG 法：前処理付き共役勾配法 Preconditioned Conjugate Gradient method	例えば [1], [14]
qmr	QMR 法：準最小残差法 Quasi-Minimal Residual method	Freund and Nachtigal [2]
symmlq	SYMMLQ 法：対称 LQ 法 Symmetric LQ method	Paige and Saunders [5]

表8.2 各反復解法の適用可能な行列の範囲

関数	非対称(non-symmetric)	不定値(indefinite)
bicg	○	○
bicgstab	○	○
cgs	○	○
gmres	○	○
lsqr	○	○
minres	×	○
pcg	×	×
qmr	○	○
symmlq	×	○

とで，A が実行列の場合は A が異なる符号の固有値を持つことと同値である．これらの反復解法は，A が複素行列の場合でも適用可能である．また，関数 lsqr だけは，A が正方行列でなくてもよく，その場合はノルム $\|b-Ax\|_2$ を最小にするような最小二乗解 x が得られる．

各反復解法のアルゴリズムの詳細は表8.1に示されている文献に任せるとして，本章では，これら九つの関数の中でも実際によく使われていてポピュラーな pcg, bicgstab, gmres の三つについて，MATLAB での使用法と数値実験結果を示す．

8.3.1 PCG 法

PCG 法は係数行列 A が対称正定値の場合に最も効果的な解法である．ただし，与えられた係数行列が正定値かどうかを判定するのは困難であるため，あらかじめ係数行列が正定値になることが分かっている問題に有効である．A を $n \times n$ 対称正定値行列，b を n 次ベクトルとすると，関数 pcg の最も簡単な使い方は

>>x＝pcg(A,b);

である．このとき，反復停止条件はデフォルトの

$$\frac{\|b-Ax\|_2}{\|b\|_2} < 10^{-6}$$

が仮定され，最大反復回数はデフォルトの $\min\{n, 20\}$ となる．反復停止条

件は
>>x=pcg(A,b,tol);

とすることによって

$$\frac{\|b-Ax\|_2}{\|b\|_2} < \text{tol}$$

が仮定される．また

>>x=pcg(A,b,tol,maxit);

とすることによって，最大反復回数は maxit となる．これらは，前処理 (precondition) を使用していないので，CG法と同値である．前処理を使用する場合は

>>x=pcg(A,b,tol,maxit,M);

あるいは

>>x=pcg(A,b,tol,maxit,M1,M2);

のようにする．関数 pcg では，前処理行列 (preconditioner) M あるいは $M = M_1 M_2$ のような下三角行列 M_1 と上三角行列 M_2 を用いて

$$Ax = b$$

の代わりに

$$M^{-1}Ax = M^{-1}b$$

を解く．前処理は，係数行列 A の条件を良くして問題を解きやすくするための技法である．前処理の技法はこれ以外にもいろいろ存在するが，それらを実現するためには，自分でMATLABファイルを書き換えなければならない．逆にいうと，MATLABの反復解法の関数は組込み関数と違ってある程度編集可能であるため，自分の使いやすいように変更することができる．

前処理行列には，IC分解（不完全 Cholesky 分解；incomplete Cholesky factorization）によって得られる三角行列が有効である．IC分解を行う関数 cholinc は

>>R=cholinc(A,droptol);

のように使う．出力引数 R は $A \approx R^H R$ であることを理想とする上三角行列である．droptol は，IC分解過程における fill-in の基準となるしきい値で

あり，例えば，droptol＝10^{-3} にしたいときは
>>droptol=1e-3;
のようにする．この値を小さくすればするほど，完全な Cholesky 分解に近づくが，fill-in がその分増加して，必要なメモリが莫大になる．また
>>droptol='0';
のときは，fill-in は行わず，したがって，このとき R は A の上三角部分と同じスパースパターンを持つ．また，二つめの入力引数を構造体にして呼び出すこともできる．以下のような最大三つのフィールドを持つ構造体 opts に対して

opts.droptol：IC 分解過程における fill-in の基準となるしきい値

opts.michol：michol＝0：IC 分解(デフォルト)，michol＝1：MIC 分解 (修正不完全 Cholesky 分解；modified incomplete Cholesky factorization)

opts.rdiag：特異な要素を避けるため，R の対角上の 0 を置き換える．
rdiag＝0：置き換えない（デフォルト），michol＝1：置き換える

のうち，興味のあるフィールドを選んで設定することができる．例えば，以下のように使う．
>>opts=struct('droptol',1e-3,'michol',1);
>>R=cholinc(A,opts);
このとき，droptol＝10^{-3} が仮定され，michol＝1 により MIC 分解が実行される．また
>>x=pcg(A,b,tol,maxit,M1,M2,x0);
とすることによって，初期推定値 x_0 を設定することもできる．逆に，x_0 を省略した場合は，すべてがゼロ要素のベクトルが初期推定値となる．

より詳細な結果がほしいときは，出力引数を増やすことが可能で，最も出力引数が多い場合では
>>[x,flag,relres,iter,resvec]=pcg(A,b,...);
と呼び出すことができる．それぞれ，x には数値解，flag には反復停止時の収束に関する情報（flag が 0 なら収束した，1 なら収束しなかった，など），relres には相対残差

$$\text{relres} = \frac{\|b - Ax\|_2}{\|b\|_2}$$

が出力される．iter には収束までの反復回数が出力される（解が収束しなかった場合は，iter＝maxit）．最後の resvec には，残差ノルム $\|b-Ax\|_2$ の履歴がベクトル形式で出力される．

8.3.2 Bi-CGSTAB 法

Bi-CGSTAB 法はランチョス原理に基づく反復解法で，係数行列 A が非対称行列の場合によく使われる解法である．Bi-CG 法系統の解法は，後述の GMRES 法系統の解法と違い，リスタートなどのパラメータ設定が基本的に不要であるため使い勝手が良く，ユーザに好まれる傾向がある．MATLAB では，関数 bicgstab が用意されており，基本的な使い方は関数 pcg と同じである．ただし，係数行列が非対称行列であることから前処理の方法が若干異なるため，それを中心に説明する．ここでは，Bi-CGSTAB 法の前処理に ILU 分解（不完全 LU 分解；incomplete LU factorization）を用いることにする．

まず，関数 bicgstab の最も簡単な使い方は，A を $n \times n$ 非対称行列，b を n 次ベクトルとすると

  ＞＞x＝bicgstab(A,b);

である．ILU 分解を行う関数 luinc は，関数 cholinc と同様に

  ＞＞[L,U,P]＝luinc(A,droptol);

のように使う．出力引数 L, U, P はそれぞれ，下三角行列，上三角行列，置換行列であり，$PA \approx LU$ であることを理想とする．droptol は，ILU 分解過程における fill-in の基準となるしきい値であり，例えば，droptol＝10^{-3} にしたいときは

  ＞＞droptol＝1e-3;

のようにする．この値を小さくすればするほど，完全な LU 分解に近づくが，fill-in がその分増加して，必要なメモリが莫大になる．また

  ＞＞droptol＝'0';

のときは，fill-in は行わず，したがって，このとき L, U はそれぞれ PA の下三角部分あるいは上三角部分と同じスパースパターンを持つ．また，二つ

めの入力引数には構造体を使って
　　　　　>>[L,U,P]=luinc(A,opts);
のように呼び出すことができる．二つめの入力引数 opts は最大四つのフィールドを持つ構造体で

opts.droptol：ILU 分解過程における fill-in の基準となるしきい値

opts.milu：milu=0：ILU 分解（デフォルト），milu=1：MILU 分解（修正不完全 LU 分解；modified incomplete LU factorization）

opts.udiag：特異な要素を避けるため，U の対角上の 0 を置き換える．rdiag−0：置き換えない（デフォルト），michol−1：置き換える

opts.thresh：ILU 分解過程における軸交換の基準となる値のうち，興味のあるフィールドを選んで設定することができる．具体的な使い方は，前述の関数 cholinc の説明を参照されたい．

前処理を使用する場合は，関数 pcg と同様に
　　　　　>>x=bicgstab(A,b,tol,maxit,M);
あるいは
　　　　　>>x=bicgstab(A,b,tol,maxit,M1,M2);
のようにする．ただし，関数 luinc を前処理に使う場合は，
　　　　　>>x=bicgstab(P*A,P*b,tol,maxit,L,U);
のように，あらかじめ置換行列 P を $Ax=b$ の両辺に掛けて
　　　　$PAx=Pb$
について解く形になる．

解の初期推定値の設定方法や，詳細な結果を出力する方法については，前述の関数 pcg とまったく同様である．

8.3.3　GMRES 法

GMRES 法はアーノルディ原理に基づく反復解法で，Bi-CGSTAB 法と同様に，係数行列 A が非対称行列の場合によく使われる解法である．オリジナルの GMRES 法は計算量及び計算容量の点で実用的でなく，適当な正整数 k に対して，k 回ごとにリスタートすることによって必要な記憶容量を減らした GMRES(k) 法が実際には用いられる．MATLAB では，関数 gmres が用意されており，基本的な使い方は関数 bicgstab と同じである．

ただし，リスタートのためのパラメータ設定が必要である．

関数 gmres の最も簡単な使い方は，A を $n \times n$ 非対称行列，b を n 次ベクトルとすると

  >>x=gmres(A,b);

である．これはリスタートを行わない GMRES 法である．GMRES(k) 法は

  >>x=gmres(A,b,k);

とすることによって実現され，反復 k 回ごとにリスタートされる．この k の値は本来，大きいほどオリジナルの GMRES に近づき収束も速くなる傾向にあるが，その分，必要なメモリ量も増加する．これは，解きたい問題に応じて変える必要があるだろう．それ以外は，関数 bicgstab と同様であり，例えば，ILU 分解による前処理を加えた場合は

  >>x=gmres(P*A,P*b,k,tol,maxit,L,U);

のように使う．

8.4 反復解法の数値例

MATLAB には，Higham のテスト行列[3] が用意されている．まず

  >>help gallery

とすると，テスト行列のファミリ名のリスト（cauchy, frank, moler など）を見ることができる．その中で，更に詳細を知りたい場合は

  >>help private/cauchy

とすればよい．一般的には，行列ファミリ名 matname に対し

  >>help private/matname

で，それぞれの詳しい情報を得ることができる．それらの呼出し方は

  >>[out1,out2,...]=gallery('matname',param1,param2,...)

である．

8.4.1 対称正定値行列に対する PCG 法の適用例

まず，対称正定値行列の例として，テスト行列には poisson（Poisson 方程式を差分法で離散化して得られるようなブロック三重対角行列）を用いることにする．例えば

第8章 大規模行列の扱い方

```
>>m=3; A=gallery('poisson',m)
```

とすると

$$A = \begin{bmatrix} 4 & -1 & 0 & -1 & 0 & 0 & & & \\ -1 & 4 & -1 & 0 & -1 & 0 & & O & \\ 0 & -1 & 4 & 0 & 0 & -1 & & & \\ -1 & 0 & 0 & 4 & -1 & 0 & -1 & 0 & 0 \\ 0 & -1 & 0 & -1 & 4 & -1 & 0 & -1 & 0 \\ 0 & 0 & -1 & 0 & -1 & 4 & 0 & 0 & -1 \\ & & & -1 & 0 & 0 & 4 & -1 & 0 \\ & O & & 0 & -1 & 0 & -1 & 4 & -1 \\ & & & 0 & 0 & -1 & 0 & -1 & 4 \end{bmatrix} \quad (8.1)$$

が得られる. 行列 A のサイズは, $m^2 \times m^2$ である. このとき, A は sparse 型であり, 実際には非ゼロ要素だけがメモリに格納されている. 右辺ベクトルは, ここでは

```
>>b=ones(m^2,1)
```

として, 要素がすべて1の列ベクトル, すなわち $b=(1,1,...,1)^T$ を人工的に生成する.

今回は $m=100$ として, $Ax=b$ を PCG 法で解く. よって, 行列 A のサイズは $10,000 \times 10,000$ であり, 非ゼロ要素数は 49,600 個である. 反復停止条件は, tol=10^{-9}, maxit=200 とする. 表8.3 の三つのタイプで実行する.

結果を図8.1に示す. これは, 図の x 座標が PCG 法の反復回数で, y 座

表8.3

タイプ	備考
前処理なし	前処理なし (CG法) pcg(A, b, tol, maxit);
droptol = '0'	前処理付き K1 = cholinc(A,'0'); pcg(A, b, tol, maxit, K1', K1);
droptol = 10^{-3}	前処理付き K2 = cholinc(A, 1e-3); pcg(A, b, tol, maxit, K2', K2);

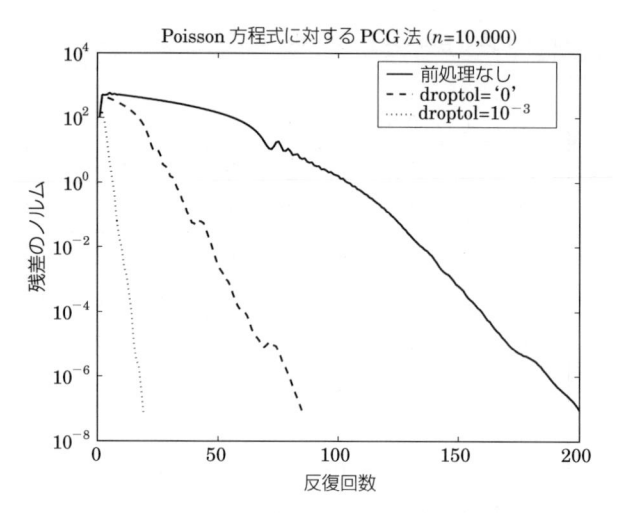

図 8.1 PCG 法による残差ノルム $\|b-Ax\|_2$ の履歴

標に反復ごとの残差ノルム $\|b-Ax\|_2$ をプロットしている．PCG 法によって問題がうまく解けていることが分かる．前処理によって劇的に収束が加速されている．ただし，前処理行列の非ゼロ要素数を調べてみると（コマンドは nnz），K_1 の非ゼロ要素数は 29,800 個で，K_2 の非ゼロ要素数は 149,672 個であった．droptol を更に小さく設定すると，更に収束が加速されるが，IC 分解過程での fill-in が多くなり，必要なメモリ量が更に増加する．係数行列 A の非ゼロ要素数が 49,600 個であるから，droptol の値には注意が必要である．

8.4.2 非対称行列に対する Bi-CGSTAB 法の適用例

次に，非対称行列の例として，テスト行列にはランダム行列（ただし，スパースパターンは poisson と同じ）を用いることにする．例えば

```
>>m=3; A=gallery('poisson',m);
>>rand('state',0); A=sprandn(A);
```

とする．関数 rand は，ここでは乱数発生器の初期化に使っている．関数 sprandn は，要素が正規分布乱数であるような行列を出力する．右辺ベクトルは，ここでは

```
>>b=ones(m^2,1)
```

として,要素がすべて1の列ベクトル,すなわち $b=(1,1,...,1)^T$ を人工的に生成する.

今回は $m=100$ として,$Ax=b$ を Bi-CGSTAB 法で解く.よって,行列 A のサイズは $10{,}000 \times 10{,}000$ であり,非ゼロ要素数は 49,600 個である.反復停止条件は,tol=10^{-9},maxit=200 とする.表 8.4 の三つのタイプで実行する.

結果を図 8.2 に示す.図の見方は,図 8.1 と同様である.この例では,前

表 8.4

タイプ	備考
前処理なし	前処理なし bicgstab(A, b, tol, maxit)

opts1	前処理付き
	opts1 = struct('droptol','0','udiag',1);
	[L1, U1, P1] = luinc(A, opts1);
	bicgstab(P1*A, P1*b, tol, maxit, L1, U1);

opts2	前処理付き
	opts2 = struct('droptol', 1e-3, 'udiag', 1);
	[L2, U2, P2] = luinc(A, opts2);
	bicgstab(P2*A, P2*b, tol, maxit, L2, U2);

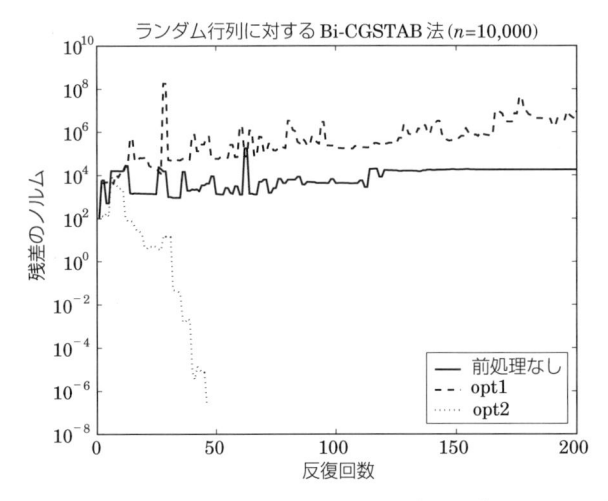

図 8.2 Bi-CGSTAB 法による残差ノルム $\|b-Ax\|_2$ の履歴

処理付きのタイプ opts2 でのみ収束している。このとき，L_2 の非ゼロ要素数は 384,762 個，U_2 の非ゼロ要素数は 350,540 個であり，係数行列 A の非ゼロ要素数と比べると，かなりの計算容量が必要である。このように，反復解法では非常に解きにくい問題を簡単につくることができてしまう。

8.4.3 非対称行列に対する GMRES 法の適用例

次に，非対称行列の別の例として，toeppen（五重対角 Toeplitz 行列）を用いることにする。例えば

      >>n=7; gamma=1.3; A=gallery('toeppen',n,gamma,0,2,1,0)

とすると

$$A = \begin{bmatrix} 2 & 1 & 0 & & & & \\ 0 & 2 & 1 & 0 & & O & \\ \gamma & 0 & 2 & 1 & 0 & & \\ & \gamma & 0 & 2 & 1 & 0 & \\ & & \gamma & 0 & 2 & 1 & 0 \\ & O & & \gamma & 0 & 2 & 1 \\ & & & & \gamma & 0 & 2 \end{bmatrix} \quad (8.2)$$

が得られる（ただし，この例では $\gamma=1.3$）。この行列は，反復解法のテスト問題としてよく使われている。行列 A のサイズは，$n \times n$ である。このとき，A は sparse 型であり，実際には非ゼロ要素だけがメモリに格納されている。

右辺ベクトルは，ここでは

      >>b=ones(n,1)

として，要素がすべて 1 の列ベクトル，すなわち $b=(1,1,...,1)^T$ を人工的に生成する。

今回は $n=10,000$，$\gamma=1.7$ として，$Ax=b$ を GMRES(k) 法で解く。よって，行列 A のサイズは $10,000 \times 10,000$ であり，非ゼロ要素数は約 30,000 個である。反復停止条件は，tol=10^{-9}，maxit=200 とする。リスタートまでの反復回数 k による収束特性の違いを見るために，前処理は行わないことにする。

結果を図 8.3 に示す。図の見方は今までと同様である。この数値例では，

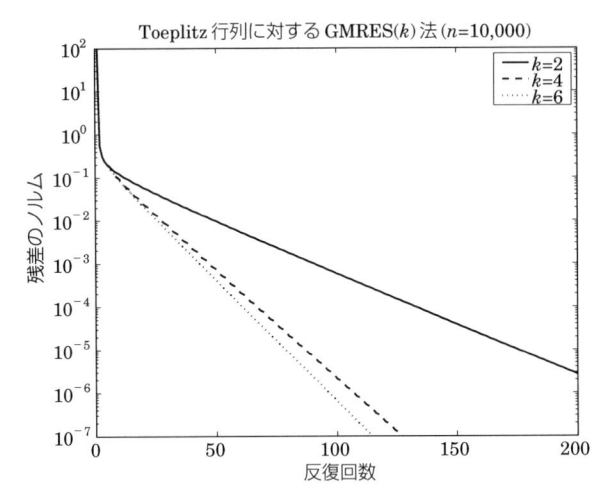

第 8 章　大規模行列の扱い方

図 8.3　GMRES (k) 法による残差ノルム $\|b-Ax\|_2$ の履歴

k の値はある程度までいくと収束の速度はあまり変わらなくなってきている.

8.4.4　外部データを MATLAB で使う方法

これまでの数値例では，MATLAB であらかじめ用意されているテスト行列を使ったが，他のアプリケーションなどを使って作成した行列をファイルに保存しておけば，sparse 型行列として MATLAB に取り込むことができる．ファイルの取込み方の例は

　　　>>load mymatrix.dat

で，このとき，カレントディレクトリにあるファイル「mymatrix.dat」が読み込まれる．このとき，ファイルのフォーマットは，以下のようにする．

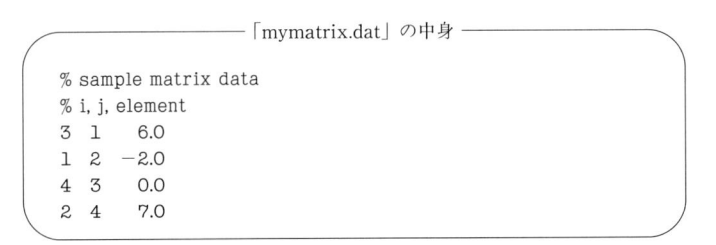

```
─────────「mymatrix.dat」の中身─────────
% sample matrix data
% i, j, element
3  1    6.0
1  2   -2.0
4  3    0.0
2  4    7.0
```

これは，$(3,1)$ 要素の値が 6.0，$(1,2)$ 要素の値が 2.0，$(4,3)$ 要素の値は 0，$(2,4)$ 要素の値は 7.0 であることを示している．次に

```
>>A=spconvert(mymatrix);
```
とすることによって，sparse 型の配列 A が作成される．試しに，スパース行列を密行列として出力する関数 full を使って配列 A の値を表示させてみると

```
>>full(A)
ans=
    0   -2    0    0
    0    0    0    7
    6    0    0    0
    0    0    0    0
```

となり，ファイルからデータを正しく読み込めていることが分かる．また，複素行列を扱いたい場合は

――――― 複素行列の場合の形式 ―――――
```
% sample matrix data (complex case)
% i, j, real, img
3 1    6.0  1.0
1 2   -2.0  2.0
4 3    0.0  3.0
2 4    7.0  4.0
```

のようにする．ファイル内のデータが4列の場合は，3列目と4列目は複素数の実部と虚部として読み込まれる．

8.5 大規模固有値問題の数値解法

固有値問題に関しては，具体的なアルゴリズムは示さないが，MATLAB における数値解法を示す．MATLAB にはスパース行列の固有値と固有ベクトルを求める関数 eigs が用意されている．eigs は，内部で ARPACK (Arnoldi Package)[4] という大規模固有値問題のための数値計算ライブラリを呼び出している．よって，アルゴリズムなどの詳細は，文献[4]を参照されたい．

eigs の最も簡単な呼出し方は，$n \times n$ 正方行列 A に対して

```
>>d=eigs(A);
```

で,このとき A の固有値の中の大きいものから 6 個をベクトルとして出力する.これは,標準固有値問題

$$Ax = \lambda x$$

を部分的に解いている.また

>>[V,D]=eigs(A);

とすると,固有値の中の大きいものから 6 個を要素に持つ対角行列 D と,それに対応する固有ベクトルを並べた行列 V を出力する.

次に,B を A と同じサイズで対称(またはエルミート)な正定値行列とすると

>>eigs(A,B);

は,一般固有値問題

$$Ax = \lambda Bx$$

を解く.出力に関しては,標準固有値問題の場合と同様である.

>>eigs(A,k);

と

>>eigs(A,B,k);

は,固有値の中の大きいものから k 個を出力する.更に

>>eigs(A,k,sigma);

と

>>eigs(A,B,k,sigma);

は,以下のルールで定まる sigma を基準に k 個($k \leq n$)の固有値を出力する.

  'LM' または 'SM':絶対値が最大または最小の固有値から
  A が対称行列またはエルミート行列の場合は
  'LA' または 'SA':最大または最小の固有値から
  'BE':最大・最小の固有値の両端から $k/2$ 個ずつ,k が奇数の場合は,
    大きいほうを 1 個多く
それ以外の場合は
  'LR' または 'SR':実数部が最大または最小の固有値から
  'LI' または 'SI':虚数部が最大または最小の固有値から.

そして，sigmaがスカラの場合はsigmaに最も近い固有値を基準とする．
少なくとも，Bは対称（またはエルミート）な半正定値行列でなければならない．ほかに，構造体optsを利用して
　　　　＞＞eigs(A,k,sigma,opts);
あるいは
　　　　＞＞eigs(A,B,k,sigma,opts);
のように呼び出すことができる．この構造体の利用法や，関数eigsのより詳しい情報については，MATLABのhelpコマンドで
　　　　＞＞help eigs
とするか，あるいはMATLABヘルプを参照されたい．

8.6　固有値問題の数値例

スパース行列系の固有値問題をMATLABで解く例を示す．テスト行列にはMatrix Market[*1]にある固有値問題用の行列を使う．

ただし，Matrix Marketの行列データファイルでは，データの最初の行に行列サイズと非ゼロ要素の数が書いてあるため，その行頭に「％」記号を挿入して，データとして読み込まれないようにコメントアウトしておく．また，行列データを使用するときには，gzファイルを解凍しておかなければならない．

8.6.1　標準固有値問題の数値例

テスト行列としてMHD4800A : Alfven Spectra in Magnetohydrodynamics（ファイル名：mhd4800a.mtx.gz）を係数行列Aにする．このとき，Aはサイズが4,800×4,800の非対称な実行列で非ゼロ要素は102,252個である．

Aの固有値のうち，大きいほうから10個を計算する．手順は
　　　　＞＞load mhd4800a.mtx
　　　　＞＞A=spconvert(mhd4800a);
固有値を求めるときは，関数eigsを使って
　　　　＞＞k=10; d=eigs(A,k)

[*1] http://math.nist.gov/MatrixMarket/

第8章 大規模行列の扱い方

とした。結果は

d =

-1.652891460154018e+001+5.426775225142485e+002i
-1.652891460154018e+001-5.426775225142485e+002i
-6.130614229281726e+000+2.004991269111328e+002i
-6.130614229281726e+000-2.004991269111328e+002i
-3.822225777264265e+000+1.257332759988957e+002i
-3.822225777264265e+000-1.257332759988957e+002i
-2.783787261314251e+000+9.173882176752058e+001i
-2.783787261314251e+000-9.173882176752058e+001i
-2.189861591085109e+000+7.226211695559431e+001i
-2.189861591085109e+000-7.226211695559431e+001i

となった。この結果をプロットしたのが図 8.4 である。

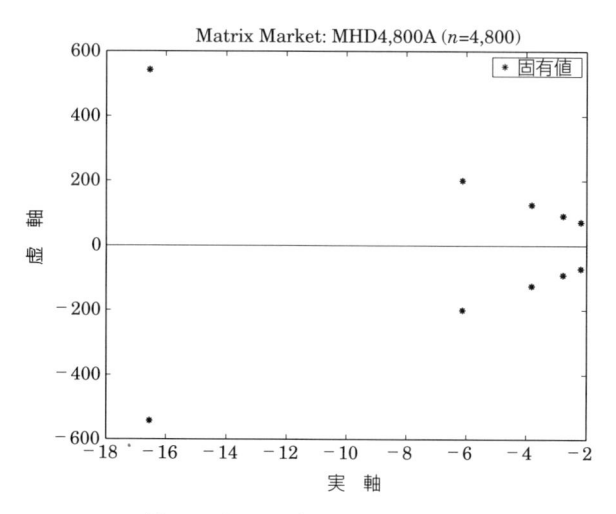

図 8.4 大きいほうから 10 個の固有値

8.6.2 一般固有値問題の数値例

テスト行列として BCSSTRUC 1 : BCS Structural Engineering Matrices (eigenvalue matrices) セット中の BCSSTK 12 (ファイル名：bcsstk12.mtx.gz) を係数行列 A に，BCSSTM 12 (ファイル名：bcsstm12.mtx.gz) を係数行列 B とする．このとき，A はサイズが $1,473 \times 1,473$ の実対称行列で非ゼロ要素は 34,241 個，B は A と同じサイズの実対称半正定値行列で非ゼロ要素は 19,659 個である．A の固有値のうち，大きいほうと小さいほうの両方から 4 個ずつを計算する．手順は

```
>>load bcsstk12.mtx
>>load bcsstm12.mtx
>>A=spconvert(bcsstk12);
>>B=spconvert(bcsstm12);
>>A=A+A'-diag(diag(A));
>>B=B+B'-diag(diag(B));
```

最後の 2 行は，対称行列の場合は行列のデータが対角を含めた下三角部分しか与えられていないために必要な処理である．固有値を求めるときは，関数 eigs を使って

```
>>k=4; sigma='LM'; dl=eigs(A,B,k,sigma)
>>k=4; sigma='SM'; ds=eigs(A,B,k,sigma)
```

とした．本来は

```
>>k=8; sigma='BE'; d=eigs(A,B,k,sigma)
```

で求まるはずなのだが，うまくいかなかったためこのようにした．結果は

```
dl=
    9.906714612101550e+008
    9.895278765762475e+008
    9.883785578422949e+008
    9.852508397202565e+008
```

及び

ds=
5.538521160256889e+003
3.670949681098981e+003
3.469352276996439e+003
1.406547498093064e+003

となった.

参 考 文 献

[1] R. Barrett, et al., "Templates for the Solution of Linear Systems : Building Blocks for Iterative Methods," 2nd Edition, SIAM, Philadelphia, 1994.
[2] R. W. Freund and N. M. Nachtigal, "QMR : A quasi-minimal residual method for non-Hermitian linear systems," Numer. Math., vol. 60, pp. 315-339, 1991.
[3] N. J. Higham, "Accuracy and Stability of Numerical Algorithms," SIAM, Philadelphia, 1996.
[4] R. B. Lehoucq, D. C. Sorensen and C. Yang, "ARPACK Users' Guide : Solution of Large-Scale Eigenvalue Problems with Implicitly Restarted Arnoldi Methods," SIAM, Philadelphia, 1998. http://www.caam.rice.edu/software/ARPACK/
[5] C. C. Paige and M. A. Saunders, "Solution of sparse indefinite systems of linear equations," SIAM J. Numer. Anal., vol. 12, pp. 617-629, 1975.
[6] LSQR "An algorithm for sparse linear equations and sparse least squares," ACM TOMS, vol. 8, no. 1, pp. 43-71, 1982.
[7] Algorithm 583 "LSQR : Sparse linear equations and least squares problems," ACM TOMS, vol. 8, no. 2, pp. 195-209, 1982.
[8] L. Reichel and L. N. Trefethen, "Eigenvalues and pseudo-eigenvalues of Toeplitz matrices," Lin. Alg. Appl., vol. 162, no. 4, pp. 153-185, 1992.
[9] Y. Saad, "Iterative methods for sparse linear systems," PWS Publishing Company, 1996. http://www-users.cs.umn.edu/~saad/books.html
[10] Y. Saad and M. H. Schultz, "GMRES : A generalized minimal residual algorithm for solving nonsymmetric linear systems," SIAM J. Sci. Stat. Comput., vol. 7, no. 3, pp. 856-869, 1986.
[11] P. Sonneveld, "CGS : A fast lanczos-type solver for nonsymmetric linear systems," SIAM J. Sci. Stat. Comput., vol. 10, no. 1, pp. 36-52, 1989.
[12] H. A. Van der Vorst, "Bi-CGSTAB : A fast and smoothly converging variant of Bi-CG for the solution of nonsymmetric linear systems," SIAM J. Sci. Stat. Comput., vol. 13, no. 2, pp. 631-644, 1992.
[13] U. Van Rienen, "Numerical methods in computational electrodynamics," Lecture Notes in Computational Science and Engineering ; 12, Springer, 2001.
[14] J. J. ドンガラほか 著, 長谷川里美, 長谷川秀彦, 藤野清次 訳, "反復法 Templates," 朝倉書店, 東京, 1996.
[15] 藤野清次, 張 紹良, "反復法の数理," 朝倉書店, 東京, 1996.

第9章

関数ライブラリの扱い方

9.1 座標系と特殊関数

　電磁波の伝送路や空間に電磁波を放射するアンテナの電磁界及び電気的特性を計算するためにはラプラスの方程式あるいはヘルムホルツ（Helmholtz）の波動方程式を与えられた境界条件のもとで解かなければならない．このとき解析する構造に適した座標系，調べたい現象が最も簡単に表現できるように座標系を選ぶことが重要であり，様々な座標系が用意されている[1]．ヘルムホルツの波動方程式を種々の直交座標系（カルテシアン座標系）に基づいて変数分離法で解くと，三角関数，球関数，円筒関数，Mathieu関数などの特殊関数に遭遇する．その代表的な座標系は，（a）デカルト座標系（Cartesian coordinate system），（b）球座標系（Spherical coordinate system），（c）円筒座標系（Cylindrical coordinate system）である．（a）の直角座標系は最も一般的な座標系である．例えば方形導波管の電磁界解析に利用される．これらのTE波，TM波に対する解は三角関数によって表現される．（b）の球座標系は微小ダイポールアンテナによる空間への電磁波の放射，球形空洞共振器，球状物体による散乱の問題を解析するのに有用である．これらの解は特殊関数である第1種及び第2種のルジャンドル倍関数（Legendre関数）によって表現される．（c）の座標系は同軸線路，円形導波管，あるいはステップ形光ファイバの電磁界とその伝送特性

第9章 関数ライブラリの扱い方　　　　169

を求めるのに有用である．これらの解は円筒関数（ベッセル関数）によって表現される．ここでは波動方程式を各座標系で解くとき，座標系に特有な特殊関数を説明するとともに最もよく利用される円筒関数の実際的なフォートランプログラムについて説明する．またＣ言語によるサンプルプログラムを与える．

9.2　デカルト座標における波動方程式の解

図 9.1 のように，デカルト座標は最も基本的な座標系であり，直交する3本の直線 x, y, z を座標軸とする．基本ベクトルを i, j, k と置くと

位置ベクトル：$r = xi + yj + zk$
線素ベクトル：$dr = dxi + dyj + dzk$
面素ベクトル：$dS = dydzi + dzdxj + dxdyk$
体積素　　　：$dV = dxdydz$
(9.1)

である．ϕ をスカラ関数とすると，波動方程式は式 (9.2) で与えられる．

$$\frac{\partial^2 \phi}{\partial x^2} + \frac{\partial^2 \phi}{\partial y^2} + \frac{\partial^2 \phi}{\partial z^2} + k^2 \phi = 0 \tag{9.2}$$

式 (9.2) の解は変数分離法によって一般解を求めることができる．例えば，図 9.2 に示すように z 方向に一様な方形導波管の電磁界を求めることを考える．z 方向の伝搬定数を γ とすると，その解は三角関数（指数関数）で与えられる[2]．

$$\phi = (A \sin px + B \cos px)(C \sin qy + D \cos qy) e^{-\gamma z} \tag{9.3}$$

ただし

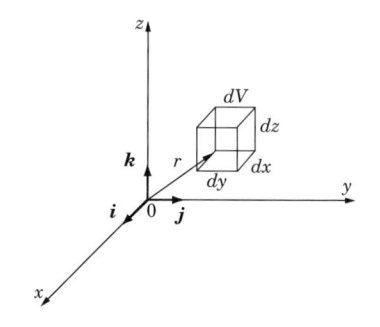

図 9.1　デカルト座標

$$p^2+q^2=k^2+\gamma^2, \quad p=\frac{m\pi}{a}, \quad q=\frac{n\pi}{b}$$

境界条件が与えられれば，式 (9.3) より，未知定数 A, B, C, D, p, q, γ などを求めることができる．これはそれほど難しくないので，練習問題として各自で計算することを勧める（例えば文献 [2] 参照）．

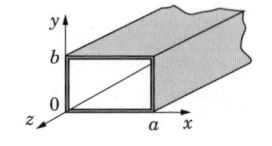

図9.2 方形導波管

9.3 球座標における波動方程式の解[3]

図 9.3 に与える座標系で，デカルト座標系との関係は

$$\begin{cases} x = r\sin\theta\cos\varphi \\ y = r\sin\theta\sin\varphi \\ z = r\cos\theta \end{cases} \tag{9.4}$$

である．極座標では $r=$const. は同心球で，$\theta=$const. は z 軸の周りの円錐であり，互いに直交し，また $\varphi=$const. は z 軸を含む平面を表し，やはり直交するので球座標系は直交座標系である．

基本ベクトルを，$\boldsymbol{a}_r, \boldsymbol{a}_\theta, \boldsymbol{a}_\varphi$ と置くと

$$\left.\begin{aligned}
\text{線素ベクトル}&: d\boldsymbol{r}=dr\boldsymbol{a}_r+rd\theta\boldsymbol{a}_\theta+r\sin\theta\, d\varphi\boldsymbol{a}_\varphi \\
\text{面素ベクトル}&: d\boldsymbol{S}=r^2\sin\theta d\theta d\varphi\boldsymbol{a}_r+r\sin\theta dr d\varphi\boldsymbol{a}_\theta+r dr d\theta\boldsymbol{a}_\varphi \\
\text{体積素}&: dV=r^2\sin\theta dr d\theta d\varphi
\end{aligned}\right\} \tag{9.5}$$

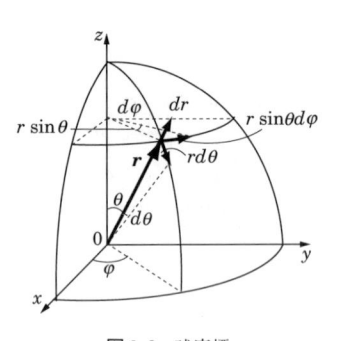

図9.3 球座標

U をスカラ関数とすると,球座標における波動方程式は式 (9.6) で与えられる.

$$\frac{1}{r}\frac{\partial^2(rU)}{\partial r^2}+\frac{1}{r^2\sin\theta}\frac{\partial}{\partial\theta}\left(\sin\theta\frac{\partial U}{\partial\theta}\right)+\frac{1}{r^2\sin^2\theta}\frac{\partial^2 U}{\partial\varphi^2}+k^2U=0 \tag{9.6}$$

式 (9.6) の解は変数分離法で解くことができる.すなわち

$$U=R(r)\Theta(\theta)\Phi(\varphi)$$

を仮定し,式 (9.6) に代入して変数分離すれば,次の三つの方程式が得られる.

$$r^2\frac{d^2R}{dr^2}+2r\frac{dR}{dr}+(k^2r^2-p^2)R=0 \tag{9.7}$$

$$\frac{1}{\sin\theta}\frac{d}{d\theta}\left(\sin\theta\frac{d\Theta}{d\theta}\right)+\left(p^2-\frac{m^2}{\sin^2\theta}\right)\Theta=0 \tag{9.8}$$

$$\frac{d^2\Phi}{d\varphi^2}+m^2\Phi=0 \tag{9.9}$$

なお,助変数 p, m は分離定数である.空間内の電磁界は一価であることより,整数に選ばれる.

式 (9.9) の解は実関数 $\cos(m\varphi)$, $\sin(m\varphi)$ で与えられる.ここに,m は正の整数または 0 である.式 (9.7) は 9.6 節の「ベッセル関数」で説明する.

式 (9.8) は $\cos\theta=\xi$ の変換を行った式

$$(1-\xi^2)\frac{d^2\Theta}{d\xi^2}-2\xi\frac{d\Theta}{d\xi}+\left[n(n+1)-\frac{m^2}{1-\xi^2}\right]\Theta=0 \tag{9.10}$$

をルジャンドル (Legendre) の倍微分方程式といい,二つの基本解を

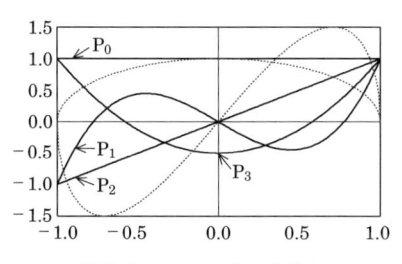

図 9.4 ルジャンドル多項式

$P_n^m(\cos\theta)$, $Q_n^m(\cos\theta)$ とすると, 式 (9.10) の解は

$$\Theta = b_1 P_n^m(\cos\theta) + b_2 Q_n^m(\cos\theta)$$

で与えられる. $P_n^m(\cos\theta)$, $Q_n^m(\cos\theta)$ は第 1 種及び第 2 種ルジャンドル関数と呼ばれる. $Q_n^m(\cos\theta)$ は $\theta=0$, π で無限大となり, 一般に球共振器などの境界条件を満足しないので省略する. ここでは低次の式 (9.11) の関数と計算結果を図 9.4 に示す.

$$\left.\begin{aligned}&p_0(\xi)=1, \quad p_1(\xi)=\xi=\cos\theta \\ &p_2(\xi)=\frac{1}{2}(3\xi^2-1)=\frac{1}{4}(3\cos 2\theta+1) \\ &p_1^1(\xi)=(1-\xi^2)^{1/2}=\sin\theta \\ &p_2^1(\xi)=3(1-\xi^2)^{1/2}\xi=3\sin\theta\cos\theta=\frac{3}{2}\sin 2\theta\end{aligned}\right\} \quad (9.11)$$

9.4 円筒座標における波動方程式の解[3]

円筒関数は三角関数と似た性質を持っており, 後述の漸化式や積分などに関する公式を用いることにより, 図 9.5 に示す円筒座標に関係ある同軸線路, 円形導波管, ステップ形光ファイバなどの波動問題や円形断面の導線の表皮効果の計算などを行うことができる. 公式の使い方に慣れるとほとんど三角関数と同様に計算を進めることができる. この座標系では, x-y 面内の座標は, 動径 r と x 軸とのつくる角 φ とを用いる. すなわち, 変数は (r, φ, z) である. デカルト座標系 (x, y, z) と円筒座標系の関係は

$$x = r\cos\varphi, \quad y = r\sin\varphi, \quad z = z \tag{9.12}$$

図 9.6 に示すように r, φ, z の各方向の線素は $(dr, rd\varphi, dz)$ である. よって, 基本ベクトルを $\boldsymbol{a}_r, \boldsymbol{a}_\theta, \boldsymbol{a}_z$ と置くと

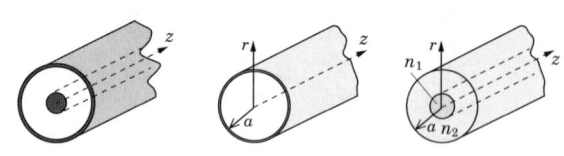

(a) 同軸線路　　(b) 円形導波管　　(c) ステップ形光ファイバ

図 9.5　各種伝送線路

第 9 章　関数ライブラリの扱い方

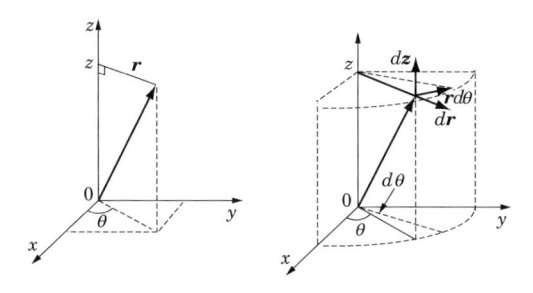

図 9.6　円筒座標系

線素ベクトル：$d\boldsymbol{r} = dr\boldsymbol{a}_r + rd\varphi\boldsymbol{a}_\theta + dz\boldsymbol{a}_z$
面素ベクトル：$d\boldsymbol{S} = rd\varphi dz\boldsymbol{a}_r + drdz\boldsymbol{a}_\theta + drd\varphi\boldsymbol{a}_z$ 　　　(9.13)
体積素　　　：$dV = rdrd\varphi dz$

ヘルムホルツの波動方程式を円筒座標系で変数分離したとき現れる微分方程式

$$\frac{d^2R}{dr^2} + \frac{1}{r}\frac{dR}{dr} + \left(k^2 - \frac{n^2}{r^2}\right)R = 0 \quad (9.14)$$

をベッセルの微分方程式という．式 (9.14) の解を r のべき級数の形式で表し，すなわち

$$R = r^a(a_0 + a_1 r + \cdots) = \sum_{n=0}^{\infty} a_n r^{n+a} \quad (a_n \neq 0) \quad (9.15)$$

として式 (9.14) に代入すると，すべての r で絶対収束する独立な二つの解が存在する．k^2 が正の実数のとき，二つの独立な基本解は第 1 種円柱関数及び第 2 種円柱関数，またはノイマン（Neumann）関数と呼び，$J_n(kr)$ 及び $Y_n(kr)$ はべき級数で表せる（図 9.7, 図 9.8 参照）．

$$J_n(kr) = \sum_{m=0}^{\infty} \frac{(-1)^m (kr)^{n+m}}{m!(n+m)!} \quad (9.16)$$

$$Y_n(kr) = \frac{2}{\pi}\left(\gamma + \ln\frac{kr}{2}\right)J_n(kr) - \frac{1}{\pi}\sum_{m=0}^{\infty}\frac{(n-m-1)!}{m!}\left(\frac{2}{kr}\right)^{n-2m}$$
$$- \frac{1}{\pi}\sum_{m=0}^{\infty}\frac{(-1)^m (kr/2)^{n+2m}}{m!(n+m)!}\left(\sum_{k=1}^{m}\frac{1}{k} + \sum_{k=1}^{m+n}\frac{1}{k}\right) \quad (9.17)$$

ここで，$\gamma = 0.5772$ はオイラーの定数である．添え字の n は一般に自然数

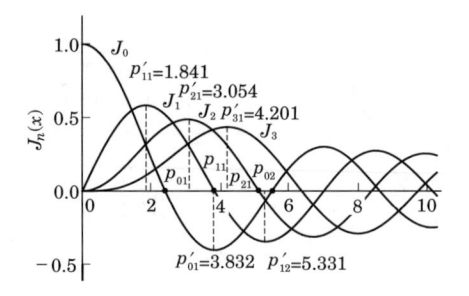

図9.7 低次のベッセル関数 $J_n(x)$

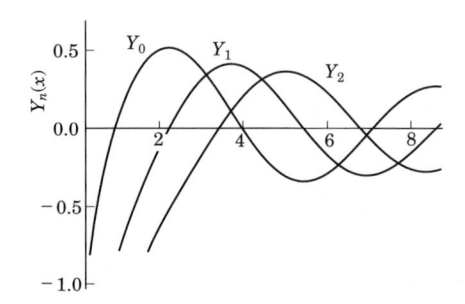

図9.8 低次のベッセル関数 $Y_n(x)$

であるが,ここでは n を整数とする.$J_n(kr)$ は $r=0$ で有限値を持ち,$Y_n(kr)$ は $r=0$ で $-\infty$ となる.n を各関数の次数という.またベッセル関数も三角関数と同様に直交関係が成り立つ.

　ベッセルの微分方程式の解,$J_n(kr)$,$Y_n(kr)$ の線形結合もまた解である.この線形結合として,第1種及び第2種のハンケル(Hankel)関数は次式で定義される.ここに,$H_n^{(1)}(kr)$ は無限遠方から1点へ向かって集まってくる波を表す.$H_n^{(2)}(kr)$ は r の増す方向へ進む波,つまり放射される波を表す[*1].

$$\left.\begin{array}{l}H_n^{(1)}(kr)=J_n(kr)+jY_n(kr)\\H_n^{(2)}(kr)=J_n(kr)-jY_n(kr)\end{array}\right\} \quad (9.18)$$

$H_n^{(1)}(kr)$, $H_n^{(2)}(kr)$ の $r\gg1$ のときの近似式は次式となり,$e^{j\beta x}$, $e^{-j\beta x}$(進行

[*1] 物理学の分野では,$e^{j\omega t}$ の代わりに $e^{-j\omega t}$ を採用するので,$H_n^{(1)}(kr)$ のほうが放射される波を表すことに注意されたい.

波) に対応している．

ベッセル関数，ハンケル関数はすべて同じ形の漸化式に従う．

ここに，J_n' は z に関する微分を意味する．

$$J_n'(z) = \frac{1}{2}\{J_{n-1}(z) - J_{n+1}(z)\}$$

$$\frac{n}{z}J_n(z) = \frac{1}{2}\{J_{n-1}(z) + J_{n+1}(z)\}$$

この漸化式はベッセル関数の数値計算に有用である．すなわち $J_0(z)$, $J_1(z)$ が知られれば，漸化式を繰り返し適用して，$J_2(z), J_3(z), \cdots$ と順次計算することができる（ただし，実際の数値計算において，次数 n の大きい $J_n(z)$ の計算は数値誤差の累積を避ける工夫が必要である）．

9.5 変形ベッセル関数

k^2 が負のとき，k は純虚数である．$k = jh$ と置けば，$J_n(jhr)$ と $Y_n(jhr)$ で与えられる．

変形ベッセル関数（modified Bessel functions）は次の方程式の基本解である．

$$\frac{d^2R}{dr^2} + \frac{1}{r}\frac{dR}{dr} - \left(k^2 + \frac{n^2}{r^2}\right)R = 0 \tag{9.19}$$

変形ベッセル関数 $I_n(r), K_n(r)$ は，通常のベッセル関数 $J_n(r), Y_n(r)$ の変数を純虚数に置いたもので表される．

$$\left.\begin{aligned}I_n(hr) &= j^{-n}J_n(jhr) = j^n J_n(-jhr) \\ K_n(hr) &= \frac{\pi}{2}j^{n+1}[J_n(jhr) + jY_n(jhr)] = \frac{\pi}{2}j^{n+1}H_n^{(1)}(jhr)\end{aligned}\right\} \tag{9.20}$$

大きな変数値 (hr) に対して指数関数的な振舞いとなり，近似式は次式で与えられる．

$$I_n(hr) \approx \frac{e^{hr}}{\sqrt{2\pi hr}} \tag{9.21}$$

$$K_n(hr) \approx \sqrt{\frac{\pi}{2hr}} e^{-hr} \tag{9.22}$$

漸化式は次式で与えられる．

$$xI_n'(x) = nI_n(x) + xI_{n+1}(x) = -nI_n(x) + xI_{n-1}(x)$$

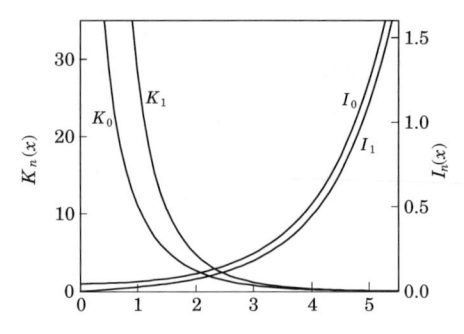

図 9.9 低次の変形ベッセル関数 $I_n(x), K_n(x)$

$$xK_n'(x) = nK_n(x) - xK_{n+1}(x) = -nK_n(x) - xK_{n-1}(x)$$

$$I_0'(x) = I_1(x), \qquad K_0'(x) = -K_1(x)$$

$$\frac{2n}{r}I_n = I_{n-1} - I_{n+1}$$

$$\frac{2n}{r}K_n = K_{n+1} - K_{n-1}$$

図 9.9 に低次の変形ベッセル関数の計算結果を与える．これまで，ベッセル関数の次数 n が整数の場合を説明してきたが，球座標における径方向の $R(r)$ については，次の第 9.6 節で説明する．

9.6 球ベッセル関数

三次元の波動方程式を球座標によって表したとき，式 (9.7) の $R(r)$ について再び記すと

$$\frac{d^2R}{dr^2} + \frac{2}{r}\frac{dR}{dr} + \left\{k^2 - \frac{n(n+1)}{r^2}\right\}R = 0 \tag{9.23}$$

を得る．これをベッセルの微分方程式 (9.14) と比べると，dR/dr の係数が 2 だけ違い，また R の係数の第 2 項が $n(n+1)$ と異なっている．しかし，上式は $R = y/\sqrt{r}$ と置くことによって式 (9.14) と同形を得る．すなわち

$$\frac{d^2y}{dr^2} + \frac{1}{r}\frac{dy}{dr} + \left\{k^2 - \frac{(n+1/2)^2}{r^2}\right\}y = 0 \tag{9.24}$$

となる．これはベッセルの微分方程式で次数が半整数の場合である．上式の

解は次の式（9.25）ように書くことができる．

$$R(r) = c_1 \frac{J_{n+1/2}(kr)}{\sqrt{kr}} + c_2 \frac{Y_{n+1/2}(kr)}{\sqrt{kr}} \tag{9.25}$$

また

$$j_n(kr) = \sqrt{\frac{\pi}{2kr}} J_{n+1/2}(kr), \qquad y_n(kr) = \sqrt{\frac{\pi}{2kr}} Y_{n+1/2}(kr)$$

と書いて，j_n, y_n をそれぞれ球ベッセル関数，球ノイマン関数と呼び，低次の関数のいくつかを次に示す．

$$\left. \begin{aligned} j_0(kr) &= \frac{\sin(kr)}{kr}, & y_0(kr) &= -\frac{\cos(kr)}{kr} \\ j_1(kr) &= \frac{\sin(kr)}{(kr)^2} - \frac{\cos(kr)}{kr}, & y_1(kr) &= -\frac{\cos(kr)}{(kr)^2} - \frac{\sin(kr)}{kr} \end{aligned} \right\} \tag{9.26}$$

9.7 具体的な応用例と実際のプログラム

9.7.1 ベッセル関数の計算法

ベッセル関数の計算法には
（1）テイラー展開や漸近展開による方法
（2）近似式による方法（付録 9.1 に近似式を示す）．
（3）数値積分による方法
（4）漸化式による方法

などがあるが，本プログラムは，まず次数 $n=0, 1$ の $J_0(x), J_1(x)$ を近似式による方法で計算し，$n>1$ 以上の関数値は漸化式を用いて計算する．ただし，n の増加する方向に漸化式を用いると数値的不安定現象が現れることがあるので，n の大きい方向から下げていく方法が使われている．C 言語に対しては零次ベッセル関数のプログラム例を付録 9.2 に記載するとともに，Microsoft Visual C 6.0 で確認してある．また，より一般的な計算プログラムは Compaq Visual Fortran 6.5 の FORTRAN で実行できる．プログラムは付属の CD-ROM に示す．なお，プログラムはベッセルの次数が整数に対して計算されるが，実数あるいは複素数に対するプログラムも公表されている．より本格的なプログラムは文献[6], [7]が詳しい．また，公式や数式

は文献[4]，[5]に詳しく書かれている．

9.8 円形導波管の TE_{mn} モード

図9.4(b)に示すように円形導波管の管軸を z 方向にとり，断面を半径 a とする．マクスウェルの方程式より，主成分 H_z は次式で与えられる（詳細は文献[2]を参照）．

$$H_z = \{A_1 J_m(k_e r) + A_2 Y_m(k_e r)\}(B_1 \cos m\theta + B_2 \sin m\theta) \quad (9.27)$$

ただし，$k_e = \sqrt{k^2 - \beta_g^2}$, $\dfrac{\partial}{\partial z} = -j\beta_g$

導波管壁の境界条件を適用すると

（1） $0 \leq r \leq a$ で H_z は有限であることから $A_2 = 0$ でなければならない．
（2） $r = a$ で $E_\theta = E_r = 0$. すなわち $\partial H_z/\partial r = 0$ より，$J'_m(k_c a) = 0$ となる．

$J'_m(k_c r)$ は $J_m(k_c r)$ を r に関する微分を意味する．いま，$J'_m(k_c a) = 0$ の n 番目の根を p'_{mn} とすると $k_c a = p'_{mn}$. p'_{mn} を mn の小さい値について示すと表9.1のようになる．また，表9.2に $J_m(k_c a) = 0$ の根を与える．

図9.6に示したように，ベッセル関数 $J'_m(k_c a) = 0$ の根はある区間内に複数個存在する．これらの根を確実に求めるために，プリミティブな手法である

表9.1　$J'_{mn}(k_c a) = 0$ の根

n \ m	0	1	2	3
1	3.832	1.841	3.054	4.201
2	7.016	5.331	6.706	8.015
3	10.173	8.536	9.969	11.346
4	13.324	11.706	13.170	14.580

表9.2　$J_{mn}(k_c a) = 0$ の根

n \ m	0	1	2	3
1	2.405	3.832	5.136	6.380
2	5.520	7.016	8.417	9.761
3	8.654	10.173	11.620	13.015
4	11.792	13.323	14.796	16.200

が，二分法 (bisection method) と挟み撃ち法 (regula false method) を用いて根を求めるプログラムを円筒関数のプログラムとともに作成した．なお，根を求める方法としてニュートン・ラフソン (Newton-Raphson) 法は収束性に優れているが，複数の根を同時に求めたい場合には確実性に欠ける．

9.9 ベッセル関数の使用上の注意

（a） 計算例　　TE$_{mn}$ モードの遮断周波数とそれに対応した電磁界分布を求めるための計算プログラムを与える．プログラムを読むと分かるように TM$_{mn}$ モードの場合は，関数 $J_n(k_c a)=0$ と置き換えればよい．

（b） リンクの方法　　ベッセル関数は関数副プログラム形式で作成してあるので，$J_n(x), Y_n(x), I_n(x), K_n(x)$ の値を必要とするところに bess $j(n, x)$（必要な場合，bess $y(n, x)$, bess $i(n, x)$, bess $k(n, x)$）と書けばよい．図 9.7〜図 9.9 の円柱関数のグラフはこのプログラムを用いて作成した．

（c） 入出力データの形式

　　n：整数 $J_n(x)$ の次数 n

　　x：実数 $J_n(x)$ の実数の引数 x

　　x_1, x_h, x_i：実数 $J_n(x)$ の根の存在範囲 ($x_1<x<x_h$)，x_i は根を探す
　　　　　ときの刻み．

例えば，TE モードの $J'_1(k_c a)=0$ の 1 番目の根を求めたい場合，ベッセル関数の次数 $n=1$ と入力，根の存在範囲として $x_1=1.5$, $x_h=2.0$ を与える．

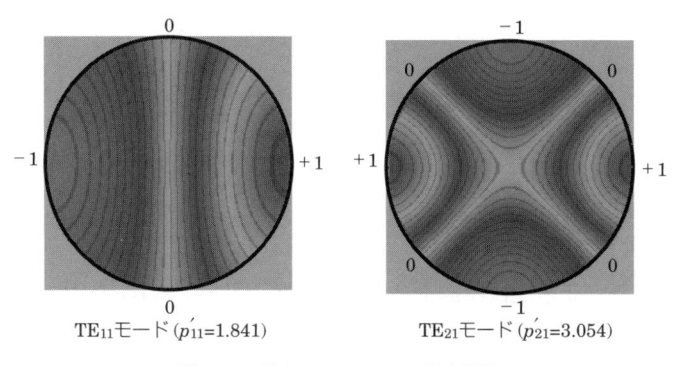

TE$_{11}$モード ($p'_{11}=1.841$)　　　　TE$_{21}$モード ($p'_{21}=3.054$)

図 9.10　低次の TE モードの固有関数

根を探す刻みとして $x_i=0.1$ とした．表9.2にベッセル関数の次数 $m=1$ の場合，低次の4個を示すように，根の範囲を $x_l=1.7$, $x_h=12.0$, $x_i=0.1$ と入力すれば，4個の根が求まる．プログラム例を付属の CD-ROM に示す．

$\text{FALI}(x, y)$：実数 TE モードの $J_1'(k_c a)=0$ の1番目の根に対応する固有モードの界分布．また TE モードの固有伝送モードの計算結果を図9.10に示す．

9.10 ケルビン関数（Ber，Bei 関数）

円筒関数から導かれる関数で実用上重要なものは偏角が $\pi/4$ または $3\pi/4$ の場合の円筒関数である．円形断面の導線の表皮効果の計算に用いられる微分方程式は次式で与えられる．

$$\frac{d^2R}{dr^2}+\frac{1}{r}\frac{dR}{dr}-jk^2R=0 \tag{9.28}$$

式（9.28）において，$k_1^2=-jk^2 (k_1=\pm\sqrt{-1}k=\pm j^{3/2}k)$ と置くと

$$\frac{d^2R}{dr^2}+\frac{1}{r}\frac{dR}{dr}+k_1^2R=0 \tag{9.29}$$

となり，その解は円筒関数で与えられることが分かる．k に対して，$k_1=+j^{3/2}k=e^{j(3/4)\pi}k$ をとることにすると，その解は

$$R(r)=AJ_0(j^{3/2}kr)+BY_0(j^{3/2}kr) \tag{9.30}$$

しかし，$kr\to\infty$ のとき，$J_0(j^{3/2}kr)$ も $Y_0(j^{3/2}kr)$ も ∞ となるため，$Y_0(j^{3/2}kr)$ の代わりに $K_0(j^{1/2}kr)$ をとることにすると，解は

$$R(r)=AJ_0(j^{3/2}kr)+BK_0(j^{1/2}kr) \tag{9.31}$$

$k=1$ のときには，零次ベッセル関数の級数展開を用いると

$$\begin{aligned}J_0(j^{3/2}r)&=1+j\left(\frac{r}{2}\right)^2-\frac{1}{(2\,!)^2}\left(\frac{r}{2}\right)^4-j\frac{1}{(3\,!)^2}\left(\frac{r}{2}\right)^6+\frac{1}{(4\,!)^2}\left(\frac{r}{2}\right)^8+\cdots\\&=\left\{1-\frac{1}{(2\,!)^2}\left(\frac{r}{2}\right)^4+\frac{1}{(4\,!)^2}\left(\frac{r}{2}\right)^8-\cdots\right\}\\&\quad+j\left\{\left(\frac{r}{2}\right)^2-\frac{1}{(3\,!)^2}\left(\frac{r}{2}\right)^6+\cdots\right\}\end{aligned}$$

この第1項の実部を ber（Bessel-Real），第2項の虚部を bei（Bessel-imaginary）という．

付録 9.1 ベッセル関数の簡単な近似式
（文献[4]の Allen の近似式）

$x<3.0$ の場合

$$J_0(x)=1-2.2499997\left(\frac{x}{3}\right)^2+1.2656208\left(\frac{x}{3}\right)^4-0.3163866\left(\frac{x}{3}\right)^6$$
$$+0.0444479\left(\frac{x}{3}\right)^8-0.0039444\left(\frac{x}{3}\right)^{10}+0.0002100\left(\frac{x}{3}\right)^{12}$$

$$J_1(x)=x\left[0.50-0.56249985\left(\frac{x}{3}\right)^2+0.21093573\left(\frac{x}{3}\right)^4\right.$$
$$-0.03954289\left(\frac{x}{3}\right)^6+0.00443319\left(\frac{x}{3}\right)^8-0.00031761\left(\frac{x}{3}\right)^{10}$$
$$\left.+0.00001109\left(\frac{x}{3}\right)^{12}\right]$$

$x>3.0$ の場合

$$Y_0(x)=\left(\frac{2}{\pi}\right)\ln\left(\frac{1}{2}x\right)J_0(x)+0.36746691+0.60559366\left(\frac{x}{3}\right)^2$$
$$-0.74350384\left(\frac{x}{3}\right)^3+0.25300117\left(\frac{x}{3}\right)^6-0.4261214\left(\frac{x}{3}\right)^8$$
$$+0.00427916\left(\frac{x}{3}\right)^{10}-0.00024846\left(\frac{x}{3}\right)^{12}$$

$$Y_1(x)=x\left\{\left(\frac{2}{\pi}\right)\ln\left(\frac{1}{2}x\right)J_1(x)-0.6366198+0.2212091\left(\frac{x}{3}\right)^2\right.$$
$$+2.1682709\left(\frac{x}{3}\right)^4-1.3164827\left(\frac{x}{3}\right)^6+0.3123951\left(\frac{x}{3}\right)^8$$
$$\left.-0.0400976\left(\frac{x}{3}\right)^{10}+0.0027873\left(\frac{x}{3}\right)^{12}\right\}$$

$x>3.0$ の場合

$$J_0(x)=x^{-1/2}f_0\cos\theta_0, \quad Y_0(x)=x^{-1/2}f_0\sin\theta_0$$
$$f_0=0.79788456-0.00000077\left(\frac{3}{x}\right)-0.00552\left(\frac{3}{x}\right)^2-0.00009512\left(\frac{3}{x}\right)^3$$
$$+0.00137237\left(\frac{3}{x}\right)^4-0.00072805\left(\frac{3}{x}\right)^5+0.00014476\left(\frac{3}{x}\right)^6$$
$$\theta_0=x-0.7539816-0.04166397\left(\frac{3}{x}\right)-0.00003954\left(\frac{3}{x}\right)^2+0.00262573\left(\frac{3}{x}\right)^3$$
$$-0.00054125\left(\frac{3}{x}\right)^4-0.00029333\left(\frac{3}{x}\right)^5+0.00013558\left(\frac{3}{x}\right)^6$$

$$J_1(x)=x^{-1/2}f_1\cos\theta_1, \quad Y_1(x)=x^{-1/2}f_1\sin\theta_1$$

$$f_1 = 0.79788456 + 0.00000156\left(\frac{3}{x}\right) + 0.01659667\left(\frac{3}{x}\right)^2 + 0.00017105\left(\frac{3}{x}\right)^3$$

$$-0.00249511\left(\frac{3}{x}\right)^4 + 0.00113653\left(\frac{3}{x}\right)^5 - 0.00020033\left(\frac{3}{x}\right)^6$$

$$\theta_1 = x - 2.35619449 + 0.12499612\left(\frac{3}{x}\right) + 0.00005650\left(\frac{3}{x}\right)^2 - 0.00637879\left(\frac{3}{x}\right)^3$$

$$+0.00074348\left(\frac{3}{x}\right)^4 + 0.00079824\left(\frac{3}{x}\right)^5 - 0.00020033\left(\frac{3}{x}\right)^6$$

このほかにも文献[8]，[9]には計算機にかけて計算しやすい有理関数近似による展開係数が用意されている．また変形ベッセル関数のサンプルプログラム例を付属の CD-ROM に示す．

$$J_{n+1}(x) = J_{n-1}(x) + \frac{2n}{x}J_n(x)$$

付録9.2　C言語による零次ベッセル関数の計算プログラム

計算結果をディスクに出力するために関数 fopen を用いてファイル名 bess0.dat としている．

```
#include<stdio.h>
#include<stdlib.h>
#include<iostream.h>
#include<math.h>
void main()
{
    FILE*fp0;
    double ax,z,x,xx,y,ans,ans1,ans2;
    fp0=fopen("c:bess0.dat","w");
for(x=0;x<10.0;x=x+0.1)
    {
    if((ax=fabs(x))<8.0){
      y=x*x;
      ans1=57568490574.0+y*(-13362590354.0+y*(651619640.7
          +y*(-11214424.18+y*(77392.33017
          +y*(-184.9052456)))));
      ans2=57568490411.0+y*(1029532985.0+y*(9494680.718
          +y*(59272.64853+y*(267.8532712+y*1.0))));
      ans=ans1/ans2;
    printf("x=%f %f¥n", x,ans);
    fprintf(fp0,"%f %f¥n", x,ans);
```

第9章 関数ライブラリの扱い方

```
    }else{
      z=8.0/ax;
      y=z*z;
      xx=ax-0.785398164;
      ans1=1.0+y*(-0.1098628627e-2+y*(0.2734510407e-4
          +y*(-0.2073370639e-5+y*0.2093887211e-6)));
      ans2=-0.1562499995e-1+y*(0.1430488765e-3
          +y*(-0.6911147651e-5+y*(0.7621095161e-6
          -y*0.934935152e-7)));
      ans=sqrt(0.636619772/ax)*(cos(xx)*ans1-z*sin(xx)*ans2);
      printf("x=%f%f¥n",x,ans);
      fprintf(fp0,"%f%f¥n",x,ans);
    }
  }
  fclose(fp0);
}
```

参考文献

[1] 例えば, 村上一郎, "精解演習," 電磁数学[I], 廣川書店, 東京, 1976.
[2] 例えば, 山下榮吉 編著, "応用電磁波工学," 近代科学社, 東京, 1992.
[3] 関口利男, "電磁波," 理工学基礎講座 20, 朝倉書店, 東京, 1976.
[4] Abramowitz, Milton and I. A. Stegun, "Handbook of Mathematical Functions," Applied Mathematics Series, vol. 55, Dover Publications Ins., New York, 1970.
[5] 森口繁一, 宇田川銈久, 一松 信, "岩波 数学公式 III," 岩波書店, 東京, 1975.
[6] W. H. Press, S. A. Teukolsky, W. T. Vetterling and B. P. Flannery, "Numerical Recipes in C," Cambridge University Press, 1970.
[7] 渡部 力, 名取 亮, 小国 力, "Fortran 77 による数値計算ソフトウエア," 丸善, 東京, 1989.
[8] J. F. Hart, et al., "Computer Approximations," p. 141, Wiley, New York, 1968.
[9] Zhang and Jin, "Computation of Special Functions," John Wiley and Sons, 1996.

第10章

解析領域の自動分割による効率化

　コンピュータの発達に伴い，様々な数値解析法が開発され，マイクロ波シミュレータを構成する上で重要な役割を担っている．最近では，パーソナルコンピュータでも大規模計算が可能になり，数万元から，場合によっては数十万元に及ぶ規模の計算も日常的になりつつある．こうした大規模計算における最大の問題は，解析モデルの作成段階で生じる．数万元から数十万元にもなるような大規模データを手動で生成することはほとんど不可能であり，たとえそれができたとしても作成されたデータの信頼性は乏しく，利用には耐えないものとなる．したがって，解析モデルを自動的に生成できる計算環境の実現が，今日的問題として強く望まれている．

　とりわけ有限要素法では，差分法や境界要素法に比べて，解析モデルの自動生成法に対する依存度が高い．それは，有限要素法が本来複雑な境界形状をもつ問題を対象として開発されたこと，また，最終的に得られる代数方程式の係数行列が疎になっているため，より大規模な解析モデルの設定が可能であることなどによる．これに対して差分法では，解析領域を二次元問題であれば方形とし，この方形領域を基本的に方形メッシュで分割するので，解析モデルの生成は比較的容易である．一方，境界要素法では，得られる代数方程式の係数行列が密になるので，大規模な解析モデルの設定が事実上不可能になる．

　そこでここでは，有限要素法における解析モデルの自動生成に必要な基本

的事項について述べる.具体的には,要素自動分割の方法としてよく知られているデローニィ分割法の原理[1],[2]と必要とされる領域にのみ選択的に要素を割り当てるアダプティブメッシュ生成法[3]~[5]を紹介し,こうした解析領域の自動分割法を搭載したマイクロ波シミュレータ[6]の一構成例を示す.

10.1 デローニィ分割法

デローニィ分割法は,任意に設定された節点群を対象として,二次元領域では三角形に,三次元領域では四面体に分割する方法である.この方法で得られたすべての要素は,二次元では三角形要素の外接円の内部に,三次元では四面体要素の外接球の内部に,その要素に関する節点以外の節点を含まないという特徴を持つ.このため,生成される三角形要素や四面体要素は,より正三角形,より正四面体に近いひずみの少ない形になり,より少ない計算量で高精度な解析が可能となる.

ここでは簡単のために,二次元の場合のデローニィ三角分割法を取り上げ,その基本的な考え方を述べる.紙面が限られているので,この方法の詳細は文献[1],[2]を参照されたい.文献[1]には,プログラム例も紹介されている.

デローニィ分割によって得られる三角形要素は,図10.1(a)に示すように,各三角形の外接円内に他の三角形の頂点を含まないという特徴を持つ.

(a) デローニィ分割　　　(b) 非デローニィ分割

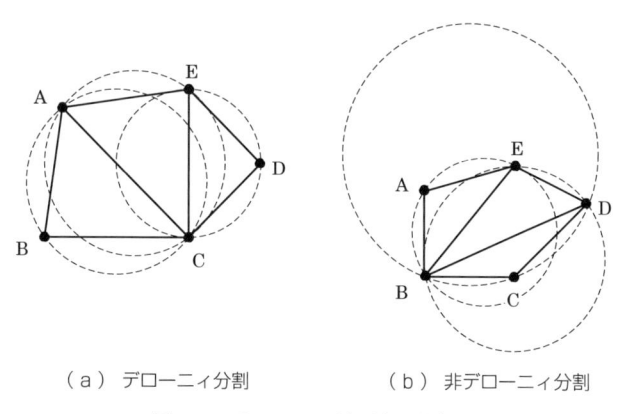

図10.1　デローニィ三角分割の等角性

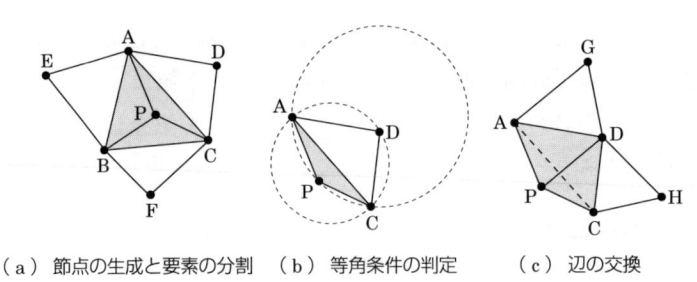

(a) 節点の生成と要素の分割　(b) 等角条件の判定　(c) 辺の交換

図 10.2 デローニィ三角分割の手順

このため，生成される三角形は，より正三角形に近い，ひずみの少ない形になる．すなわち，デローニィ三角分割を行うと，与えられた節点に対して，いわゆる等角条件を満足するような三角形が生成されることになる．一方，図(b)の場合には，外接円内に他の三角形の頂点を含む三角形が存在しており，正三角形からのひずみが大きくなるので，有限要素法解析を行う上で好ましくない．

デローニィ三角分割では，まず，節点を1個配置し，この節点を内部に含む三角形を，図 10.2(a) に示すように，3個の三角形に分割する．次に，これら新たに生成された三角形が等角条件を満たしているか否かを判定し，図(b)に示すように，隣接する一方の三角形の外接円内に他方の三角形の頂点が含まれる場合には，図(c)に示すように，隣接要素間の共有する辺をそれと交差する辺で置き換え，等角化を図る．更に，新たに生成された二つの三角形に対して，等角化の過程を再帰的に繰り返す．なお，こうした処理は，新たに追加した節点に対向する辺が領域境界上にない限り続ける．また，当然のことながら，等角条件を満たしている場合には上記の辺の交換は行わない．

10.2 アダプティブメッシュ生成法

有限要素法解析では，メッシュを細かくすることによって高精度計算が可能になるが，一方で計算コストが増大する．したがって，解析領域をむやみに細かく分割したり，基準がないまま要素分割を繰り返すことは，計算機資源を浪費するだけで非効率的である．このため，分割が必要とされる領域に

第10章 解析領域の自動分割による効率化

のみ選択的に要素を割り当てるアダプティブメッシュの自動生成法が必要になる．こうしたアダプティブメッシュの生成過程においては，どの要素を再分割する必要があるかを判断する指標として，各要素ごとに，重み，あるいは局所誤差と呼ばれる量が計算され，この局所誤差が全体として平均化されるように要素分割が行われる．重みや局所誤差の定義の仕方にはいろいろな方法[3]~[5]があるが，ここでは，電磁界の変化が大きな領域に，より多くの要素を割り当てることが可能な簡便な方法[4],[5]を，簡単のために，スカラ波近似した導波路問題を想定して紹介する．

アダプティブメッシュ生成アルゴリズムの一例を図10.3に示す．

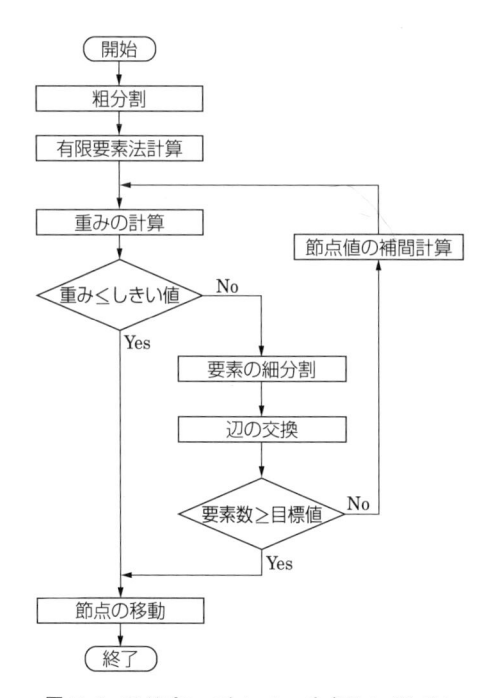

まず，図10.4(a)に示すような導波路の断面を解析領域として，これを図(b)に示すように粗分割する．このとき，媒質境界の角点（図10.4(b)中の●）には必ず節点を配置し，各節点を適宜接続して三角形要素を生成する．この段階では，扁平な三角形が生成される可能性があるが，後述するよ

図10.3 アダプティブメッシュ生成アルゴリズム

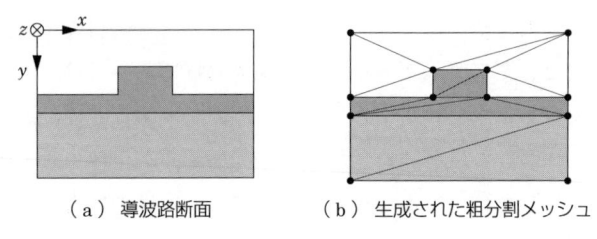

(a) 導波路断面　　　(b) 生成された粗分割メッシュ

図10.4　解析領域の粗分割

うに，要素ごとの細分割を繰り返す過程で，その形状は順次修正される．

次に，粗分割メッシュに対して，一度二次要素を用いた有限要素法計算を実施し，個々の要素について細分割する必要があるか否かを判定するため

$$w_e = \iint_e |\phi_2 - \phi_1|^2 dxdy \tag{10.1}$$

のような重み w_e を計算する．ここに，ϕ_1, ϕ_2 はそれぞれ基本（一次）要素，二次要素（図6.4参照）によって与えられる電磁界分布である．式（10.1）のような重みを用いることによって，特に電磁界の変化を考慮したメッシュ生成が可能となる．このとき，一次要素を用いた計算を改めて実行する必要はなく，界分布 ϕ_2 は，粗分割メッシュに対する有限要素法計算によって既に分かっているので，三角形の頂点における ϕ の値を用いて各要素ごとに線形補間（式 (6.25)，表6.2参照）すれば，界分布 ϕ_1 が求められる．ここで，使用する要素数の目標値を N とし，すべての要素の重みがしきい値 w_{th} に等しいとすると，重みの総和 $\sum_e w_e \equiv W$ は Nw_{th} となる．したがって，すべての要素の重みが

$$w_e \leq w_{th} = \frac{W}{N} \tag{10.2}$$

となるまで，要素の細分割を繰り返す．

さて，要素を細分割するには，図10.5(a)に示すように，要素の重心に節点（図10.5(a)の○）を生成した後，この節点と三角形の頂点を結ぶように辺を生成する．この分割を繰り返すと，次々に扁平な三角形が生成されることになるので，必要に応じて，図(b)に示すように，隣接する要素（図10.5(a)の破線で示した要素）間で辺を交換する．デローニィ三角分割にお

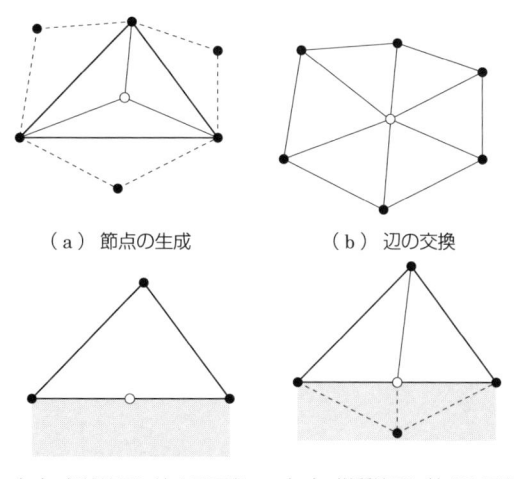

第 10 章 解析領域の自動分割による効率化　　　　189

（a）節点の生成　　　　（b）辺の交換

（c）領域境界に接する要素　（d）媒質境界に接する要素

図 10.5　要素の細分割

ける等角条件に従って辺の交換を行ってもよいが，三角形の最大の内角が最小となるように交換すべき辺を選択するのも一つの方法である．また，領域境界や媒質境界に関しては，辺の交換を行えないので，扁平な三角形が生成されないように，これも必要に応じて，図（c），図（d）に示すように，これらの境界上にある辺にのみ節点を生成する．このとき，媒質境界の場合には，隣接する要素も自動的に分割されることになる．こうした要素の細分割，及びそれに伴う辺の交換が終わった後，要素数が目標値 N に達しているか否かを判定し，達していない場合には，新しく生成された節点上での電磁界振幅を，既に分かっている節点値から二次補間（式（6.25），表 6.2 参照）して求め，細分割の手順を繰り返す．

式（10.2）の条件が満たされるか，あるいは要素数が目標値 N に達した場合には，要素形状を改善するため，必要に応じて節点の移動を行う．その方法の一つにラプラシアン法と呼ばれる方法がある[1]．この方法では，図10.6 に示すように，節点 i をその点を頂点とするすべての三角形領域の重心位置（図中の節点 i'）に移動させる．この操作を移動させたい節点について繰り返し適用して，その結果収束した位置を新しい節点位置とする．な

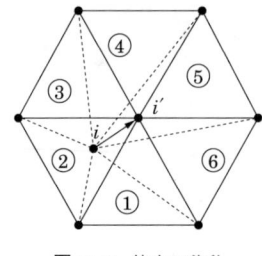

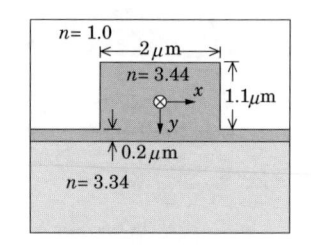

図 10.6 節点の移動　　　図 10.7 リブ形導波路

お，媒質境界上の節点については移動させないものとする．

こうして生成されたメッシュに節点番号を割り振り，所望の有限要素法計算を実行する．

ここで述べたアダプティブメッシュ生成アルゴリズムの有効性を確認するため，図 10.7 に示すようなリブ形導波路を考える．動作波長を $\lambda=1.55$ μm とし，準 TE モード（電磁界の主成分は E_x と H_y）に対する実効屈折率を計算する．なお，構造の対称性を考慮し，導波路断面の半分の領域のみを要素分割する．

まず，要素の重みとして，ユーザ定義の解析関数を用いる，より簡便な方法[3] の性能についても調査するため，この解析関数として

$$w_e = \iint_e \exp\left[-\left(\frac{x-x_0}{w_x}\right)^2 - \left(\frac{y-y_0}{w_y}\right)^2\right]dxdy \quad (10.3)$$

のようなガウス関数を採用する．ここに x_0, y_0 は導波路中心の座標であり，w_x, w_y はスポットサイズである．図 10.8 に，計算に用いた節点数に対する実効屈折率の収束の様子を示す．ガウス関数のスポットサイズは，導波路の幅及び高さを考慮して，（ⅰ）$w_x=1.0$ μm, $w_y=0.65$ μm（点線），（ⅱ）$w_x=1.5$ μm, $w_y=0.975$ μm（破線），（ⅲ）$w_x=2.0$ μm, $w_y=1.3$ μm（一点鎖線）としている．なお，（ⅳ）$w_x=w_y=\infty$（二点鎖線）とした場合も合わせて示してある．節点数を増やせば，解はある一定値に収束していくが，その速さはそれほど速くはない．また，より複雑な導波路の場合には，重みの計算に必要な解析関数の設定そのものが難しくなる．これに対して，式(10.1)の重みを用いた場合（実線）には，解の収束が，より速くなっている．

図 10.9(a)，図 10.10 に，それぞれ式 (10.1)，(10.3) の重みを用いて

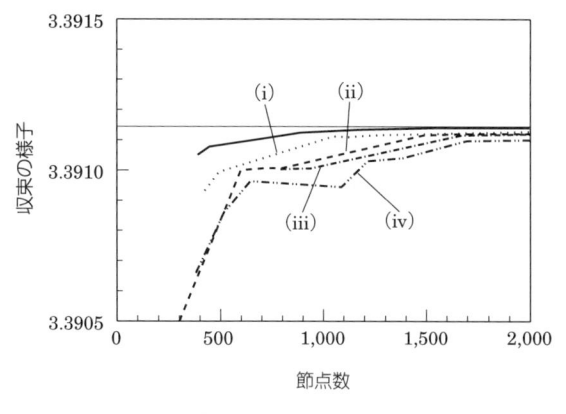

第 10 章 解析領域の自動分割による効率化　　　　　　　191

図 10.8　解の収束性

生成されたアダプティブメッシュを示す．節点数は約 1,000〜1,500 程度になっている．式 (10.1) の重みを用いた場合には，リブ部と空気の境界のように，より多くの要素が割り当てられていることが分かる．図 10.9(b) に示すように，電界はリブ部と空気領域の境界で急峻に変化しており，この境界近傍に，より多くの要素を割り当てなければならないことになるが，式 (10.1) の重みを用いることによって，こうした電磁界分布に適合した離散化が自動的に実現されている．

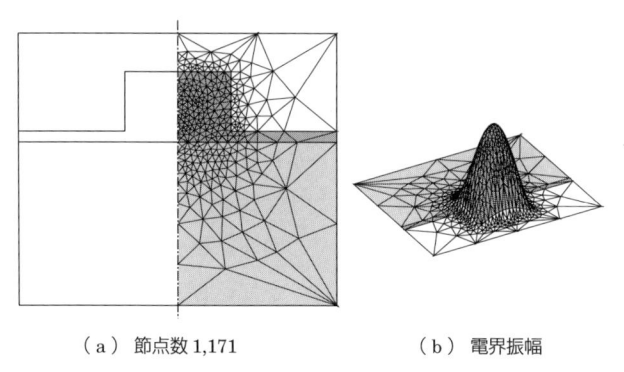

（a）節点数 1,171　　　　　　　（b）電界振幅

図 10.9　式 (10.1) の重みを用いた場合に生成されたメッシュと計算された電界振幅

（a） $w_x = 1.0 \mu\mathrm{m}$, $w_y = 0.65 \mu\mathrm{m}$
（節点数 1,266）

（b） $w_x = 1.5 \mu\mathrm{m}$, $w_y = 0.97 \mu\mathrm{m}$
（節点数 1,258）

（c） $w_x = 2.0 \mu\mathrm{m}$, $w_y = 1.3 \mu\mathrm{m}$
（節点数 1,593）

（d） $w_x = w_y = \infty$
（節点数 1,672）

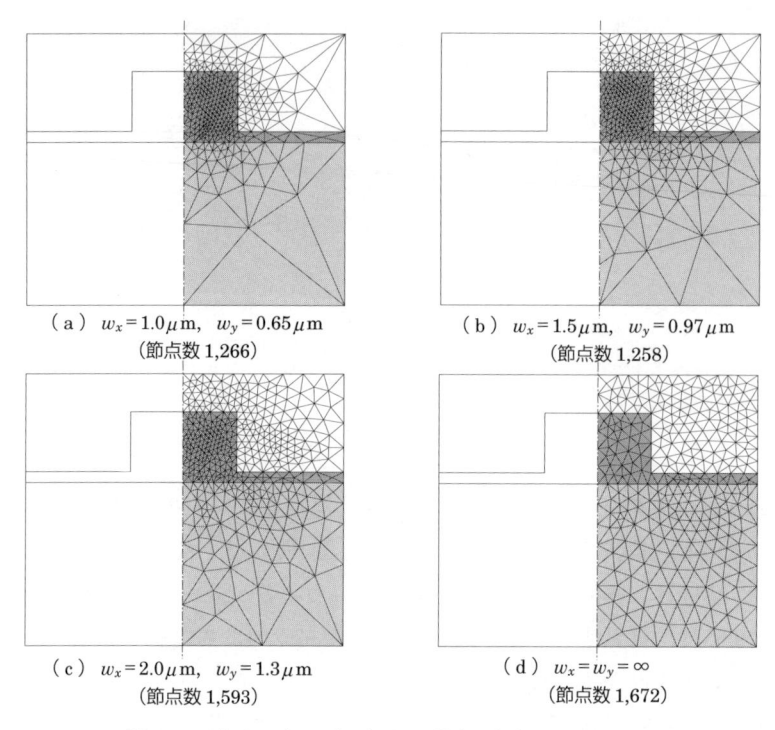

図 10.10 式（10.3）の重みを用いた場合に生成されたメッシュ

10.3 マイクロ波シミュレータ構成例

　数値解析法を基盤としたマイクロ波シミュレータは，一般に，前処理部としてのプリプロセッサ，解析実行部としての解析エンジン（ソルバ），そして後処理部としてのポストプロセッサから構成される．特に，ソルバとして有限要素法を採用をした場合には，プリプロセッサに要素自動分割プログラムを含める必要があり，通常この部分の開発に相当な時間と費用がかかる．
　もちろん，すべてを独自開発したほうが使い勝手は良いが，最近では，プリ・ポストプロセッサの開発に必要な様々なツールが市販されているので，これらを利用するのも一つの方法である．ここでは，ソルバは自作することを前提とし，市販のツールを利用してプリ・ポストプロセッサを構成する簡易形マイクロ波シミュレータの一例[6]を紹介する．このシミュレータは，

プラットフォームを Windows[7]，プリプロセッサを GiD[8]，ポストプロセッサを MATLAB[9] とし，また，これらに自作のソルバを加えた全体を統合する環境として Word[7] を利用していたが，その後，全体を統合する環境として Java[10] を採用している．また，ポストプロセッサは GiD（電磁界分布表示）と Java（グラフ表示）に変更されている．このため，有償である GiD と無償である Java が動作するコンピュータであれば，複数のプラットフォームで実行可能である（具体的には Windows，Linux，Solalis など）．

さて，プリプロセッサの構成に必要な要素自動分割ツールは

http://www.andrew.cmu.edu/user/sowen/mesh.html

http://www-users.informatik.rwth-aachen.de/~roberts/meshgeneration.html

http://www.engr.usask.ca/~macphed/finite/fe_resources/fe_resources.html

などのホームページで検索することができる．機能に制限がある場合もあるが，無償で利用可能なものは，COG，Geompack 90，GiD，GRUMMP，Qhull，QMG などである．これらのなかで，GiD は解析形状をグラフィカルに入力でき，インターネットでダウンロードすることができる．三角形要素の場合には要素数 700 以下，四面体要素の場合には要素数 3,000 以下であれば無償で利用でき，また，1 か月以内であれば無償で無制限の利用が可能である．

ここで，解析実行例を示す．

まず，図 10.11 に示すような H 面直角円形曲がり導波管を考える．ここで，曲がり部の曲率半径を r として，$b = r/(a+r)$ のようなパラメータを定義すると，b の値が 0 に近づくほど急峻な曲がりとなり，$b=1$ のときは直線導波管となる．図 10.12 に，$b=0.1$ のときの入力データの作成画面を示す．解析領域の形状，構成媒質，境界条件の情報を入力し，要素のおおよその大きさを指定して GiD に要素自動分割させる．要素には三角形二次要素を用いており，要素数，未知数はそれぞれ 740，1,419，計算に必要なメモリは約 1.9 MByte であった．図 10.13 に，計算結果の可視化画面に表示された電界分布を示す．曲がりの程度を表すパ

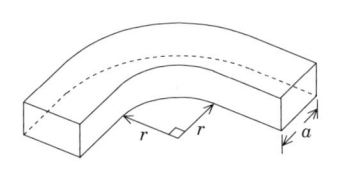

図 10.11　H 面直角円形曲がり導波管

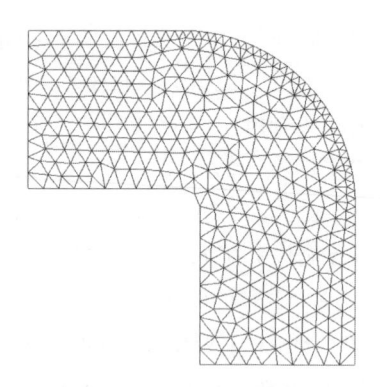

図 10.12　入力データの作成画面

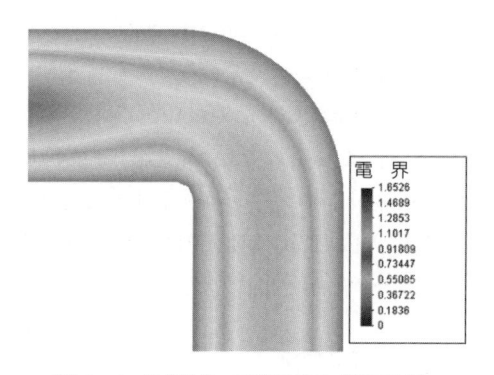

図 10.13　計算結果の可視化画面（電界分布）

ラメータ b の値を変え，シミュレータを繰り返し使って得られた結果のファイルを編集して作成したグラフを図 10.14 に示す．ここに $|R|$ は反射係数の大きさ，λ は自由空間波長である．この結果は固有モード展開法による結果[11]とよく一致している．

次に，図 10.15 に示すような幅 a の導波管の中央に，直径 d の誘電体ポストを装荷した問題を考える．ここで，$d/a=0.1$, $\lambda/a=1.4$ とし，誘電体ポストの比誘電率を変化させる．図 10.16 に，GiD を用いて要素分割した画面を示す．ここでも要素には三角形二次要素を用いており，要素数，未知数はそれぞれ 6,064, 12,107, 計算に必要なメモリは約 16.6 MB であった．誘電体ポストの比誘電率 ε_r を 300 まで変化させるので，誘電体ポスト内で

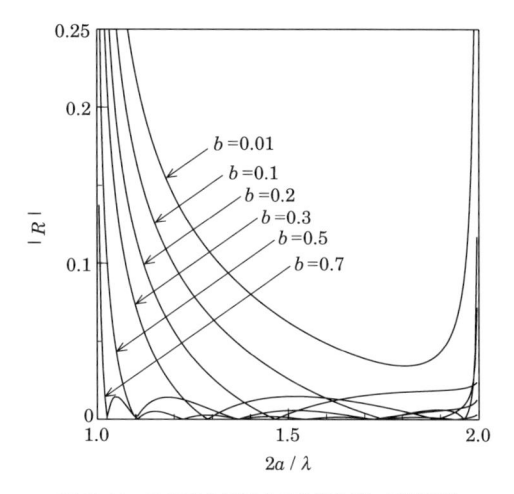

第 10 章　解析領域の自動分割による効率化

図 10.14　H 面直角円形曲がり導波管の反射特性

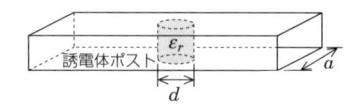

図 10.15　誘電体ポスト装荷導波管

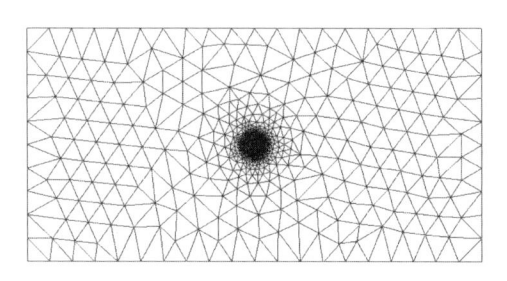

図 10.16　誘電体ポスト装荷導波管の要素分割

の波長はおよそ $0.005a$ 程度まで短くなることから，三角形要素の大きさを誘電体ポスト内では $0.002a$，それ以外の領域では $0.1a$ になるように指定した後，要素自動分割させている．図 10.17 に，誘電体ポストの比誘電率に対する反射係数の大きさ $|R|$ と透過係数の大きさ $|T|$ を示す．この結果は有限・境界要素結合法による結果[12]とよく一致している．

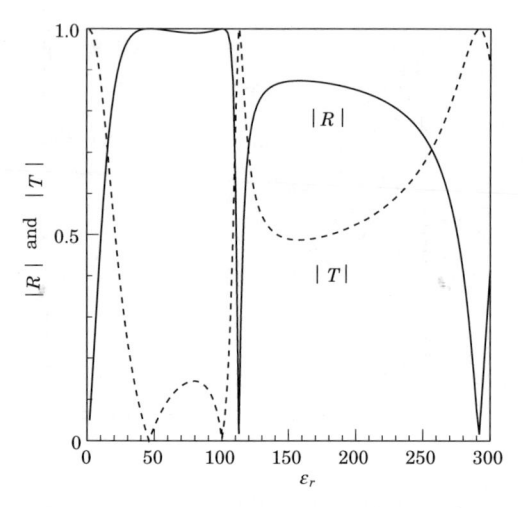

図 10.17　誘電体ポスト装荷導波管の反射・透過特性

演 習 問 題

1. 有限要素法解析における要素分割において，扁平な三角形を用いると計算精度が劣化するのはなぜか．
2. ラプラシアン法による節点の移動位置を与える表式を求めよ．

参 考 文 献

[1] 谷口建夫，"FEM のための要素自動分割，"森北出版，東京，1992.
[2] J.-F. Lee and R. Dyczij-Edlinger, "Automatic mesh generation using a modified Delaunay tessellation," IEEE Antennas Propag. Mag., vol. 39, no. 2, pp. 34-45, Feb. 1997.
[3] F. A. Fernandez, Y. C. Yong and R. D. Ettinger, "A simple adaptive mesh generation for 2-D finite element calculation," IEEE Trans. Magn., vol. MAG-29, no. 2, pp. 1882-1885, March 1993.
[4] Y. Tsuji and M. Koshiba, "Simple and efficient adaptive mesh generation for approximate scalar guided-mode and beam-propagation scheme," IEICE Trans. Electron., vol. E 81-C, no. 12, pp. 1814-1820, Dec.1998.
[5] Y. Tsuji and M. Koshiba, "Adaptive mesh generation for full-vectorial guided-mode and beam-propagation solutions," IEEE Select. Top. Quantum Electron., vol. 6, no. 1, pp. 163-169, Jan./Feb. 2000.
[6] K. Hirayama, Y. Hayashi and M. Koshiba, "Microwave simulator based on the finite-element method by use of commercial tools," IEICE Trans. Electron., vol. E 84-C, no. 7, pp. 905-912, July 2001.
[7] http://www.microsoft.com/

[8] http://www.cimne.upc.es/
[9] http://www.mathworks.com/products/matlab/
[10] http://www.sun.co.jp/software/java/
[11] J. -P. Hsu and T. Anada, "Systematic analysis method of E- and H-plane circular bend of rectangular waveguide based on the planar circuit equations and equivalent network representation," IEEE Int. Microwave Symp. Dig., pp. 749-752, May 1995.
[12] K. Ise and M. Koshiba, "Dielectric post resonances in a rectangular waveguide," IEE Proc., vol. 137, pt. H, no. 1, pp. 61-66, Feb. 1990.

第11章

分布定数回路の扱い方

　マイクロ波・ミリ波といった高周波回路では，集中定数素子である L, C, R が得難いこともあり，同軸線路，ストリップ線路といった分布定数伝送線路を回路素子に用い，またこの分布定数線路を組み合わせて，伝送線路回路を構成し，インピーダンス変換，電力分配・合成，ハイブリッド特性，フィルタ特性といった機能を実現する．

　ここでは，マイクロ波シミュレータソフトを解析的に作成するための伝送線路回路の基本的な考え方及び取扱い方を説明する．

11.1 伝送線路の等価回路

11.1.1 分布定数線路モデル

　一般に図 11.1（a）に示す平行 2 線，同軸線路，ストリップ線路といった伝送線路は，線路電圧 v，線路電流 i で動作を記述することができる．当然伝送線路上での時間変動を扱うので，伝送線路上での位置 z と観測時刻 t の関数になっているので，$v=v(z,t)$, $i=i(z,t)$ となっている．したがって，このような伝送線路は，図 11.1（b）に示す分布定数線路モデルで表現できる．このような線路モデルでの電気的な特性は

(1) 線間電圧により金属伝送線路に蓄積される正・負電荷に基づく電気容量（C（F/m））

(2) 往復電流により金属伝送線路に鎖交する磁束に基づくインダクタンス

第 11 章　分布定数回路の扱い方

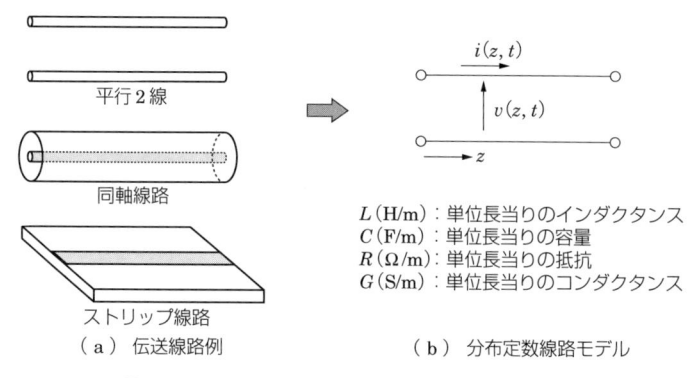

図 11.1 伝送線路の構造例とその分布定数線路モデル

$(L\ (\mathrm{H/m}))$
で特徴づけられる．この値は，線路が長くなるほど大きくなるので，単位長当りの電気容量 C (F/m)，単位長当りのインダクタンス L (H/m) が定義される．またこのほかに

(3) 抵抗率を持った金属伝送線路により生じる電気抵抗（R (Ω/m)）

(4) $\tan \delta$ を持った線間誘電体媒質に基づくコンダクタンス（G (S/m)）

が存在する．したがって，分布定数伝送線路の電気的特性は，伝送線路の単位長当りの容量 (C)，インダクタンス (L)，抵抗 (R)，コンダクタンス (G) を用いて図 11.1 (b) のように表現できる．これらの線路定数は，線路の一次定数と呼ばれている．

11.1.2　時間依存伝送線路方程式

図 11.1 (b) に示す分布定数線路モデルの動作状況を記述する電圧 $v(z, t)$，電流 $i(z, t)$ の間にある関係式（＝伝送線路方程式）をここで導出する．まず，図 11.1 に線路モデルで微小モデルを $z \sim z + \varDelta z$ を図 11.2 に示すように切り取ると，この微小部分の等価回路は，図 11.2 に示すようになり，この部分の等価回路は，図 11.1 に示す単位長当りの回路定数を用いて次式で与えられる．

$$L\varDelta z\ (\mathrm{H}),\quad C\varDelta z\ (\mathrm{F}),\quad R\varDelta z\ (\Omega),\quad G\varDelta z\ (\mathrm{S}) \qquad (11.1)$$

ここでは図 11.2 に示す微小回路部分に対して，キルヒホッフの電圧則，電流則を用いて伝送線路方程式を導出する．

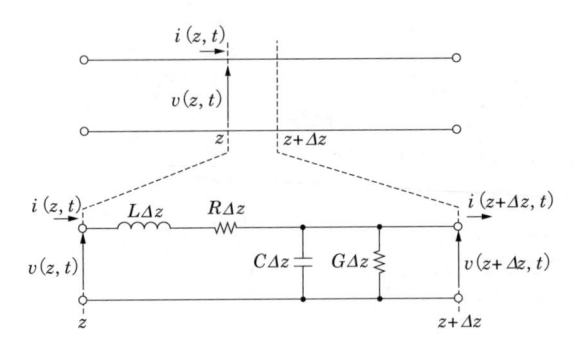

図 11.2　微小線路部分の等価回路と各部での電圧-電流

（1）　キルヒホッフの電圧則の適用

図 11.2 で Δz なる微小線路部分で，電流 $i(z, t)$ に鎖交する磁束は次式で与えられる．

$$\Delta \phi = L \Delta z i(z, t) \tag{11.2}$$

図 11.2 の微小線路部分にキルヒホッフの電圧則を用いる．ファラデーの電磁誘導則による逆起電力及び抵抗による電圧降下により図 11.2 で z と $z + \Delta z$ での電圧の差は，次式で与えられる．

$$v(z+\Delta z, t) - v(z, t) = -L\frac{\partial}{\partial t}(\Delta \phi) - R\Delta z i$$

$$= -L\Delta z \frac{\partial i(z, t)}{\partial t} - R\Delta z i(z, t) \tag{11.3}$$

式 (11.3) の両辺を Δz で割ることにより，次式が得られる．

$$\frac{v(z+\Delta z, t) - v(z, t)}{\Delta z} = -L\frac{\partial i(z, t)}{\partial t} - Ri(z, t) \tag{11.4}$$

式 (11.4) の左辺で $\Delta z \to 0$ とする極限操作を行うと，$v(z, t)$ に関する偏微分が得られるので，式 (11.4) は式 (11.5) となる．

$$\frac{\partial v(z, t)}{\partial z} = -L\frac{\partial i(z, t)}{\partial t} - Ri(z, t) \tag{11.5}$$

（2）　キルヒホッフの電流則の適用

図 11.2 で Δz なる微小線路部分に蓄積される電荷 ΔQ は，線間容量が $C\Delta z$，線間電圧が $v(z+\Delta z, t)$ となることにより，次式で与えられる．

$$\Delta Q = C \Delta z v(z+\Delta z, t) \tag{11.6}$$

図 11.2 の等価回路にキルヒホッフの電流則を適用する．蓄積電荷 ΔQ の時間変化によるコンデンサへの電流流入分（変位電流相当分）及びコンダクタンスに流れる電流分だけ，$z+\Delta z$ での流出電流 $i(z+\Delta z, t)$ は，流入電流 $i(z, t)$ より少なくなるので，式 (11.7) が得られる．

$$i(z+\Delta z, t) - i(z, t) = -\frac{\partial}{\partial t}(\Delta Q) - (G\Delta z)v(z+\Delta z, t) \tag{11.7}$$

式 (11.6) の関係を式 (11.7) に代入して，両辺を Δz で割ると

$$\frac{i(z+\Delta z, t) - i(z, t)}{\Delta z} = -C\frac{\partial}{\partial t}v(z+\Delta z, t) - Gv(z+\Delta z, t) \tag{11.8}$$

$\Delta z \to 0$ の極限操作を施すことにより，式 (11.9) を得る．この際，式 (11.10) の近似を用いている．

$$\frac{\partial i(z, t)}{\partial z} = -C\frac{\partial v(z, t)}{\partial t} - Gv(z, t) \tag{11.9}$$

$$v(z+\Delta z, t) = v(z, t) + \left[\frac{\partial}{\partial z}v(z, t)\right]\Delta z \approx v(z, t) \tag{11.10}$$

以上をまとめると，図 11.1 に示す分布定数線路モデルでの時間依存電圧-電流方程式は，次式で与えられる．

$$\begin{cases} \dfrac{\partial}{\partial z}v(z, t) = -L\dfrac{\partial i(z, t)}{\partial t} - Ri(z, t) \\ \dfrac{\partial}{\partial z}i(z, t) = -C\dfrac{\partial v(z, t)}{\partial t} - Gv(z, t) \end{cases} \tag{11.11}$$

式 (11.11) は分布定数線路モデルでの一次定数を用いて導出した時間依存伝送線路方程式で，その等価回路は図 11.3(a) となる．任意の時間依存

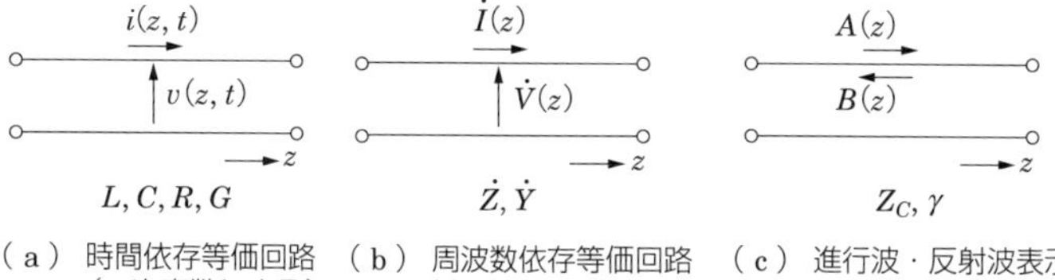

（a）時間依存等価回路　　（b）周波数依存等価回路　　（c）進行波・反射波表示
　　（一次定数による）　　　　（直列・並列イミタンス表示）　　　（二次定数 Z_C, γ）

図 11.3　時間依存及び周波数依存での伝送線路の等価回路

信号入力に対する分布定数線路モデル上での電圧/電流は，式 (11.11) を用いて直接計算することができる．

11.1.3　周波数依存伝送線路方程式

角周波数 ω で正弦波的に変化する時間波形に対する回路理論は，交流回路理論と同様に複素周波数表示を用いるのが便利である．いま図 11.1 に示す伝送線路上での電圧・電流は，次の複素数表示 $\dot{V}(z), \dot{I}(z)$ で与えられるとする．

$$\begin{cases} v(z,t) = V(z)\cos[\omega t + \phi(z)] = \mathrm{Re}[V(z)e^{j(\omega t + \phi(z))}] \\ \qquad = \mathrm{Re}[\dot{V}(z)e^{j\omega t}] \Longrightarrow \dot{V}(z) = V(z)e^{j\phi(z)} \\ i(z,t) = I(z)\cos[\omega t + \varphi(z)] = \mathrm{Re}[I(z)e^{j(\omega t + \varphi(z))}] \\ \qquad = \mathrm{Re}[\dot{I}(z)e^{j\omega t}] \Longrightarrow \dot{I}(z) = I(z)e^{j\varphi(z)} \end{cases} \quad (11.12)$$

複素数表示を用いると時間微分は，$j\omega$ の積になることより，$\dot{V}(z), \dot{I}(z)$ に関係する式 (11.12) は，次のように変形することができる．

$$\begin{cases} \dfrac{\partial}{\partial z} v(z,t) = -L\dfrac{\partial i(z,t)}{\partial t} - Ri(z,t) \\ \Longrightarrow \dfrac{d\dot{V}(z)}{dz} = -(j\omega L + R)\dot{I}(z) \\ \dfrac{\partial}{\partial z} i(z,t) = -C\dfrac{\partial v(z,t)}{\partial t} - Gv(z,t) \\ \Longrightarrow \dfrac{d\dot{I}(z)}{dz} = -(j\omega C + G)\dot{V}(z) \end{cases} \quad (11.13)$$

式 (11.13) は，複素数表示された伝送線路方程式であるが，ここでは周波数依存伝送線路方程式と呼ぶ．線路の単位長当りの直列インピーダンス $\dot{Z}$，並列アドミタンス $\dot{Y}$ を定義すると，次のように整理でき，その等価回路は図 11.3 (b) となる．

$$\begin{cases} \dfrac{d\dot{V}}{dz} = -\dot{Z}\dot{I}(z) \\ \dfrac{d\dot{I}}{dz} = -\dot{Y}\dot{V}(z) \end{cases} \quad (11.14)$$

ただし

$$\dot{Z} = j\omega L + R, \quad \dot{Y} = j\omega C + G \quad (11.15)$$

式 (11.14) を組み合わせることにより，電圧 $\dot{V}(z)$，電流 $\dot{I}(z)$ に関する

2階の微分方程式が得られる.

$$\begin{cases} \dfrac{d^2 \dot{V}}{dz^2} = -\dot{Z}\dot{Y}\dot{V}(z) \\ \dfrac{d^2 \dot{I}}{dz^2} = -\dot{Z}\dot{Y}\dot{I}(z) \end{cases} \qquad (11.16)$$

式 (11.16) より電圧分布 $\dot{V}(z)$ を解くと電圧進行波 $\dot{A}(z)$ と電圧反射波 $\dot{B}(z)$ の和として式 (11.17) の第1式が得られ，電流分布は式 (11.14) の第1式に代入することにより式 (11.17) の第2式として求まる．

$$\begin{cases} \dot{V}(z) = A_0 e^{-\gamma z} + B_0 e^{\gamma z} = \dot{A}(z) + \dot{B}(z) \\ \dot{I}(z) = (A_0 e^{-\gamma z} - B_0 e^{\gamma z}) Y_C = (\dot{A}(z) - \dot{B}(z)) Y_C \end{cases} \qquad (11.17)$$

ただし，γ, Y_C は伝送線路の伝搬定数，特性アドミタンスで

$$\left. \begin{aligned} \gamma &= \sqrt{\dot{Z}\dot{Y}} = \sqrt{(j\omega L + R)(j\omega C + G)} = \alpha + j\beta \ (\mathrm{m}^{-1}) \\ Y_C &= \sqrt{\dfrac{\dot{Y}}{\dot{Z}}} = \sqrt{\dfrac{j\omega C + G}{j\omega L + R}} = \dfrac{1}{Z_C} \ (\mathrm{S}) \end{aligned} \right\} \qquad (11.18)$$

で与えられる．式 (11.18) で α は減衰定数，β は位相定数，Y_C は線路の特性アドミタンスで，その逆数 Z_C は線路の特性インピーダンスである．また，γ, $Z_C = 1/Y_C$ は伝送線路の二次定数とも呼ばれる．式 (11.18) の周波数依存伝送線路方程式より，角周波数 ω での電圧・電流に対する等価回路は，図 11.3(c) と表示できる．二次定数を用いる式 (11.14) の解は，入射波・反射波の和または差となり，物理的な動作が理解しやすくなる．

伝送線路はできるだけ損失が小さくなるように設計されているので，一次近似として損失を無視することができる．無損失の場合 $R = G = 0$ となり，周波数依存伝送線路方程式は式 (11.14)′ となる．

$$\dfrac{d\dot{V}}{dz} = -j\omega L \dot{I}, \qquad \dfrac{d\dot{I}}{dz} = -j\omega C \dot{V} \qquad (11.14)'$$

また，式 (11.14) の一般解は，式 (11.17) に従って次式となる．

$$\begin{cases} \dot{V}(z) = A_0 e^{-j\beta z} + B_0 e^{j\beta z} = \dot{A}(z) + \dot{B}(z) \\ \dot{I}(z) = (A_0 e^{-j\beta z} - B_0 e^{j\beta z}) Y_C = (\dot{A}(z) - \dot{B}(z)) Y_C \end{cases} \qquad (11.17)'$$

ただし

$$\alpha = 0, \quad \beta = \omega\sqrt{LC} \ (\mathrm{rad/m}), \quad Y_C = \sqrt{\dfrac{C}{L}} \ (\mathrm{S}) \qquad (11.18)'$$

以降の式の導出で，複素数表示での $\dot{A}$ の・を省く場合もある．また伝送線路は無損失とする．

11.1.4　電圧波・電力波の伝送線路方程式

伝送線路上での電圧進行波 $A(z)$，電圧反射波 $B(z)$ を式 (11.14) に代入し，整理することにより，次式が得られる．

$$\begin{cases} \dfrac{dA(z)}{dz} = -\gamma A(z) \\ \dfrac{dB(z)}{dz} = +\gamma B(z) \end{cases} \tag{11.19}$$

式 (11.19) を解くと電圧進行波・反射波として $A(z)=A_0 e^{-\gamma z}$, $B(z)=B_0 e^{\gamma z}$ が得られ，式 (11.17) の結果と一致する．

また，伝送線路上での電力の伝送に関して，電力波の考え方がよく用いられる．特性インピーダンス Z_c を持った無損失伝送線路での電圧進行波，電圧反射波を $\dot{A}(z), \dot{B}(z)$ とすると，この電圧波が運ぶエネルギーは，$(\dot{A}(z)\dot{A}^*(z))/Z_c = |\dot{A}(z)|^2/Z_c$，及び $|\dot{B}(z)|^2/Z_c$ と与えられるので，入反射電力波 $a(z), b(z)$ を次のように定義する．

$$\begin{cases} |\dot{a}(z)|^2 = \dfrac{|\dot{A}(z)|^2}{Z_c} \Longrightarrow \dot{a}(z) = \dfrac{\dot{A}(z)}{\sqrt{Z_c}} = \sqrt{Y_c}\,\dot{A}(z) \\ |\dot{b}(z)|^2 = \dfrac{|\dot{B}(z)|^2}{Z_c} \Longrightarrow \dot{b}(z) = \dfrac{\dot{B}(z)}{\sqrt{Z_c}} = \sqrt{Y_c}\,\dot{B}(z) \end{cases} \tag{11.20}$$

式 (11.20) を式 (11.19) に代入すると，電力波に関する伝送線路方程式が得られる．

$$\begin{cases} \dfrac{d\dot{a}(z)}{dz} = -j\beta \dot{a}(z) \\ \dfrac{d\dot{b}(z)}{dz} = j\beta \dot{b}(z) \end{cases} \tag{11.19}'$$

11.1.5　各種伝送線路の一次定数・二次定数

伝送線路として頻繁に利用されている平行2線，平行板線路，ストリップ線路，同軸線路の一次定数は，電気磁気学を具体的な構造に適用し，定義に従って容易に求まる．求めた結果をまとめると**表11.1**のようになる．この場合電磁界の存在する媒質は，非磁性体媒質で比誘電率 ε_r，透磁率 μ_0 とする ($\varepsilon = \varepsilon_0 \varepsilon_r$)．

第11章　分布定数回路の扱い方

表11.1　伝送線路の一次定数・二次定数

伝送線路構造・寸法	一次定数	二次定数
(1) 平行2線	$C = \pi\varepsilon \dfrac{1}{\cosh^{-1}\dfrac{d}{2a}}$ (F/m) $L = \dfrac{\mu_0}{\pi}\cosh^{-1}\dfrac{d}{2a}$ (H/m)	$Z_c = \dfrac{1}{\pi}\sqrt{\dfrac{\mu_0}{\varepsilon}}\cosh^{-1}\dfrac{d}{2a}$ $= \dfrac{120}{\sqrt{\varepsilon_r}}\cosh^{-1}\dfrac{d}{2a}$ (Ω) $\beta = \omega\sqrt{\varepsilon\mu_0} = k_0\sqrt{\varepsilon_r}$ (rad/m)
(2) 平行板線路 $\varepsilon = \varepsilon_r\varepsilon_0$	$C = \varepsilon\dfrac{W}{d}$ (F/m) $L = \mu_0\dfrac{d}{W}$ (H/m)	$Z_c = \dfrac{1}{\pi}\sqrt{\dfrac{\mu_0}{\varepsilon}}\dfrac{d}{W} = \dfrac{120\pi}{\sqrt{\varepsilon_r}}\dfrac{d}{W}$ (Ω) $\beta = \omega\sqrt{\varepsilon\mu_0} = k_0\sqrt{\varepsilon_r}$ (rad/m)
(3) ストリップ線路 $\varepsilon = \varepsilon_r\varepsilon_0$	$C = 4\varepsilon\dfrac{K(k)}{K(k')}$ (F/m) $L = \dfrac{\mu_0}{4}\dfrac{K(k')}{K(k)}$ (H/m)	$Z_c = \dfrac{1}{4}\sqrt{\dfrac{\mu_0}{\varepsilon_0}}\dfrac{K(k')}{K(k)} = \dfrac{30\pi}{\sqrt{\varepsilon_r}}\dfrac{K(k')}{K(k)}$ (Ω) $\beta = \omega\sqrt{\varepsilon\mu_0} = k_0\sqrt{\varepsilon_r}$ (rad/m)
	ただし，$K=$ 楕円関数　$k = \tanh\left(\dfrac{\pi W}{4d}\right)$, $k' = \mathrm{sech}\left(\dfrac{\pi W}{4d}\right)$	
(4) 同軸線路 $\varepsilon = \varepsilon_r\varepsilon_0$	$C = \dfrac{2\pi\varepsilon}{\ln b/a}$ (F/m) $L = \dfrac{\mu_0}{2\pi}\ln\dfrac{b}{a}$ (H/m)	$Z_c = \dfrac{1}{2\pi}\sqrt{\dfrac{\mu_0}{\varepsilon}}\ln\dfrac{b}{a} = \dfrac{60}{\sqrt{\varepsilon_r}}\ln\dfrac{b}{a}$ (Ω) $\beta = \omega\sqrt{\varepsilon\mu_0} = k_0\sqrt{\varepsilon_r}$ (rad/m)

ただし，$k_0 = \omega\sqrt{\varepsilon_0\mu_0} = \dfrac{2\pi f_0}{c_0}$ (rad/m), $\sqrt{\dfrac{\mu_0}{\varepsilon_0}} \approx 120\pi$ (Ω), c_0：真空中の光速

ここで考えている伝送線路の伝送モードは TEM となっているので，$LC = \varepsilon\mu_0$ の関係がある．また式 (11.18), (11.18)' より伝送線路の二次定数も求まるので，表11.1にまとめた．

11.2　分布定数伝送線路の特性記述と動作解析

ここではこれまで説明してきた伝送線路で，次の場合の動作解析を行う．
(1) 先端にインピーダンスを負荷した一開口伝送線路を励振したとき

(2) 二開口伝送線路として，両開口より励振したとき

具体的な動作解析の中身は

(a) 入出力イミタンスの計算
(b) 入出力特性
(c) 動作時の高周波電圧・電流分布（含定在波）

11.2.1 先端負荷一開口伝送線路

図 11.4 に示す長さ l の伝送線路の先端に Z_L のインピーダンスが接続されたときの入力イミタンス，反射特性（＝入出力特性），動作時での高周波電圧・電流分布を求める．特に整合負荷（$Z_L=Z_C$），短絡負荷（$Z_L=0$），開放負荷（$Z_L=\infty$）についても説明する．

（1）入力インピーダンス・アドミタンスの計算

図 11.4 に示す座標系で $z=0$ での入射波，反射波を $\dot{A}_0, \dot{B}_0$ と仮定すると図 11.4 の伝送線路上，任意点の高周波電圧・電流は，式 (11.17)' となる．

$$\begin{cases} \dot{V}(z) = \dot{A}_0 e^{-j\beta z} + \dot{B}_0 e^{j\beta z} \\ \dot{I}(z) = (\dot{A}_0 e^{-j\beta z} - \dot{B}_0 e^{j\beta z}) Y_C \end{cases} \quad (11.17)'$$

ところで，$z=0$ で電圧 $\dot{V}(0) = \dot{A}_0 + \dot{B}_0$，電流 $\dot{I}(0) = (\dot{A}_0 - \dot{B}_0)\dot{Y}_C$ となり，また負荷 $\dot{Z}_L$ に対して $\dot{V}(0) = \dot{Z}_L \dot{I}(0)$ となるので，入射波に対する反射波は次式で与えられる．

$$\dot{A}_0 + \dot{B}_0 = \dot{Z}_L (\dot{A}_0 - \dot{B}_0) Y_C$$

$$\therefore \dot{B}_0 = \frac{\dot{Z}_L Y_C - 1}{\dot{Z}_L Y_C + 1} \dot{A}_0 = \frac{\dot{Z}_L - Z_C}{\dot{Z}_L + Z_C} \dot{A}_0 \quad (11.21)$$

式 (11.21) を式 (11.20) に代入することにより，任意の点での高周波電圧・電流は次式となる．

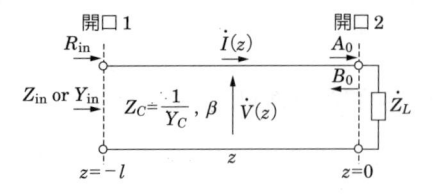

図 11.4 先端負荷一開口伝送線路

第 11 章　分布定数回路の扱い方

$$\begin{cases} \dot{V}(z) = \left[e^{-j\beta z} + \dfrac{\dot{Z}_L - Z_C}{\dot{Z}_L + Z_C} e^{j\beta z} \right] A_0 \\ \dot{I}(z) = \left[e^{-j\beta z} - \dfrac{\dot{Z}_L - Z_C}{\dot{Z}_L + Z_C} e^{j\beta z} \right] Y_C A_0 \end{cases} \quad (11.22)$$

したがって，任意の点でのインピーダンス，アドミタンスは次式となる．

$$\begin{aligned} \dot{Z}(z) = \dfrac{\dot{V}(z)}{\dot{I}(z)} &= Z_C \dfrac{(\dot{Z}_L + Z_C)e^{-j\beta z} + (\dot{Z}_L - Z_C)e^{j\beta z}}{(\dot{Z}_L + Z_C)e^{-j\beta z} - (\dot{Z}_L - Z_C)e^{j\beta z}} \\ &= Z_C \dfrac{(e^{j\beta z} + e^{-j\beta z})\dot{Z}_L - (e^{j\beta z} - e^{-j\beta z})Z_C}{(e^{j\beta z} + e^{-j\beta z})Z_C - (e^{j\beta z} - e^{-j\beta z})\dot{Z}_L} \\ &= Z_C \dfrac{\dot{Z}_L \cos \beta z - j Z_C \sin \beta z}{Z_C \cos \beta z - j \dot{Z}_L \sin \beta z} \\ &= Z_C \dfrac{\dot{Z}_L - j Z_C \tan \beta z}{Z_C - j \dot{Z}_L \tan \beta z} \end{aligned} \quad (11.23)$$

$$\begin{aligned} \dot{Y}(z) = \dfrac{\dot{I}(z)}{\dot{V}(z)} &= \dfrac{1}{\dot{Z}(z)} \\ &= Y_C \dfrac{Z_C - j \dot{Z}_L \tan \beta z}{\dot{Z}_L - j Z_C \tan \beta z} \\ &= Y_C \dfrac{\dot{Y}_L - j Y_C \tan \beta z}{Y_C - j \dot{Y}_L \tan \beta z} \end{aligned} \quad (11.24)$$

また，$z = -l$ での入力イミタンスは次式となる．

$$\begin{cases} \dot{Z}_{\text{in}} = \dot{Z}(-l) = Z_C \dfrac{\dot{Z}_L + j Z_C \tan \beta z}{Z_C + j \dot{Z}_L \tan \beta z} \\ \dot{Y}_{\text{in}} = \dot{Y}(-l) = Y_C \dfrac{\dot{Y}_L + j Y_C \tan \beta z}{Y_C + j \dot{Y}_L \tan \beta z} \end{cases} \quad (11.25)$$

特に先端整合負荷，短絡負荷，開放負荷のとき，伝送線路 l だけ離れた距離での見込んだイミタンスは，**表 11.2** と整理される．

表11.2 先端各種負荷時の入力イミタンス・反射係数

	入力インピーダンス ($\dot{Z}_{\text{in}}$)	入力アドミタンス ($\dot{Y}_{\text{in}}$)	反射係数 ($\dot{R}_{\text{in}}$)
任意負荷 ($\dot{Z}_L = 1/\dot{Y}_L$)	$Z_C \dfrac{\dot{Z}_L + j Z_C \tan \beta l}{Z_C + j \dot{Z}_L \tan \beta l}$	$Y_C \dfrac{\dot{Y}_L + j Y_C \tan \beta l}{Y_C + j \dot{Y}_L \tan \beta l}$	$\|R_L\| e^{j(\phi - 2\beta l)} = R_L e^{-j2\beta l}$
整合負荷 ($\dot{Z}_L = Z_C$)	Z_C	Y_C	$R = 0$
短絡負荷 ($\dot{Z}_L = 0$)	$j Z_C \tan \beta l$	$-j Y_C \cot \beta l$	$e^{j(\pi - 2\beta l)}$
開放負荷 ($\dot{Z}_L = \infty$)	$-j Z_C \cot \beta l$	$j Y_C \tan \beta l$	$e^{j(-2\beta l)}$

(2) 反射特性（入出力特性）

図 11.4 に示す先端負荷伝送線路で，入射電圧波に対する反射電圧波の状況は，電圧反射係数で表示される．図 11.4 で $z=0$ にある負荷 Z_L により，$\dot{A}_0$ の入射電圧波に対する $\dot{B}_0$ の反射電圧波は，式（11.21）で与えられることにより，負荷での電圧波反射係数は，次式で与えられる．

$$\dot{R}_L = \frac{\dot{B}_0}{\dot{A}_0} = \frac{\dot{Z}_L - \dot{Z}_C}{\dot{Z}_L + \dot{Z}_C} \equiv |R_L| e^{j\phi_L} \tag{11.26}$$

は複素数となるので，$\dot{R}_L = |R_L| e^{j\phi_L}$ と表示することができる．図 11.4 に示す伝送線路で，任意の点 $z(<0)$ での電圧入射波と電圧反射波は各々 $\dot{A}(z) = \dot{A}_0 e^{-j\beta z}$, $\dot{B}(z) = \dot{B}_0 e^{j\beta z}$ で与えられるので，点 z での反射係数は，次式で計算される．

$$\dot{R}(z) = \frac{\dot{B}(z)}{\dot{A}(z)} = \frac{\dot{B}_0}{\dot{A}_0} e^{j2\beta z} = |R_L| e^{j(2\beta z + \phi_L)} \tag{11.27}$$

また $z=-l$ での電圧反射係数は，式（11.27）で $z=-l$ とすることにより次式で与えられる．

$$\dot{R}_{\mathrm{in}} = \dot{R}(-l) = |R_L| e^{j(-2\beta l + \phi_L)} \tag{11.28}$$

無損失伝送線路では，式（11.27），（11.28）より分かるとおり，反射係数の絶対値は負荷だけで決まり，単に反射係数の位相のみが，位置により変化する．特に整合負荷，短絡負荷，開放負荷のときには，各々 $\dot{R}_L=0$, $\dot{R}_L=-1$, $\dot{R}_L=+1$ となるので，$z=-l$ での入力反射係数は，式（11.28）より表 11.2 とまとめられる．

電力波に関する入反射特性は電力波散乱行列と呼ばれる．今回は一開口なので任意の点 z での電力波反射係数は

$$\dot{S}_p(z) = \frac{\dot{b}(z)}{\dot{a}(z)} = \frac{\dot{B}(z)}{\dot{A}(z)} = \dot{R}(z) \tag{11.29}$$

となり，電圧波反射係数と一致していることが分かる．したがって，負荷端（$z=0$）及び入力端（$z=-l$）での電力波反射係数は，次式となる．

$$\dot{S}_p(z=0) = \dot{R}(0) = \dot{R}_L, \quad \dot{S}_p(z=-l) = \dot{R}_L e^{-j2\beta l} \tag{11.30}$$

(3) 動作時での高周波電圧・電流分布

図 11.4 に示す伝送線路での高周波電圧・電流分布は，式（11.22）で与え

られるが，負荷点での反射係数 $\dot{R}_L$ を用いると，次式で表示される．

$$\begin{cases} \dot{V}(z)=\dot{A}(z)+\dot{B}(z)=(e^{-j\beta z}+\dot{R}_L e^{j\beta z})\dot{A}_0=(1+\dot{R}(z))\dot{A}(z) \\ \dot{I}(z)=(\dot{A}(z)-\dot{B}(z))Y_C=(e^{-j\beta z}-\dot{R}_L e^{j\beta z})Y_C\dot{A}_0=(1-\dot{R}(z))Y_C\dot{A}(z) \end{cases}$$
(11.31)

したがって，動作時の時間依存高周波電圧分布・電流分布は，式 (11.12) を適用することにより求まる．ただし，$\dot{A}_0=A_0$ とする．

$$\begin{cases} v(z,t)=\text{Re}[\dot{V}(z)e^{j\omega t}] \\ \quad\Longrightarrow \{\cos(\omega t-\beta z)+|R_L|\cos(\omega t+\beta z+\phi_L)\}A_0 \\ i(z,t)=\text{Re}[\dot{I}(z)e^{j\omega t}] \\ \quad\Longrightarrow \{\cos(\omega t-\beta z)-|R_L|\cos(\omega t+\beta z+\phi_L)\}A_0 Y_C \end{cases}$$
(11.32)

特に整合負荷，短絡負荷，開放負荷のときには，$R_L=0, -1, +1$ となるので，時間依存高周波電圧・電流分布は，**表11.3** とまとめられる．

表11.3 任意負荷及び特別な負荷のときの時間依存電圧・電流分布

	電圧分布 $v(z,t)$	電流分布 $i(z,t)$
任意負荷	$\left[\cos(\omega t-\beta z)+|R_L|\cos(\omega t+\beta z+\phi_L)\right]A_0$	$\left[\cos(\omega t-\beta z)-|R_L|\cos(\omega t+\beta z+\phi_L)\right]A_0 Y_C$
整合負荷	$A_0\cos(\omega t-\beta z)$	$A_0 Y_C\cos(\omega t-\beta z)$
短絡負荷	$2A_0\sin\beta z\sin\omega t$	$2A_0 Y_C\cos\beta z\cos\omega t$
開放負荷	$2A_0\cos\beta z\cos\omega t$	$2A_0 Y_C\sin\beta z\sin\omega t$

(4) 定在波による負荷インピーダンスの測定

高周波になると高周波電圧・電流の測定が困難になるので，高周波インピーダンスの直接測定も困難となる．ここでは定在波法による高周波インピーダンスの測定法を説明する．

図11.4 での任意負荷 Z_L に対する時間依存高周波電圧は，次式となる．

$$v(z,t)=A_0\{\cos(\omega t-\beta z)+|R_L|\cos(\omega t+\beta z+\phi_L)\} \quad (11.33)$$

したがって，**図11.5**(a)に示す伝送線路で負荷 Z_L が与えられると，伝送線路上で時間依存高周波電圧分布は時刻 ωt をパラメータとして図11.5(b)となる．この図より伝送線路上での各点の高周波電圧の最大値は，位置 z とともに変化しており，この最大値は式 (11.33) を次のように整理することにより求まる．

```
       ←A₀
       →B₀
Z_C, β    Ṙ_L = (2Z_C − Z_L)/(2Z_C + Z_L) = 1/3 (例)     │Z_L = 2Z_C│
                                               z=0   z
                    (a)
```

(b) 伝送線路上での $\theta = \omega t$ をパラメータとしたときの高周波電圧分布とその包絡線

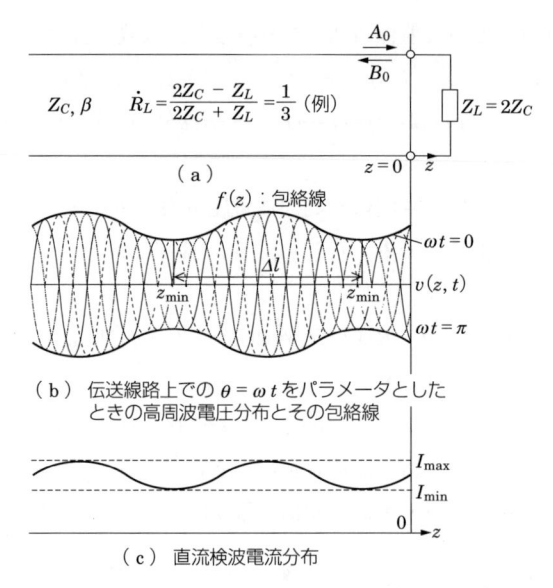

(c) 直流検波電流分布

図 11.5 伝送線路上での時間依存高周波電圧分布(b)と直流検波電流分布(c)

$$v(z,t) = A_0\{\cos\omega t \cos\beta z + \sin\omega t \sin\beta z + |R_L|\cos\omega t \cos(\beta z + \phi_L)$$
$$\qquad -|R_L|\sin\omega t \sin(\beta z + \phi_L)\}$$
$$= A_0\{[\cos\beta z + |R_L|\cos(\beta z + \phi_L)]\cos\omega t$$
$$\qquad +[\sin\beta z - |R_L|\sin(\beta z + \phi_L)]\sin\omega t\}$$
$$= A_0\sqrt{1+|R_L|^2+2|R_L|\cos(\beta z+\phi_L)}\,\cos[\omega t+\varphi(z)]$$
(11.34)

ただし

$$\tan\varphi(z) = -\frac{\sin\beta z - |R_L|\sin(\beta z+\phi_L)}{\cos\beta z + |R_L|\cos(\beta z+\phi_L)} \tag{11.35}$$

伝送線路上任意の点 z での最大値は式 (11.34) より次式で与えられる.

$$f(z) = A_0\sqrt{1+|R_L|^2+2|R_L|\cos(2\beta z+\phi_L)} \tag{11.36}$$

この関数は伝送線路上での式 (11.33) の包絡線に当たり, 図 11.5(b)に示すとおりでこの包絡線を定在波と呼ぶ. 定在波の最大値と最小値は, 式 (11.36) より次式となる. ただし, n は整数である.

$$\begin{cases} f_{\max} = A_0(1+|R_L|) & 2\beta z_{\max} + \phi_L = -2\pi n \\ f_{\min} = A_0(1-|R_L|) & 2\beta z_{\min} + \phi_L = \pi - 2\pi n \end{cases} \tag{11.37}$$

定在波の最大値と最小値の比は定在波比と呼び，式(11.37)より次式で与えられる．

$$\rho = \frac{f_{\max}}{f_{\min}} = \frac{1+|R_L|}{1-|R_L|} \tag{11.38}$$

したがって，定在波比が測定できると負荷の反射係数の絶対値は

$$|R_L| = \frac{\rho-1}{\rho+1} \tag{11.39}$$

また，ϕ_L は定在波が最低とする $z_{\min}$ より次式で求まる．

$$\phi_L = \pi - 2\pi n - 2\beta z_{\min} \tag{11.40}$$

ρ と ϕ_L が求まると，負荷の反射係数は次式で求まる．

$$R_L = |\dot{R}_L|e^{j\phi_L} = \frac{\rho-1}{\rho+1}e^{j(\pi-2n\pi-2\beta z_{\min})}$$

$$= -\frac{\rho-1}{\rho+1}e^{-j2\beta z_{\min}} \tag{11.41}$$

負荷の反射係数が定在波測定より求まると，負荷のインピーダンスは式(11.26)を用いて次式で求まる．

$$\dot{Z}_L = \frac{1+\dot{R}_L}{1-\dot{R}_L} Z_c \tag{11.42}$$

ところで，定在波の測定は定在波測定器により距離 z に沿って二乗検波器を移動することにより得られる．このとき二乗検波器の検波感度を K とすると，検波電流は，$Kv^2(z,t)$ の直流成分より与えられる．$v^2(z,t)$ は式(11.33)より次のように直流成分と高周波成分が計算される．

$$\begin{aligned} v^2(z,t) &= A_0^2 \{\cos(\omega t - \beta z) + |R_L|\cos(\omega t + \beta z + \phi_L)\}^2 \\ &= A_0^2 \{\cos^2(\omega t - \beta z) + |R_L|^2\cos^2(\omega t + \beta z + \phi_L) \\ &\quad + 2|R_L|\cos(\omega t - \beta z)\cos(\omega t + \beta z + \phi_L)\} \\ &= A_0^2 \Big\{\frac{1}{2}(1+\cos 2(\omega t - \beta z)) \\ &\quad + |R_L|^2 \frac{1}{2}(1+\cos 2(\omega t + \beta z + \phi_L)) \\ &\quad + |R_L|(\cos(2\beta z + \phi_L) + \cos(2\omega t + \phi_L))\Big\} \end{aligned}$$

$$= A_0^2 \Big\{ \frac{1}{2}(1+2|R_L|\cos(2\beta z + \phi_L) + |R_L|^2)$$

$$+ \frac{1}{2}(\cos 2(\omega t - \beta z) + |R_L|^2 \cos 2(\omega t + \beta z + \phi_L)$$

$$+ 2|R_L|\cos(2\omega t + \phi_L)) \Big\} \tag{11.43}$$

となるので，直流レベルでの検波電流は位置 z での関数として式 (11.44) で与えられ，式 (11.36) と同じ z に関する変化を示す．

$$I(z) = \frac{1}{2}KA_0^2(1+2|R_L|\cos(2\beta z + \phi_L) + |R_L|^2)$$

$$= \frac{1}{2}Kf^2(z) \tag{11.44}$$

つまり伝送線路上での直流検波電流は，式 (11.44) より分かるとおり図 11.5(c) に示すように定在波の 2 乗に比例して測定されるので，直流検波電流の最大値 I_{max}，最小値 I_{min} と検波電流最小の位置 z_{min} は，式 (11.44) より式 (11.45) の関係が与えられる．

$$\begin{cases} I_{max} = \dfrac{K}{2}A_0^2(1+|R_L|)^2 & 2\beta z_{max} + \phi_L = -2n\pi \\ I_{min} = \dfrac{K}{2}A_0^2(1-|R_L|)^2 & 2\beta z_{min} + \phi_L = \pi - 2n\pi \end{cases} \tag{11.45}$$

式 (11.38) の定在波比及び式 (11.45) に示す測定値より次の結果が求まる．

$$\begin{cases} \rho = \sqrt{\dfrac{I_{max}}{I_{min}}} = \dfrac{1+|R_L|}{1-|R_L|} \\ \phi_L = \pi - 2n\pi - 2\beta z_{min} \end{cases} \tag{11.46}$$

定在波比 z_{min} が検波電流分布より測定されると，負荷の反射係数及び負荷インピーダンスは式 (11.41)，(11.42) で求まる．また検波電流の最小値間の距離 $\varDelta l$ は式 (11.44) より式 (11.47) の関係が生じるので，$\varDelta l$ を測定することにより，その周波数での位相定数 β または波長 λ が推定できる．

$$\begin{cases} 2\beta\varDelta l = 2\pi \\ \beta = \dfrac{\pi}{\varDelta l} \quad \text{または} \quad \lambda = \dfrac{2\pi}{\beta} = 2\varDelta l \end{cases} \tag{11.47}$$

特に負荷が整合，短絡，開放となっている場合の定在波 $f(z)$ の様子は，

表11.4 任意負荷及び特別負荷の場合の定在波，定在波比，定在波最小の位置

負 荷	$f(z)$：定在波	定在波比	$z_{\min}(<0)$
任意負荷	$f(z)=A_0\sqrt{1+|R_L|^2+2|R_L|\cos(2\beta z+\phi_L)}$	$\rho=\dfrac{1+|R_L|}{1-|R_L|}$	$z_{\min}=-\dfrac{\lambda}{4}\left(2n-1+\dfrac{\phi_L}{\pi}\right)$
整合負荷	$f(z)=A_0$	$\rho=1$	なし
短絡負荷	$f(z)=2A_0|\sin\beta z|$	$\rho=\infty$	$z_{\min}=-\dfrac{\lambda}{2}n$
開放負荷	$f(z)=2A_0|\cos\beta z|$	$\rho=\infty$	$z_{\min}=-\dfrac{\lambda}{2}\left(n-\dfrac{1}{2}\right)$

表11.4のようにまとめられる．

11.2.2 二開口伝送線路

図11.6に示す位相定数 β，特性インピーダンス Z_c を持った長さ l の無損失二開口伝送線路が示す二開口イミタンス行列，F 行列，動作時の高周波電圧・電流分布を求める．

（1） 二開口伝送線路のイミタンス行列

図11.6に示す伝送線路内の高周波電圧・電流分布は，式 (11.17) より次式で与えられる．

$$\begin{cases} V(z)=A_0 e^{-j\beta z}+B_0 e^{j\beta z} \\ I(z)=(A_0 e^{-j\beta z}-B_0 e^{j\beta z})Y_c \end{cases} \tag{11.48}$$

図11.6で開口1, 2での開口電圧 V^1, V^2，流入開口電流 $\dot{I}^1, \dot{I}^2$ を A_0, B_0 で表示すると，式 (11.49), (11.50) の行列表現を得る．ただし，$\theta=\beta l$ とする．また，電流に付した矢印は電流の方向を示す．

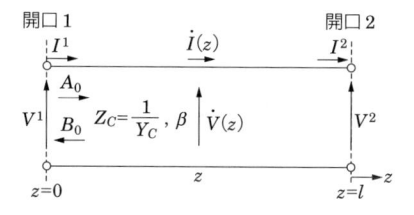

図11.6 二開口伝送線路

$$\begin{cases} V^1 = A_0 + B_0 \\ V^2 = A_0 e^{-j\theta} + B_0 e^{j\theta} \end{cases} \Longrightarrow \begin{bmatrix} V^1 \\ V^2 \end{bmatrix} = \begin{bmatrix} 1 & 1 \\ e^{-j\theta} & e^{j\theta} \end{bmatrix} \begin{bmatrix} A_0 \\ B_0 \end{bmatrix} \quad (11.49)$$

$$\begin{cases} \vec{I}^1 = (A_0 - B_0) Y_C \\ \vec{I}^2 = -(A_0 e^{-j\theta} - B_0 e^{j\theta}) Y_C \end{cases} \Longrightarrow \begin{bmatrix} \vec{I}^1 \\ \vec{I}^2 \end{bmatrix} = Y_C \begin{bmatrix} 1 & -1 \\ -e^{-j\theta} & e^{j\theta} \end{bmatrix} \begin{bmatrix} A_0 \\ B_0 \end{bmatrix}$$
$$(11.50)$$

したがって,$z=0$ での電圧進行波・反射波振幅は,式 (11.49),(11.50) より端子電圧及び流入電流で表現できる.

$$\begin{bmatrix} A_0 \\ B_0 \end{bmatrix} = \begin{bmatrix} 1 & 1 \\ e^{-j\theta} & e^{j\theta} \end{bmatrix}^{-1} \begin{bmatrix} V^1 \\ V^2 \end{bmatrix} = \frac{1}{2j\sin\theta} \begin{bmatrix} e^{j\theta} & -1 \\ -e^{-j\theta} & 1 \end{bmatrix} \begin{bmatrix} V^1 \\ V^2 \end{bmatrix} \quad (11.51)$$

$$\begin{bmatrix} A_0 \\ B_0 \end{bmatrix} = Z_C \begin{bmatrix} 1 & -1 \\ -e^{-j\theta} & e^{j\theta} \end{bmatrix}^{-1} \begin{bmatrix} \vec{I}^1 \\ \vec{I}^2 \end{bmatrix} = \frac{Z_C}{2j\sin\theta} \begin{bmatrix} e^{j\theta} & 1 \\ e^{-j\theta} & 1 \end{bmatrix} \begin{bmatrix} \vec{I}^1 \\ \vec{I}^2 \end{bmatrix} \quad (11.52)$$

式 (11.52) を式 (11.49) に代入することにより,二開口インピーダンス行列が求まる.

$$\begin{bmatrix} V^1 \\ V^2 \end{bmatrix} = \begin{bmatrix} 1 & 1 \\ e^{-j\theta} & e^{j\theta} \end{bmatrix} \frac{Z_C}{2j\sin\theta} \begin{bmatrix} e^{j\theta} & 1 \\ e^{-j\theta} & 1 \end{bmatrix} \begin{bmatrix} \vec{I}^1 \\ \vec{I}^2 \end{bmatrix}$$
$$= -jZ_C \begin{bmatrix} \cot\theta & \csc\theta \\ \csc\theta & \cot\theta \end{bmatrix} \begin{bmatrix} \vec{I}^1 \\ \vec{I}^2 \end{bmatrix} = \boldsymbol{Z}_T \begin{bmatrix} \vec{I}^1 \\ \vec{I}^2 \end{bmatrix} \quad (11.53)$$

また式 (11.51) を式 (11.50) に代入することにより,二開口アドミタンス行列が求まる.

$$\begin{bmatrix} \vec{I}^1 \\ \vec{I}^2 \end{bmatrix} = Y_C \begin{bmatrix} 1 & -1 \\ -e^{-j\theta} & e^{j\theta} \end{bmatrix} \frac{1}{2j\sin\theta} \begin{bmatrix} e^{j\theta} & -1 \\ -e^{-j\theta} & 1 \end{bmatrix} \begin{bmatrix} V^1 \\ V^2 \end{bmatrix}$$
$$= -jY_C \begin{bmatrix} \cot\theta & -\csc\theta \\ -\csc\theta & \cot\theta \end{bmatrix} \begin{bmatrix} V^1 \\ V^2 \end{bmatrix} = \boldsymbol{Y}_T \begin{bmatrix} V^1 \\ V^2 \end{bmatrix} \quad (11.54)$$

式 (11.53),(11.54) より,二開口伝送線路のインピーダンス行列 $\boldsymbol{Z}_T$ とアドミタンス行列 $\boldsymbol{Y}_T$ は次式でまとめられる.またイミタンス間には式 (11.56) の関係がある.

$$\boldsymbol{Z}_T = -jZ_C \begin{bmatrix} \cot\theta & \csc\theta \\ \csc\theta & \cot\theta \end{bmatrix}, \quad \boldsymbol{Y}_T = -jY_C \begin{bmatrix} \cot\theta & -\csc\theta \\ -\csc\theta & \cot\theta \end{bmatrix}$$
$$(11.55)$$

$$\boldsymbol{Z}_T \cdot \boldsymbol{Y}_T = \boldsymbol{I} \quad (11.56)$$

ただし，I は単位行列である．

（2） 二開口伝送線路の F 行列

図 11.6 に示す二開口伝送線路で，開口 1 での電圧・電流を開口 2 での電圧・電流で関係づける．各開口での電圧・電流は，式 (11.17) または式 (11.48) より

$$\begin{cases} V^1 = A_0 + B_0 \\ \dot{I}^1 = (A_0 - B_0)Y_c \end{cases} \quad \begin{cases} V^2 = A_0 e^{-j\theta} + B_0 e^{j\theta} \\ \dot{I}^2 = (A_0 e^{-j\theta} - B_0 e^{j\theta})Y_c \end{cases} \quad \theta = \beta l \tag{11.57}$$

したがって，開口 1, 2 での電圧・電流は，A_0, B_0 を用いて次式で与えられる．

$$\begin{bmatrix} V^1 \\ \dot{I}^1 \end{bmatrix} = \begin{bmatrix} 1 & 1 \\ Y_c & -Y_c \end{bmatrix} \begin{bmatrix} A_0 \\ B_0 \end{bmatrix} \quad \begin{bmatrix} V^2 \\ \dot{I}^2 \end{bmatrix} = \begin{bmatrix} e^{-j\theta} & e^{j\theta} \\ Y_c e^{-j\theta} & -Y_c e^{j\theta} \end{bmatrix} \begin{bmatrix} A_0 \\ B_0 \end{bmatrix} \tag{11.58}$$

式 (11.58) の第 2 式より

$$\begin{bmatrix} A_0 \\ B_0 \end{bmatrix} = \begin{bmatrix} e^{-j\theta} & e^{j\theta} \\ Y_c e^{-j\theta} & -Y_c e^{j\theta} \end{bmatrix}^{-1} \begin{bmatrix} V^2 \\ \dot{I}^2 \end{bmatrix} = \frac{1}{2} \begin{bmatrix} e^{j\theta} & Z_c e^{j\theta} \\ e^{-j\theta} & -Z_c e^{-j\theta} \end{bmatrix} \begin{bmatrix} V^2 \\ \dot{I}^2 \end{bmatrix} \tag{11.59}$$

式 (11.59) を式 (11.58) の第 1 式に代入することにより

$$\begin{bmatrix} V^1 \\ \dot{I}^1 \end{bmatrix} = \begin{bmatrix} 1 & 1 \\ Y_c & -Y_c \end{bmatrix} \frac{1}{2} \begin{bmatrix} e^{j\theta} & Z_c e^{j\theta} \\ e^{-j\theta} & -Z_c e^{-j\theta} \end{bmatrix} \begin{bmatrix} V^2 \\ \dot{I}^2 \end{bmatrix}$$

$$= \begin{bmatrix} \cos\theta & jZ_c \sin\theta \\ jY_c \sin\theta & \cos\theta \end{bmatrix} \begin{bmatrix} V^2 \\ \dot{I}^2 \end{bmatrix} \tag{11.60}$$

したがって，F 行列は次式で与えられる．

$$F = \begin{bmatrix} \cos\theta & jZ_c \sin\theta \\ jY_c \sin\theta & \cos\theta \end{bmatrix} \tag{11.61}$$

（3） 動作時での高周波電圧・電流分布

図 11.6 に示す二開口伝送線路上での電圧・電流分布は式 (11.48)

$$\begin{cases} \dot{V}(z) = A_0 e^{-j\beta z} + B_0 e^{j\beta z} \\ \dot{I}(z) = (A_0 e^{-j\beta z} - B_0 e^{j\beta z})Y_c \end{cases} \tag{11.48}'$$

で与えられるが，開口 1, 2 での端子電圧 V^1, V^2 及び端子電流 $\dot{I}^1, \dot{I}^2$ と

A_0, B_0 は式 (11.49), (11.50) で与えられるので, 電圧・電流分布は端子電圧・電流で与えると式 (11.62), (11.63) となる.

$$\dot{V}(z) = \frac{1}{2j\sin\theta}(e^{j\theta}V^1 - V^2)e^{-j\beta z} + \frac{1}{2j\sin\theta}(-e^{-j\theta}V^1 + V^2)e^{j\beta z}$$

$$= \frac{1}{2j\sin\theta}\{(e^{j\beta(l-z)} - e^{-j\beta(l-z)})V^1 + (e^{j\beta z} - e^{-j\beta z})V^2\}$$

$$= \frac{\sin\beta(l-z)}{\sin\beta l}V^1 + \frac{\sin\beta z}{\sin\beta l}V^2 \quad (11.62)$$

$$\dot{I}(z) = \left\{\frac{Z_C}{2j\sin\theta}(e^{j\theta}\vec{I}^1 + \vec{I}^2)e^{-j\beta z} - \frac{Z_C}{2j\sin\theta}(e^{-j\theta}\vec{I}^1 + \vec{I}^2)e^{j\beta z}\right\}Y_C$$

$$= \frac{1}{2j\sin\theta}\{(e^{j\beta(l-z)} - e^{-j\beta(l-z)})\vec{I}^1 - (e^{j\beta z} - e^{-j\beta z})\vec{I}^2\}$$

$$= \frac{\sin\beta(l-z)}{\sin\beta l}\vec{I}^1 + \frac{\sin\beta z}{\sin\beta l}\vec{I}^2 \quad (11.63)$$

式 (11.63) では $\vec{I}^2 = -\vec{I}^2$ となる関係を用いている.

なお, 11.2.1(3)項で示した先端負荷での電圧・電流分布は, $z=0$ での入射電圧波により, 式 (11.31) で表現される. 開口 1, 2 での電圧・電流は, 開口位置が各々 $z=-l$, $z=0$ となるので, 次式となる.

$$\begin{cases} V^1 = (e^{j\beta l} + \dot{R}_L e^{-j\beta l})A_0 \\ V^2 = (1 + \dot{R}_L)A_0 \end{cases} \quad \begin{cases} \vec{I}^1 = (e^{j\beta l} - \dot{R}_L e^{-j\beta l})Y_C A_0 \\ \vec{I}^2 = (1 - \dot{R}_L)Y_C A_0 \end{cases} \quad (11.64)$$

式 (11.64) の結果を用いて式 (11.31) を整理し直すと, 式 (11.62), (11.63) に対応した式が得られる.

$$\begin{cases} \dot{V}(z) = -\frac{\sin\beta z}{\sin\beta l}V^1 + \frac{\sin\beta(z+l)}{\sin\beta l}V^2 \\ \dot{I}(z) = -\frac{\sin\beta z}{\sin\beta l}\vec{I}^1 + \frac{\sin\beta(z+l)}{\sin\beta l}\vec{I}^2 \end{cases} \quad (11.65)$$

11.3 高周波回路の特性記述

マイクロ波帯といった高周波回路では, 図 11.7 に示すように多数の入出力線路が接続されていると考えられる. このような多開口高周波回路の特性は, 開口での電圧・電流の関係を示すイミタンス行列表示あるいは動作時の入出力特性 (つまり入射波に対する反射波の関係) を直接示す散乱行列表示

がある．ここでは両者の定義を明らかにした上で，両者の有する性質，関係について説明する．

11.3.1 多開口高周波回路の特性記述
―イミタンス行列表示―

図 11.7 に示す多開口高周波回路に m 本の入出力線路が接続されているとし，各伝送線路と高周波回路との接続口を開口とすると，m 個の開口が定義され，各開口で存在する高周波電圧・電流 V_i, I_i ($i=1, \cdots, m$) の関係よりイミタンス行列を定義する．

(1) インピーダンス行列

各開口より I^i ($i=1, \cdots, m$) の高周波電流を高周波回路に流し込んだとき，各開口に生じる高周波電圧を V^i とすると，高周波回路が線形の場合，重ねの理が成立するので，次のような関係式が成立する．$Z^{i,j}$ は j 開口に単位電流を流したとき，i 開口に生じる電圧でインピーダンス（Ω）の次元を有する．

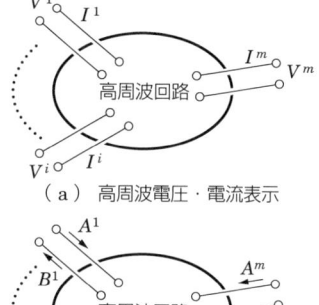

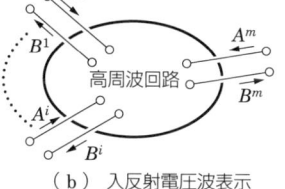

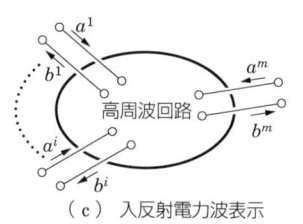

図 11.7 高周波回路と入出力伝送線路及び各種回路特性表示
（a）高周波電圧・電流表示
（b）入反射電圧波表示
（c）入反射電力波表示

$$\begin{cases} V^1 = Z^{11}I^1 + Z^{12}I^2 + \cdots + Z^{1m}I^m \\ V^2 = Z^{21}I^1 + Z^{22}I^2 + \cdots + Z^{2m}I^m \\ \vdots \\ V^m = Z^{m1}I^1 + Z^{m2}I^2 + \cdots + Z^{mm}I^m \end{cases} \quad (11.66)$$

いま $Z^{i,j}$ より構成される行列を $Z=(Z^{i,j})$ と定義し，回路のインピーダンス行列と呼ばれている．いま各開口電圧・電流より定義される開口電圧・開口電流縦行列を式 (11.68) で定義すると，式 (11.66) の関係は，次式で表示される．

$$V = ZI \quad (11.67)$$

ただし

$$V = \begin{bmatrix} V^1 \\ V^2 \\ \vdots \\ V^m \end{bmatrix}, \quad I = \begin{bmatrix} I^1 \\ I^2 \\ \vdots \\ I^m \end{bmatrix} \qquad (11.68)$$

(2) アドミタンス行列

(1)項と逆に多開口回路で開口 j に V^j の高周波電圧を加えたとき，各開口には電流が流れる．i 番目の開口での流入電流を $Y^{ij}V^j$ とすると高周波回路の各開口に V^j $(j=1,\cdots,m)$ を加えたとき，各開口での流入電流は重ねの理を適用することにより，式 (11.69) で与えられる．

$$\begin{cases} I^1 = Y^{11}V^1 + Y^{12}V^2 + \cdots + Y^{1m}V^m \\ I^2 = Y^{21}V^1 + Y^{22}V^2 + \cdots + Y^{2m}V^m \\ \vdots \\ I^m = Y^{m1}V^1 + Y^{m2}V^2 + \cdots + Y^{mm}V^m \end{cases} \qquad (11.69)$$

したがって，高周波回路のアドミタンス行列を $Y=(Y^{i,j})$ として定義すると，式 (11.69) の関係は次式で表示される．

$$I = YV \qquad (11.70)$$

(3) イミタンス行列が有する性質

高周波回路の持っている性質は，イミタンス行列に反映される．

(a) 回路の相反性　　この場合，$Z^{ji}=Z^{ij}$, $Y^{ji}=Y^{ij}$ となるので行列式の性質に直すと，転置行列を用いて次式となる．

$$Z^t = Z, \quad Y^t = Y \quad (\text{相反性}) \qquad (11.71)$$

(b) 回路の無損失性　　イミタンス行列の成分に実数部分があるとエネルギー損失が生じるので，無損失の場合は $Z^{ij}=jX^{ij}$, $Y^{ij}=jB^{ij}$ と虚数部分のみとなる．イミタンス行列は次式の純虚数行列となる．

$$Z = jX, \quad Y = jB \quad (\text{無損失性}) \qquad (11.72)$$

(c) インピーダンス行列 Z とアドミタンス行列 Y との関係　　式 (11.68) で $\det Z \neq 0$ のとき，Z の逆行列が定義されるので，$i = Z^{-1}v$ となり，式 (11.70) と関係づけると次式を得る．ただし，I は単位行列である．

$$Y = Z^{-1}, \quad \therefore \quad YZ = I, \quad ZY = 1 \qquad (11.73)$$

11.3.2 多開口高周波回路の入出力特性記述―散乱行列表示―

一般に図 11.7 に示す多開口高周波回路の各開口での入射波に対して反射波の関係を示すのが散乱行列である．ここでは入射波・反射波として高周波電圧波を用いる場合と電力波を用いる場合について説明する．

（1） 高周波電圧波を用いた入出力特性を記述―電圧波散乱行列―

式 (11.17) の一般解より分かるとおり，i 番目の伝送線路上での開口電圧・電流 V^i, I^i はそこでの入射電圧波と反射電圧波で次のように表示できる．ただし，Y_c^i は i 番目の伝送線路の特性アドミタンスである．

$$\begin{cases} V^i = A^i + B^i \\ I^i = (A^i - B^i) Y_c^i \end{cases} \tag{11.74}$$

いま高周波回路で j 番目の開口より A^j の入射高周波電圧波を加えたとき，i 番目の開口で生じる反射高周波電圧波は，$S_V^{ij} A^j$ で与えられる．各開口より A^j ($j=1, \cdots, m$) の入射高周波電圧があったとき，各開口での反射高周波電圧は，重ねの理より次式で与えられる．

$$\begin{cases} B^1 = S_V^{11} A^1 + S_V^{12} A^2 + \cdots + S_V^{1m} A^m \\ B^2 = S_V^{21} A^1 + S_V^{22} A^2 + \cdots + S_V^{2m} A^m \\ \vdots \\ B^m = S_V^{m1} A^1 + S_V^{m2} A^2 + \cdots + S_V^{mm} A^m \end{cases} \tag{11.75}$$

入射・反射高周波電圧縦行列 A, B 及び電圧波散乱行列 S_V を式 (11.77) で定義すると式 (11.75) は次式で表現される．

$$\boldsymbol{B} = \boldsymbol{S}_V \boldsymbol{A} \tag{11.76}$$

ただし

$$\boldsymbol{A} = \begin{bmatrix} A^1 \\ A^2 \\ \vdots \\ A^m \end{bmatrix}, \quad \boldsymbol{B} = \begin{bmatrix} B^1 \\ B^2 \\ \vdots \\ B^m \end{bmatrix}, \quad \boldsymbol{S}_V = (S_V^{ij}) \tag{11.77}$$

式 (11.74) より開口高周波電圧・電流縦行列は，入射・反射高周波電圧縦行列で次のように表現できる．

$$\begin{cases} \boldsymbol{V} = \boldsymbol{A} + \boldsymbol{B} \\ \boldsymbol{I} = \boldsymbol{Y}_c (\boldsymbol{A} - \boldsymbol{B}) \end{cases} \tag{11.78}$$

ただし

$$Y_C = \begin{bmatrix} Y_C^1 & 0 & \cdots & 0 \\ 0 & Y_C^2 & \cdots & 0 \\ \vdots & \vdots & \ddots & \vdots \\ 0 & 0 & \cdots & Y_C^m \end{bmatrix} = \mathrm{diag}(Y_C^1, Y_C^2, \cdots, Y_C^m) \quad (11.79)$$

ところで，V, I は式 (11.67) のインピーダンス行列で関係づけられるので，この式に式 (11.78) を代入することにより次式となり，式を整理すると電圧波散乱行列式 (11.80) が得られる．

$$A + B = ZY_C(A - B) \qquad (\bar{Z} + I)B = (\bar{Z} - I)A$$
$$\therefore \quad B = (\bar{Z} + I)^{-1}(\bar{Z} - I)A = S_V A \quad \text{ただし，} \bar{Z} = ZY_C$$
$$S_V = (\bar{Z} + I)^{-1}(\bar{Z} - I) \qquad (11.80)$$

〔注〕 式 (11.80) での I は単位行列で，式 (11.68) の開口電流縦行列ではない．

（2） 電力波を用いた入出力特性記述—電力波散乱行列—

入出力特性を記述するのに，電圧波の代わりに電力波を用いるのがより実際的であり，また一般的である．高周波回路で，j 番目の開口に a^j の電力波が入射すると，i 番目の開口より $S_p^{ij} a^j$ の透過波が生じるとしたとき，すべての開口より a^j $(j=1, \cdots, m)$ の入射電力波があったとき，各開口より の反射電力波は重ねの理より次式で求められる．

$$\begin{cases} b^1 = S_p^{11} a^1 + S_p^{12} a^2 + \cdots + S_p^{1m} a^m \\ b^2 = S_p^{21} a^1 + S_p^{22} a^2 + \cdots + S_p^{2m} a^m \\ \vdots \\ b^m = S_p^{m1} a^1 + S_p^{m2} a^2 + \cdots + S_p^{mm} a^m \end{cases} \quad (11.81)$$

入反射開口電力波縦行列 a, b，また電力散乱行列 S_p を式 (11.83) で定義すると式 (11.81) は次式で表現できる．

$$b = S_p a \qquad (11.82)$$

ただし

$$a = \begin{bmatrix} a^1 \\ a^2 \\ \vdots \\ a^m \end{bmatrix}, \quad b = \begin{bmatrix} b^1 \\ b^2 \\ \vdots \\ b^m \end{bmatrix}, \quad S_p = (S_p^{i,j}) \qquad (11.83)$$

既に伝送線路上での電力波は，式 (11.20) で定義したので，本定義に従うと，入反射電圧波縦行列 A, B と入反射電力波縦行列 a, b の間には，次の関係が生じる．

$$A=\sqrt{Z_C}\,a, \quad B=\sqrt{Z_C}\,b \tag{11.84}$$

ただし

$$\sqrt{Z_C}=\mathrm{diag}\{\sqrt{Z_C^1},\sqrt{Z_C^2},\cdots,\sqrt{Z_C^m}\}$$

また入反射開口電力波縦行列 a, b は，入反射電圧波縦行列 A, B より次式で与えられる．

$$a=\sqrt{Y_C}\,A, \quad b=\sqrt{Y_C}\,B \tag{11.85}$$

ただし

$$\sqrt{Y_C}=\mathrm{diag}\{\sqrt{Y_C^1},\sqrt{Y_C^2},\cdots,\sqrt{Y_C^m}\}$$

電力散乱行列 S_p は，電圧散乱行列式の定義式 (11.76) に式 (11.84) の関係を代入することにより，式 (11.86) で与えられる．

$$\sqrt{Z_C}\,b=S_V\sqrt{Z_C}\,a \quad \therefore \quad b=\sqrt{Y_C}\,S_V\sqrt{Z_C}\,a$$
$$\therefore \quad S_V=\sqrt{Y_C}\,S_V\sqrt{Z_C} \tag{11.86}$$

また式 (11.84) を式 (11.80) の導出過程に代入して式を整理すると

$$\sqrt{Z_C}(a+b)=Z\sqrt{Y_C}(a-b) \quad \therefore \quad a+b=\sqrt{Y_C}\,Z\sqrt{Y_C}(a-b)$$
$$(\tilde{Z}+I)b=(\tilde{Z}-I)a \quad \text{ただし} \quad \tilde{Z}=\sqrt{Y_C}\,Z\sqrt{Y_C}$$
$$\therefore \quad b=(\tilde{Z}+I)^{-1}(\tilde{Z}-I)a=S_p a$$

したがって，式 (11.88) で定義する $\tilde{Z}$ または $\tilde{Y}$ より，電力散乱行列は式 (11.87) と直接計算することもできる．

$$S_p=(\tilde{Z}+I)^{-1}(\tilde{Z}-I)=-(\tilde{Y}+I)^{-1}(\tilde{Y}-I) \tag{11.87}$$

ただし

$$\tilde{Z}=\sqrt{Y_C}\,Z\sqrt{Y_C}, \quad \tilde{Y}=\sqrt{Z_C}\,Y\sqrt{Z_C} \tag{11.88}$$

（3） 電力波散乱行列の有する性質

高周波回路が有する性質は，電力波散乱行列に反映されている．

（a） 回路の相反性 $S_p^{ji}=S_p^{ij}$ となっていることより，S_p の転置行列 S_p^t を用いて

$$S_p^t=S_p \tag{11.89}$$

（b） 回路の無損失性

回路の全入射電力 $= |a^1|^2 + |a^2|^2 + \cdots + |a^m|^2 = \bar{\boldsymbol{a}}^t \boldsymbol{a}$

回路からの全反射電力 $= |b^1|^2 + |b^2|^2 + \cdots + |b^m|^2 = \bar{\boldsymbol{b}}^t \boldsymbol{b}$

ただし，$\bar{\boldsymbol{a}}^t$，$\bar{\boldsymbol{b}}^t$ は転置複素共役行列である．

回路が無損失の場合，全反射電力＝全入射電力となっているので

$$\bar{\boldsymbol{b}}^t \boldsymbol{b} = \bar{\boldsymbol{a}}^t \boldsymbol{a}$$

$$\therefore \quad \bar{\boldsymbol{a}}^t \bar{S}_p^t S_p \boldsymbol{a} = \bar{\boldsymbol{a}}^t \boldsymbol{a} \Longrightarrow \bar{\boldsymbol{a}}^t (\bar{S}_p^t S_p - I) \boldsymbol{a} = 0$$

どんな入力に対しても成立するためには，次式が成立しなくてはならない．

$$\bar{S}_p^t S_p = I \tag{11.90}$$

11.4 伝送線路回路の特性解析

マイクロ波・ミリ波といった高周波で実現すべき機能を，特性インピーダンス・位相定数・長さの異なる伝送線路を組み合わせた伝送線路回路で実現

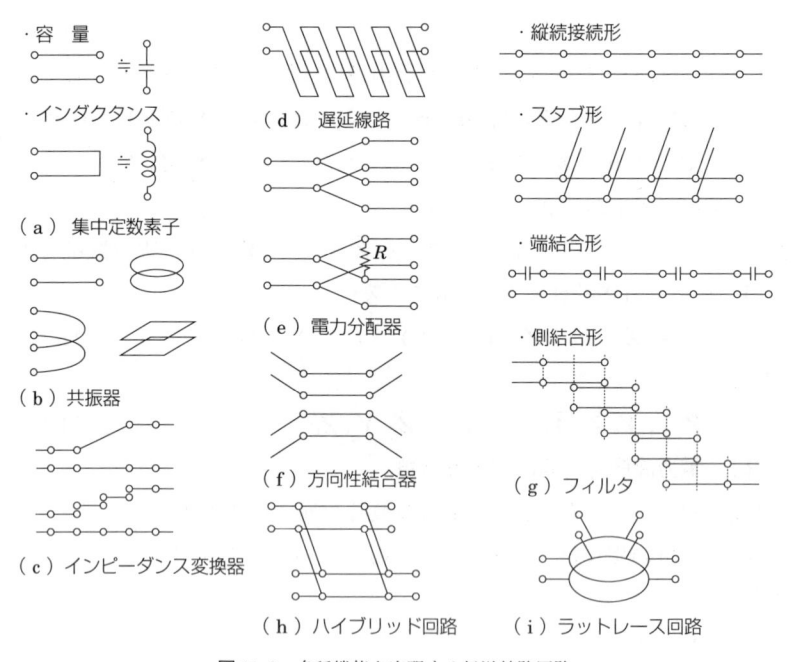

図11.8 各種機能を実現する伝送線路回路

する．実際に利用されている擬似 LC 集中定数素子，共振器，インピーダンス変換器，遅延回路，電力分配合成器，方向性結合器，ハイブリッド特性，フィルタの伝送線路回路例を図 11.8 に示す．ここでは，簡単な伝送線路回路について，次の点に関して具体的に説明する．

1. 高周波回路記述としてのイミタンス行列・F 行列（Z, Y, F）
2. 高周波回路の入出力特性記述としての電圧散乱行列（S_V）・電力散乱行列（S_p）
3. 入出力伝送線路も含めた高周波回路での動作時の高周波電圧・電流分布

11.4.1 先端開放・短絡—開口伝送線路素子

先端が開放ないし短絡された伝送線路の長さと特性インピーダンスを制御することにより，集中定数容量・インダクタンスと共振器が実現されている．11.2.1 項の結果を用いると先端開放または短絡された伝送線路のイミタンスは，表 11.2 の結果より次式で与えられる．

$$\begin{cases} Z_{in} = -jZ_c \cot \beta l = jX_{in} & （開放）\\ Z_{in} = jZ_c \tan \beta l = jX_{in} & （短絡） \end{cases} \quad (11.91)$$

この結果を $\theta = \beta l = \omega\sqrt{LC}\, l$ の関数として入力リアクタンスを計算すると，**表 11.5** に示す図のようになる．

（1） 集中定数容量・インダクタンスの実現（$l \ll \lambda$）

一般に θ が小さいとき，$\tan\theta \simeq \theta$ と近似されるので，$\beta l \ll 1$ のとき，$\tan\beta l \simeq \beta l$ となる．この関係を式（11.91）に代入して，$Z_c = \sqrt{L/C}$，$\beta = \omega\sqrt{LC}$ の関係を用いると

開放　$Y_{in} \simeq j\sqrt{\dfrac{C}{L}} \cdot \omega\sqrt{LC}\, l = j\omega Cl = j\omega C_0 \quad (C_0 = lC) \quad (11.92)$

短絡　$Z_{in} \simeq j\sqrt{\dfrac{L}{C}} \cdot \omega\sqrt{LC}\, l = j\omega Ll = j\omega L_0 \quad (L_0 = lL) \quad (11.93)$

と計算されるので，長さ l の先端開放線路は，$C_0 = lC$（F），短絡伝送線路は $L_0 = lL$（H）で与えられる集中定数容量または集中定数インダクタンスを実現する．したがって，表 11.5 の入力リアクタンスの周波数特性の図で点線で示すリアクタンスが C_0, L_0 に基づく低周波での特性である．

表 11.5 先端開放または短絡—開口伝送線路の等価回路

	先端開放伝送線路	先端短絡伝送線路
伝送線路回路	$\rightarrow X_{in}$ $Z_C = \sqrt{\dfrac{L}{C}},\ \beta = \omega\sqrt{LC}$ 開放, 長さ l	$\rightarrow X_{in}$ $Z_C = \sqrt{\dfrac{L}{C}},\ \beta = \omega\sqrt{LC}$ 短絡, 長さ l
入力リアクタンスの周波数特性	X_{in} 対 θ のグラフ（C_0, $L''C''$, $L'C'$ を示す）	X_{in} 対 θ のグラフ（L_0, $L''C''$, $L'C'$ を示す）
$\dfrac{l}{\lambda} \ll 1$ での等価回路	C_0, $C_0 = lC$ (F)	L_0, $L_0 = lL$ (H)
$\dfrac{l}{\lambda} = \dfrac{1}{4}$ での等価回路	L', C'; $L' = \dfrac{1}{2}lL = \dfrac{1}{2}L_0$ (H), $C' = \dfrac{8}{\pi^2}lC = \dfrac{8}{\pi^2}C_0$ (F)	L', C'; $C' = \dfrac{1}{2}lC = \dfrac{1}{2}C_0$ (F), $L' = \dfrac{8}{\pi^2}lL = \dfrac{8}{\pi^2}L_0$ (H)
（電圧分布）	$l = \dfrac{1}{4}\lambda$	$l = \dfrac{1}{4}\lambda$
$\dfrac{l}{\lambda} = \dfrac{1}{2}$ での等価回路	L'', C''; $C'' = \dfrac{1}{2}lC = \dfrac{1}{2}C_0$ (F), $L'' = \dfrac{2}{\pi^2}lL = \dfrac{2}{\pi^2}L_0$ (H)	L'', C''; $L'' = \dfrac{1}{2}lL = \dfrac{1}{2}L_0$ (H), $C'' = \dfrac{2}{\pi^2}lC = \dfrac{2}{\pi^2}C_0$ (F)
（電圧分布）	$l = \dfrac{1}{2}\lambda$	$l = \dfrac{1}{2}\lambda$

（2） 直列共振器・並列共振器の実現（$l=\lambda/4$ または $\lambda/2$）

$\tan\theta, \cot\theta$ は $\theta=\pi/2, \pi$ 近傍で，次の近似が成立する．

$$\begin{cases} \tan\theta \approx \dfrac{-2\theta}{\theta^2-(\pi/2)^2} & \left(\theta\approx\dfrac{\pi}{2}\right) \\ \cot\theta \approx \dfrac{2\theta}{\theta^2-\pi^2} & (\theta\approx\pi) \end{cases} \quad \begin{array}{r}(11.94)\\(11.95)\end{array}$$

したがって，先端開放伝送線路での入力イミタンスは表 11.5 の図に示すとおりなので，$\theta=\pi/2$ で直列共振器，$\theta=\pi$ で並列共振器として働いている．

このときの等価回路定数は，次のようになる．

$\theta=\dfrac{\pi}{2}$（直列共振器）

$$\left.\begin{aligned} Z_{\mathrm{in}} &= \frac{1}{Y_{\mathrm{in}}} = -jZ_C \cot\beta l = -j\sqrt{\frac{L}{C}}\frac{(\beta l)^2-(\pi/2)^2}{-2\beta l} \\ &= j\frac{lL}{2}\frac{\omega^2-\omega_0^2}{\omega} = j\omega L' + \frac{1}{j\omega C'} \\ L' &= \frac{lL}{2} = \frac{1}{2}L_0 \text{ (H)} \\ C' &= \frac{8}{\pi^2}lC = \frac{8}{\pi^2}C_0 \text{ (F)} \end{aligned}\right\} \quad (11.96)$$

$\theta=\pi$（並列共振器）

$$\left.\begin{aligned} Z_{\mathrm{in}} &= \frac{1}{Y_{\mathrm{in}}} = -jZ_C \cot\beta l = -jZ_C \frac{2\beta l}{(\beta l)^2-\pi^2} \\ &= -j\sqrt{\frac{L}{C}}\frac{2\sqrt{LC}\,l}{LCl^2}\frac{\omega}{\omega^2-\omega_0^2} = \frac{1}{j\omega C' + \dfrac{1}{j\omega L'}} \\ C' &= \frac{lC}{2} = \frac{1}{2}C_0 \text{ (F)} \\ L' &= \frac{2}{\pi^2}lL = \frac{2}{\pi^2}L_0 \text{ (H)} \end{aligned}\right\} \quad (11.97)$$

また，先端短絡伝送線路の入力イミタンスは表 11.5 の図に示すとおりなので，$\theta=\pi/2$ で並列共振器，$\theta=\pi$ で直列共振器として働いている．

このときの等価回路定数は，次のようになる．

$\theta = \dfrac{\pi}{2}$ （並列共振器）

$$\left.\begin{aligned}Y_{\text{in}} &= \frac{1}{Z_{\text{in}}} = -jY_c \cot \beta l = -j\sqrt{\frac{C}{L}} \frac{(\beta l)^2 - (\pi/2)^2}{-2\beta l} \\ &= -\frac{lC}{2} \frac{\omega^2 - \omega_0^2}{\omega} = j\omega C' + \frac{1}{j\omega L'} \\ C' &= \frac{lC}{2} = \frac{1}{2}C_0 \text{ (F)} \\ L' &= \frac{8}{\pi^2}lL = \frac{8}{\pi^2}L_0 \text{ (H)}\end{aligned}\right\} \quad (11.98)$$

$\theta = \pi$ （直列共振器）

$$\left.\begin{aligned}Y_{\text{in}} &= \frac{1}{Z_{\text{in}}} = -jY_c \cot \beta l = -j\sqrt{\frac{C}{L}} \frac{2\beta l}{(\beta l)^2 - \pi^2} \\ &= -j\sqrt{\frac{C}{L}} \frac{2\sqrt{LC}\,l}{LCl^2} \frac{\omega}{\omega^2 - \omega_0^2} = \frac{1}{j\omega L' + \dfrac{1}{j\omega C'}} \\ L' &= \frac{lL}{2} = \frac{1}{2}L_0 \\ C' &= \frac{2}{\pi^2}lC = \frac{2}{\pi^2}C_0 \text{ (F)}\end{aligned}\right\} \quad (11.99)$$

これらの結果は表11.5にまとめてある．動作時の電圧分布は，$l=\pi/4$，$l=\lambda/2$及び先端開放・短絡となっていることより表11.5に同時に示す．

11.4.2 二開口伝送線路回路

二開口伝送線路回路としてインピーダンス変換器，整合器，遅延線路，共振器，フィルタなどがあるが，ここでは主としてインピーダンス変換器，整合器について説明する．

（1） 二開口伝送線路素子の入出力特性

図11.9に示すように特性インピーダンス Z_C，位相定数 β，長さ l を持った二開口伝送線路素子の入出線として Y_C^1 と Y_C^2 の特性アドミタンスを持った伝送線路が接続されているとする．この場合の動作解析及び入出力特性を電圧波散乱行列及び電力波散乱行列を用いて計算する．二開口伝送線路のインピーダンス行列は，式（11.55）より与えられる．

第11章 分布定数回路の扱い方

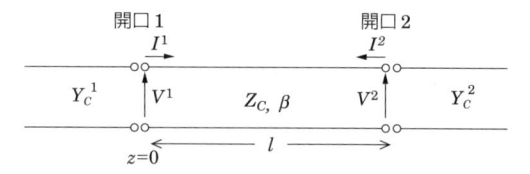

図11.9 入出力伝送線路付き二開口伝送線路

$$Z = -jZ_C \begin{bmatrix} \cot\theta & \csc\theta \\ \csc\theta & \cot\theta \end{bmatrix} \quad (\theta = \beta l)$$

また,散乱行列を求めるための入出力伝送線路のアドミタンス行列は,図11.9より,次式となる.

$$Y_C = \begin{bmatrix} Y_C^1 & 0 \\ 0 & Y_C^2 \end{bmatrix} \tag{11.100}$$

(a) **電圧波散乱行列**(S_V)　式 (11.80) で与えられる電圧波散乱行列を求めるために $\bar{Z} = Z Y_C$ を求める.

$$\bar{Z} = Z Y_C = -jZ_C \begin{bmatrix} Y_C^1 \cot\theta & Y_C^2 \csc\theta \\ Y_C^1 \csc\theta & Y_C^2 \cot\theta \end{bmatrix} \tag{11.101}$$

式 (11.101) を式 (11.80) に代入することにより,2行2列の電圧波散乱行列は次式で与えられる.

$$\left.\begin{aligned}
S_V^{11} &= \frac{(Z_C^2 Y_C^1 Y_C^2 - 1) - jZ_C(Y_C^1 - Y_C^2)\cot\theta}{(Z_C^2 Y_C^1 Y_C^2 + 1) - jZ_C(Y_C^1 + Y_C^2)\cot\theta} \\
S_V^{12} &= \frac{-j2Z_C Y_C^2 \csc\theta}{(Z_C^2 Y_C^1 Y_C^2 + 1) - jZ_C(Y_C^1 + Y_C^2)\cot\theta} \\
S_V^{21} &= \frac{-j2Z_C Y_C^1 \csc\theta}{(Z_C^2 Y_C^1 Y_C^2 + 1) - jZ_C(Y_C^1 + Y_C^2)\cot\theta} \\
S_V^{22} &= \frac{(Z_C^2 Y_C^1 Y_C^2 - 1) + jZ_C(Y_C^1 - Y_C^2)\cot\theta}{(Z_C^2 Y_C^1 Y_C^2 + 1) - jZ_C(Y_C^1 + Y_C^2)\cot\theta}
\end{aligned}\right\} \tag{11.102}$$

ただし,Z_C^2 は $(Z_C)^2$ を意味する.

電圧波散乱行列は,動作時の電圧電流分布を求めるに有効である.

(b) **電力波散乱行列**(S_p)　二開口伝送線路回路の入出力特性は,電力波散乱行列を計算することにより求まる.電力波散乱行列は式 (11.88) で求まる.$\tilde{Z} = \sqrt{Y_C} Z \sqrt{Y_C}$ と定義されているので,今回の場合,次式で与

えられる．

$$\tilde{\bm{Z}} = \sqrt{\bm{Y}_C}\,\bm{Z}\,\sqrt{\bm{Y}_C} = -jZ_C\begin{bmatrix} Y_C^1 \cot\theta & \sqrt{Y_C^1 Y_C^2}\csc\theta \\ \sqrt{Y_C^1 Y_C^2}\csc\theta & Y_C^2 \cot\theta \end{bmatrix}$$
(11.103)

式 (11.103) を式 (11.88) に代入することにより，2 行 2 列の電力波散乱行列は次式で与えられる．

$$\left.\begin{aligned}
S_p^{11} &= \frac{(Z_C^2 Y_C^1 Y_C^2 - 1) - jZ_C(Y_C^1 - Y_C^2)\cot\theta}{(Z_C^2 Y_C^1 Y_C^2 + 1) - jZ_C(Y_C^1 + Y_C^2)\cot\theta} = S_V^{11} \\
S_p^{12} &= \frac{-j2\sqrt{Y_C^1}\,Z_C\sqrt{Y_C^2}\csc\theta}{(Z_C^2 Y_C^1 Y_C^2 + 1) - jZ_C(Y_C^1 + Y_C^2)\cot\theta} = \sqrt{Y_C^1}\,S_V^{12}\sqrt{Z_C^2} \\
S_p^{21} &= \frac{-j2\sqrt{Y_C^1}\,Z_C\sqrt{Y_C^2}\csc\theta}{(Z_C^2 Y_C^1 Y_C^2 + 1) - jZ_C(Y_C^1 + Y_C^2)\cot\theta} = \sqrt{Y_C^2}\,S_V^{21}\sqrt{Z_C^1} \\
S_p^{22} &= \frac{(Z_C^2 Y_C^1 Y_C^2 - 1) + jZ_C(Y_C^1 - Y_C^2)\cot\theta}{(Z_C^2 Y_C^1 Y_C^2 + 1) - jZ_C(Y_C^1 + Y_C^2)\cot\theta} = S_V^{22}
\end{aligned}\right\}$$
(11.104)

電力波散乱行列では，相反定理 $S_p^{12} = S_p^{21}$ を満たしていることが分かる．また二開口伝送線路回路は無損失なので，当然無損失条件 $\bar{\bm{S}}_p^t \bm{S}_p = \bm{I}$ を満足する必要があり，実際今回求めた式 (11.104) を式 (11.90) に代入すると，単位行列になっていることが確認できる．

（2） 1/4 波長伝送線路のインピーダンス変換器への応用

図 11.8 に示す二開口伝送線路回路で，開口 2 に伝送線路の代わりに Z_L のインピーダンスを負荷したとき，開口 1 より見込んだ入力インピーダンスは式 (11.25) より

$$Z_{\text{in}} = Z_C \frac{Z_L + jZ_C \tan\beta l}{Z_C + jZ_L \tan\beta l}$$
(11.105)

となるので，負荷インピーダンスは，Z_C, l の値でいろいろに変換することができる．特に $l = \lambda/4$ のとき $\beta l = 90°$ となり式 (11.105) は次式となる．

$$Z_{\text{in}} = \frac{Z_C^2}{Z_L}$$
(11.106)

本式は次式

$$\frac{Z_{\text{in}}}{Z_C} = \frac{Z_C}{Z_L} = \frac{Y_L}{Y_C}$$
(11.107)

と変形できるので，単にインピーダンスレベルの変更だけでなく，$Z_c=1/Y_c$ に周波数特性がない場合，負荷アドミタンスと同じ周波数特性を持った入力インピーダンスを実現することができる．

(3) 異なった特性インピーダンス値を持った線路の無反射接続

図 11.10 (a) に示すように，Z_c^1 と Z_c^2 の特性インピーダンスを持った伝送線路を直接接続した場合，接続点で電圧と電流が連続となることより，この場合の電圧波散乱行列が得られる．つまり，いま各線路での入射電圧波 A^1，A^2，反射電圧波 B^1，B^2 を図 11.10 (a) に示すように定義すると，各部での電圧，電流は式 (11.108) で与えられる．

$$\begin{cases} V^1 = A^1 + B^1 \\ V^2 = A^2 + B^2 \end{cases} \quad \begin{cases} \check{I}^1 = Y_c^1 (A^1 - B^1) \\ \check{I}^2 = Y_c^2 (B^2 - A^2) \end{cases} \tag{11.108}$$

$V^1 = V^2$，$\check{I}^1 = \check{I}^2$ となることより

$$A^1 + B^1 = A^2 + B^2, \quad Y_c^1 (A^1 - B^1) = Y_c^2 (B^2 - A^2)$$

$$\therefore \begin{cases} B^1 - B^2 = -A^1 + A^2 \\ qB^1 + B^2 = qA^1 + A^2 \end{cases} \Longrightarrow \begin{bmatrix} B^1 \\ B^2 \end{bmatrix} = \begin{bmatrix} 1 & -1 \\ q & 1 \end{bmatrix}^{-1} \begin{bmatrix} -1 & 1 \\ q & 1 \end{bmatrix} \begin{bmatrix} A^1 \\ A^2 \end{bmatrix}$$

ただし

$$q = \frac{Z_c^2}{Z_c^1} = \frac{Y_c^1}{Y_c^2}$$

したがって，電圧散乱行列は次式で与えられる．

$$S_V = \frac{1}{1+q} \begin{bmatrix} 1 & 1 \\ -q & 1 \end{bmatrix} \begin{bmatrix} -1 & 1 \\ q & 1 \end{bmatrix} = \frac{1}{1+q} \begin{bmatrix} q-1 & 2 \\ 2q & 1-q \end{bmatrix} \tag{11.109}$$

また，不連続部での電力波散乱行列は，式 (11.88) の $\boldsymbol{S}_p = \sqrt{\boldsymbol{Y}_c} \boldsymbol{S}_V \sqrt{\boldsymbol{Z}_c}$ で与えられることより，式 (11.110) と計算される．

$$\boldsymbol{S}_p = \frac{1}{1+q} \begin{bmatrix} q-1 & 2\sqrt{q} \\ 2\sqrt{q} & 1-q \end{bmatrix} \tag{11.110}$$

(a) 直結線路接続　　(b) $\frac{1}{4}\lambda$ インピーダンス整合回路付き線路接続

図 11.10　特性インピーダンスの異なった線路の接続

したがって，電力透過係数は次式で計算される．

$$|S_p^{21}|^2 = \left(\frac{2\sqrt{q}}{1+q}\right)^2 = \frac{4q}{(1+q)^2} \tag{11.111}$$

図 11.10 (a) の回路で $Z_c^1 = Z_c^2$ のときはインピーダンス比 $q=1$ となるので，$|S_p^{21}|^2 = 1$ と完全透過となるが，インピーダンス未整合のときは反射が生じるので，電力透過量は 1 より小さくなる．インピーダンス比 q に対して電力透過係数の計算結果を**表 11.6** に示す．この場合周波数特性はないので，**図 11.11** に点線で示すようにどの周波数でも同じ電力透過係数となっている．このインピーダンス不整合による反射を解消するため，（2）項で説明した 1/4 波長の長さを持った伝送線路を図 11.10 (b) に示すように導入する．この場合

表 11.6　直結形での電力透過特性

q	$|S_p^{21}|^2_{\min}$
2	88.9% (0.5 dB)
5	55.6% (2.54 dB)
10	33.1% (4.8 dB)
20	18.1% (7.4 dB)

開口 1 より見たインピーダンスは $Z_{\text{in}} = (Z_c)^2/Z_c^2$ を Z_c^1 とすることより，無反射条件が実現できるので，4 分の 1 波長線路は特性インピーダンス $Z_c = \sqrt{Z_c^1 Z_c^2}$ を持った線路となる．したがって，式 (11.88) の $\tilde{Z} = \sqrt{Y_c} Z \sqrt{Y_c}$ は次式で与えられる．

$$\tilde{Z} = \sqrt{Y_c} Z \sqrt{Y_c} = -j \begin{bmatrix} \sqrt{q} \cot \theta & \csc \theta \\ \csc \theta & \cot \theta / \sqrt{q} \end{bmatrix} \quad (\theta = \beta l) \tag{11.112}$$

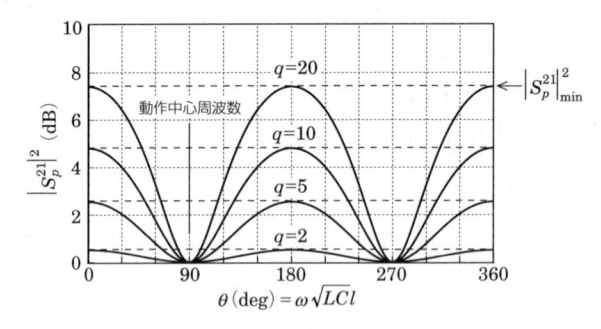

図 11.11　インピーダンス整合回路付き線路接続の広帯域周波数特性（ただし，点線は直結線路持続の場合）

式(11.112)を式(11.87)に代入すると，電力波散乱行列が求まるが，今回は式(11.104)の結果を利用する．

$$\begin{cases} S_p^{11} = \dfrac{-j(\sqrt{q}-1/\sqrt{q})\cot\theta}{2-j(\sqrt{q}+1/\sqrt{q})\cot\theta} = -S_p^{22} \\ S_p^{12} = \dfrac{-j2\csc\theta}{2-j(\sqrt{q}+1/\sqrt{q})\cot\theta} = S_p^{21} \end{cases} \quad (11.113)$$

したがって，電力透過係数は式(11.114)となる．

$$|S_p^{21}|^2 = \dfrac{4}{4\sin^2\theta + (\sqrt{q}+1/\sqrt{q})^2\cos^2\theta} \quad (11.114)$$

周波数特性を $\theta = \omega\sqrt{LC}\,l$ の関数として求めると図11.11の実線のようになる．この結果より次のことが分かる．確かに $\lambda = 4l$ のとき $\theta = 90°$ となり完全透過が実現している．また，インピーダンス比が大きいほど，帯域が狭くなっていること，及びどんなに悪くても直結形の特性よりも特性が改善されている．

（4） 二開口フィルタ回路

図11.12に示す伝送線路縦続接続形回路，スタブ形回路，端容量結合回路は，フィルタ回路としてよく利用される．この種のフィルタ回路の解析には，二開口伝送線路素子，端開口一開口素子，容量素子の縦続接続と考えら

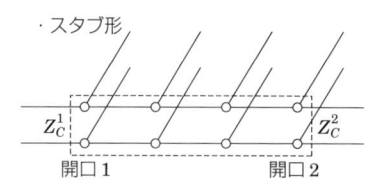

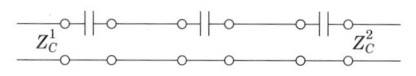

図 11.12　二開口フィルタ回路

れるので，この種の回路は F 行列で取り扱うのが有効である．この三種の回路の F 行列は**表 11.7** にまとめた．

縦続された回路**図 11.13** での全体の F 行列は，各素子の F 行列を順にかけた行列積で与えられる．

$$F_t = F_1 F_2 \cdots F_N = \begin{bmatrix} A_t & B_t \\ C_t & D_t \end{bmatrix} \tag{11.115}$$

回路全体の F 行列 F_t が計算されると回路のイミタンス行列は，回路理論に基づいて次の式で与えられる．

インピーダンス行列

$$Z^{11} = \frac{A_t}{C_t}, \quad Z^{12} = \frac{A_t D_t - B_t C_t}{C_t}, \quad Z^{21} = \frac{1}{C_t}, \quad Z^{22} = \frac{D_t}{C_t} \tag{11.116}$$

表 11.7 縦続形フィルタ回路での回路素子の F 行列

	回路形式	F 行列	θ の値
1	二開口伝送線路 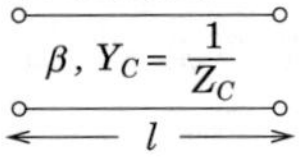 $\beta,\ Y_C = \dfrac{1}{Z_C}$ $\ l\ $	$F = \begin{bmatrix} \cos\theta & jZ_C \sin\theta \\ jY_C \sin\theta & \cos\theta \end{bmatrix}$	$\theta = \beta l$
2	並列スタブ 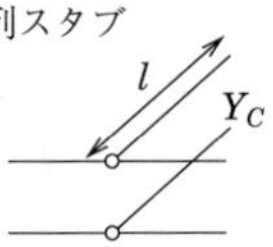 $l,\ Y_C$	$F = \begin{bmatrix} 1 & 0 \\ jY_C \tan\theta & 1 \end{bmatrix}$	$\theta = \beta l$
3	直列 C 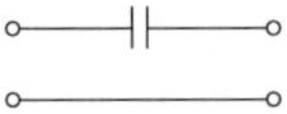	$F = \begin{bmatrix} 1 & \dfrac{1}{j\omega C} \\ 0 & 1 \end{bmatrix}$	—

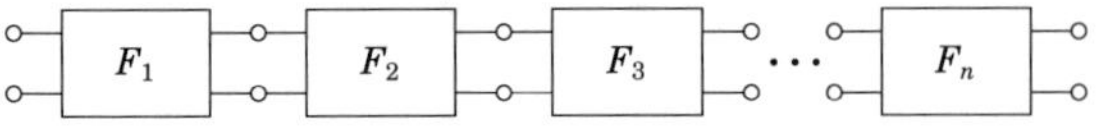

$$F_t = \begin{bmatrix} A_t & B_t \\ C_t & D_t \end{bmatrix} = F_1 \cdot F_2 \cdot F_3 \cdots F_n$$

図 11.13 開口回路の縦続接続全体の F 行列

アドミタンス行列

$$Y^{11} = \frac{D_t}{B_t}, \quad Y^{12} = \frac{B_t C_t - A_t D_t}{B_t}, \quad Y^{21} = -\frac{1}{B_t}, \quad Y^{22} = \frac{A_t}{B_t}$$

(11.117)

イミタンス行列が与えられると，二開ロフィルタ回路の電圧波散乱行列 (S_V)，電力波散乱行列 (S_p) は，$\bar{Z}, \bar{Y}, \tilde{Z}, \tilde{Y}$ を求めることによって式(11.80)あるいは式 (11.87) より求めることができる．

これに基づいて作成した図 11.12 に示すスタブ形フィルタのプログラム例を付属の CD-ROM に示す．

第12章

能動素子の扱い方

マイクロ波シミュレータにおいて，能動素子は多くの場合インダクタ，キャパシタ，抵抗，電流源などの集中定数素子から構成される等価回路で扱われる．等価回路は回路を構成する素子の定数をあらかじめ与えておけば，例えば周波数を入力すれば S パラメータや雑音指数を計算したり，周波数と入力電力を入力すれば出力電力や効率を計算したり，更に周波数の異なる複数個の信号を入力すれば相互変調ひずみを計算することができる．等価回路は何を計算したいかにより分類される．小信号動作での S パラメータを計算したい場合には小信号等価回路，大信号動作での出力電力や効率などを計算したい場合には大信号等価回路，雑音指数を計算したい場合には雑音等価回路が用いられる．本章では能動素子を小信号等価回路，大信号等価回路，雑音等価回路で表現する方法について述べる．

12.1 小信号等価回路

小信号等価回路は能動素子をインダクタ，キャパシタ，抵抗，電流源などの集中定数素子を用いて表現し，能動素子の小信号動作時の S パラメータを計算する回路である．能動素子の代表である電界効果トランジスタ（FET：Field Effect Transistor）を例にとり，FET の構造と小信号等価回路との対応を図 12.1 で説明する．

小信号等価回路はチャネル内の空乏層や電子の動きをキャパシタ，抵抗，

電流源などの集中定数素子を用いて表現する．FETのゲート・ソース間は，空乏層容量（C_{gs}）と空乏層直下の抵抗（R_i）を直列に接続した回路で表現する．FETのドレーン・ソース間はチャネルの部分であり，電流源，チャネルのコンダクタンス（G_{ds}）及び容量（C_{ds}）の並列接続で表現する．電流源は空乏層の微小な電圧変化に対するチャネルの電流の変化を示す相互コンダ

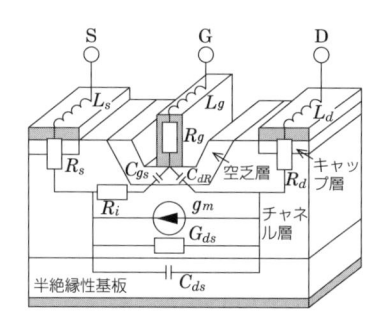

図12.1　FETの構造と小信号等価回路との対応

クタンス（g_m）とゲート電極直下の遅延量（τ）で表現される．ゲート・ドレーン間は空乏層を介しての容量（C_{dg}）で表現される．以上はFETのチャネル内の動作を表現する部分であり，真性FET（intrinsic FET）と呼ばれる．

一方，抵抗（R_g, R_s, R_d），インダクタンス（L_g, L_s, L_d），キャパシタンス（C_{gsd}, C_{dsd}）は寄生成分または寄生FET（extrinsic FET）と呼ばれる．R_gは主としてショットキー抵抗，R_s及びR_dはオーミック抵抗，L_g, L_s, L_dはゲート，ソース，ドレーン電極のインダクタンスである．またC_{gsd}, C_{dsd}は図12.1には示されていないが，ゲート及びドレーン電極の接地との間の浮遊容量である．

12.1.1　真性FETのSパラメータ表示

真性FETの等価回路を**図12.2**に示す．真性FETに信号（電圧V_1，電流I_1）が印加されると，信号の一部分が電圧（V_{gs}）としてFETのゲート・ソース間容量（C_{gs}）の両端にかかり，その電圧に応じた電流（$g_m V_{gs} \cdot e^{-j\omega\tau}$）がドレーン側に発生する．ドレーン側に発生した電流はドレーン・ソース間コンダクタンス（G_{ds}）を介して電圧（V_2）として取り出される．これが真性FETの基本動作である．

真性FETのSパラメータはまず

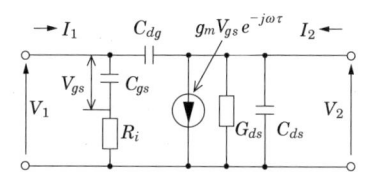

図12.2　真性FETの等価回路

Y パラメータを求めてから $Y \rightarrow S$ 変換することにより求める。Y パラメータは

$$\begin{bmatrix} I_1 \\ I_2 \end{bmatrix} = \begin{bmatrix} Y_{11} & Y_{12} \\ Y_{21} & Y_{22} \end{bmatrix} \begin{bmatrix} V_1 \\ V_2 \end{bmatrix} \quad (12.1)$$

で与えられる。Y_{11} は $V_2=0$ とした場合の I_1/V_1 から，Y_{12} は $V_1=0$ とした場合の I_1/V_2 から，Y_{21} は $v_2=0$ とした場合の I_2/V_1 から，Y_{22} は $V_1=0$ とした場合の I_2/V_2 から求めることができる。すなわち

$$\left. \begin{aligned} Y_{11} &= \frac{j\omega C_{gs}}{1+j\omega C_{gs}R_i} + j\omega C_{dg} \\ Y_{12} &= -j\omega C_{dg} \\ Y_{21} &= \frac{g_m}{1+j\omega C_{gs}R_i} - j\omega C_{dg} \\ Y_{22} &= G_{ds} + j\omega(C_{dg}+C_{ds}) \end{aligned} \right\} \quad (12.2)$$

が得られる。なお，$1 \gg (\omega C_{gs}R_i)^2$ が成り立つ周波数帯で考えると，式(12.2)は簡単になる。すなわち

$$\left. \begin{aligned} Y_{11} &= (\omega C_{gs})^2 R_i + j\omega(C_{gs}+C_{dg}) \\ Y_{12} &= -j\omega C_{dg} \\ Y_{21} &= g_m - j\omega(C_{dg}+g_m C_{gs}R_i) \\ Y_{22} &= G_{ds} + j\omega(C_{dg}+C_{ds}) \end{aligned} \right\} \quad (12.3)$$

が得られる。

真性 FET の S パラメータは次に示す $Y \rightarrow S$ 変換式から求めることができる。

$$\left. \begin{aligned} S_{11} &= \frac{(1-Y_{11})(1+Y_{22})+Y_{12}Y_{21}}{(1+Y_{11})(1+Y_{22})-Y_{12}Y_{21}} \\ S_{12} &= \frac{-2Y_{12}}{(1+Y_{11})(1+Y_{22})-Y_{12}Y_{21}} \\ S_{21} &= \frac{-2Y_{21}}{(1+Y_{11})(1+Y_{22})-Y_{12}Y_{21}} \\ S_{22} &= \frac{(1+Y_{11})(1-Y_{22})+Y_{12}Y_{21}}{(1+Y_{11})(1+Y_{22})-Y_{12}Y_{21}} \end{aligned} \right\} \quad (12.4)$$

式 (12.2)～(12.4) より，真性 FET を構成する素子の定数をあらかじめ与えておけば，周波数に対して S パラメータを計算できることになる。

12.1.2 寄生成分を含む FET の S パラメータ表示

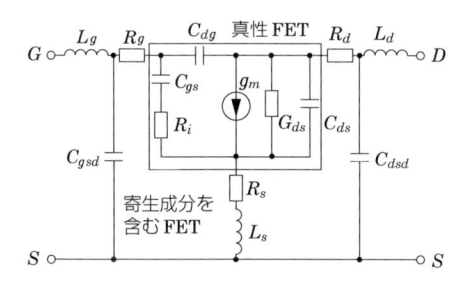

寄生成分を含む FET の等価回路を**図12.3**に示す．図12.1に示す FET をソース接地にした場合の等価回路である．寄生成分を含む FET の S パラメータは，まず真性 FET の S パラメータを Z パラメータに変換して寄生成分 (R_g, R_d, R_s, L_s) を取り入れ，更に Y パラメータに変換して寄生成分 (C_{gsd}, C_{dsd}) を取り入れ，更に Z パラメータに変換して寄生成分 (L_g, L_d) を取り入れ，最後に $Z \to S$ 変換することにより S パラメータを求める．

真性 FET の S パラメータに寄生成分 (R_g, R_d, R_s, L_s) を取り入れた Z パラメータを $[Z']$ とすると

$$[Z'] = \begin{bmatrix} Z_{11}+R_s+R_g+j\omega L_s & Z_{12}+R_s+j\omega L_s \\ Z_{21}+R_s+j\omega L_s & Z_{22}+R_s+R_d+j\omega L_s \end{bmatrix} \quad (12.5)$$

で与えられる．ここで，$Z_{11}, Z_{12}, Z_{21}, Z_{22}$ は真性 FET の S パラメータを Z パラメータに変換したものである．式 (12.5) の Z パラメータ $[Z']$ を Y パラメータ $[Y']$ に変換し，寄生成分 (C_{gsd}, C_{dsd}) を取り入れたものを $[Y'']$ とすると

$$[Y''] = \begin{bmatrix} Y'_{11}+j\omega C_{gsd} & Y'_{12} \\ Y'_{21} & Y'_{22}+j\omega C_{dsd} \end{bmatrix} \quad (12.6)$$

が得られる．式 (12.6) の Y パラメータ $[Y'']$ を Z パラメータ $[Z'']$ に変換し，寄生成分 (L_g, L_d) を取り入れたものを $[Z''']$ とすると

$$[Z'''] = \begin{bmatrix} Z''_{11}+j\omega L_g & Z''_{12} \\ Z''_{21} & Z''_{22}+j\omega L_d \end{bmatrix} \quad (12.7)$$

が得られる．寄生成分を含む FET の S パラメータは，最終的に式 (12.7)

図 12.3　寄生成分を含む FET の等価回路

の $[Z''']$ を $Z \to S$ 変換することにより求めることができる．式 (12.5)～(12.7) より，小信号等価回路を構成する素子の定数をあらかじめ与えておけば，周波数に対して S パラメータを計算できることになる．

12.2 大信号等価回路

　大信号等価回路は小信号等価回路と同じく，能動素子をインダクタ，キャパシタ，抵抗，電流源などの集中定数素子を用いて表現し，能動素子の大信号動作時の S パラメータ，電圧・電流の時間波形などを計算する回路である．

　FET の大信号等価回路を**図 12.4** に示す．図 12.3 の小信号等価回路と大きく異なるのは，真性 FET の部分において，ドレーン・ソース間の電流源 (I_{ds}) に加えてゲート・ソース間及びゲート・ドレーン間にも電流源 (I_{gs}, I_{dg}) が装荷される点にある．また真性 FET を構成するキャパシタ，抵抗などの集中定数素子が，大小の差はあれバイアス依存性を有する点も異なる．なぜ大信号動作時に電流源 (I_{gs}, I_{dg}) やバイアス依存性を付加する必要があるのか**図 12.5** を用いて説明する．

　図 12.5 は FET の大信号動作時の電流-電圧特性を示す．図 12.5(ａ)はゲート電圧 (V_g) をパラメータとした場合のドレーン電圧 (V_d) に対するドレーン電流 (I_{ds}) の変化を示す．a はバイアス点で，小信号動作時には入力信

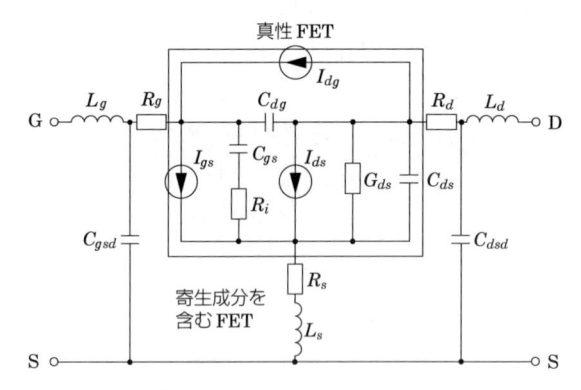

図 12.4　FET の大信号等価回路

第 12 章　能動素子の扱い方

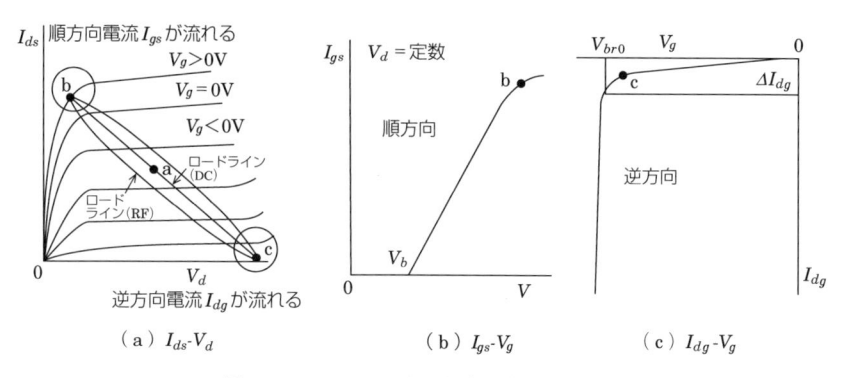

(a) I_{ds}-V_d　　(b) I_{gs}-V_g　　(c) I_{dg}-V_g

図 12.5　FET の大信号動作時の電流-電圧特性

号レベルが小さいのでバイアス点 a は変動しない．しかし大信号動作時には入力信号レベルが大きいので，バイアス点 a は b から c まで大きく変動する．直流(DC)の場合には，負荷は純抵抗のため，バイアス点 a は点 b-c を結ぶ直線上を動くが，高周波(RF)の場合には，負荷は純抵抗でなくなるため（リアクタンス成分を含むため），バイアス点は図 12.5(a)の破線で示したような曲線上を動く．点 b 付近では FET のゲートにプラスの電圧(V_g>0)が印加され，順方向の電流(I_{gs}>0)が流れる．この様子を図 12.5(b)に示した．I_{gs} は I_{ds} とともにあるゲート電圧(V_g>0)で飽和し，これが最大電流振幅($I_{ds(max)}$)を与える．一方，点 c 付近では FET のゲートにマイナスの電圧(V_g<0)が印加され，逆方向の電流(I_{dg}<0)が流れる．この様子を図 12.5(c)に示した．V_g が V_{br0} を超えると急激に I_{dg} が増加し，FET は破損するのが分かる．V_{br0} は破壊電圧（ブレークダウン電圧）と呼ばれ，これが二端子耐圧や最大電圧振幅を決定する．

大信号動作時にはバイアス点は直線上または曲線上を大きく変動する．それに伴い相互コンダクタンス($g_m = \partial I_{ds}/\partial V_g$)やドレーンコンダクタンス($G_{ds} = \partial I_{ds}/\partial V_d$)も大きく変化する．またほかの回路素子の値も変化することもよく知られている．マイクロ波シミュレータでは，バイアス点変動による等価回路の素子値の変化を関数近似で表現する．

12.2.1　電流源の関数表示

真性 FET を構成する三つの電流源(I_{ds}, I_{gs}, I_{dg})は関数で近似される．

I_{ds}, I_{gs}, I_{dg} はダイナミックな特性を有し，それぞれを一つの関数で表現することは難しい．したがって適用範囲を限定する形で，様々なモデルが提案されている．Curtice Quadratic Model[1], Materka Model[2], Curtice & Ettenberg Model[3], Statz Model[4], TriQuint Model[5], EESOF Model[6], Angelov Model[7] などが代表的な例である．これらのモデルの多くは I_{ds} を tanh の双曲線関数で，I_{gs} 及び I_{dg} を直線で近似することを基本としている．これらのモデルはあくまでも実測値に合わせることを目的として関数を選んでいるため，物理的な意味はすでに失っている．

FET の大信号等価回路として幅広く用いられているカーティス・エテンベルグモデル（Curtice & Ettenberg Model[3]）を例にとり，三つの電流源 (I_{ds}, I_{gs}, I_{dg}) がどういう関数で表現されているのかについて述べる．カーティス・エテンベルグモデルは 1985 年に W. Curtice と M. Ettenberg により提案され，I_{ds} がゲート電圧 (V_g) の三次の多項式で表現されているため，Curtice Cubic Model とも呼ばれる．カーティス・エテンベルグモデルを図 12.6 に示す．V_{in} はゲート・ソース間に印加される電圧，V_{out} はドレーン・ソース間から出力される電圧である．

カーティス・エテンベルグモデルでは，ドレーン電流 $I_{ds}(V_{in}, V_{out})$ は次式で与えられる．

$$I_{ds} = (A_0 + A_1 V_1 + A_2 V_1^2 + A_3 V_1^3)\tanh(\gamma V_{out}) \qquad (12.8)$$

ここで，V_1 は式 (12.9) で与えられる入力電圧であり，$A_0 \sim A_3$ は電流の

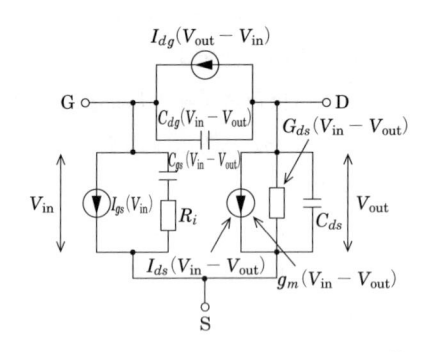

図12.6 カーティス・エテンベルグモデル[3]

飽和領域から求められる．ピンチオフ電圧がドレーン電圧に比例して増加する現象を表現するため，次式を仮定する．

$$V_1 = V_{\text{in}}(t-\tau)[1+\beta_2(V_0-V_{\text{out}})] \tag{12.9}$$

ここで，β_2 はピンチオフ電圧の変動に対する係数，V_0 は $A_0 \sim A_3$ を決定したときの V_{out}，τ はゲート電極直下の遅延量であり，次式で与えられる．

$$\tau = A_s \cdot V_{\text{out}} \tag{12.10}$$

ゲート電流 $I_{dg}(V_{\text{out}}-V_{\text{in}})$ はなだれ降伏（avalanche breakdown）により生じた逆方向（マイナス方向）の電流であり，次式で与えられる．

$$\left.\begin{array}{ll} I_{dg} = \dfrac{V_{dg}-V_{br}}{R_1} & (V_{dg} > V_{br}) \\ = 0 & (V_{dg} < V_{br}) \end{array}\right\} \tag{12.11}$$

ここで，V_{dg} はゲート・ドレーン間にかかる電圧，V_{br} は図 12.5 で述べた破壊電圧であり，次式で与えられる．

$$V_{br} = V_{br0} + R_2 I_{ds} \tag{12.12}$$

ここで，V_{br0} は二端子耐圧（オフ耐圧），V_{br} は三端子耐圧（オン耐圧）である．ドレーン電流 I_{ds} が増大するとオン耐圧 V_{br} は下がる傾向にある．R_2 はその変化を示す係数である．

ゲート電流 $I_{gs}(V_{\text{in}})$ は順方向（プラス方向）の電流であり

$$\left.\begin{array}{ll} I_{gs} = \dfrac{V_{\text{in}}-V_{\text{bi}}}{R_F} & (V_{\text{in}} > V_{\text{bi}}) \\ = 0 & (V_{\text{in}} < V_{\text{bi}}) \end{array}\right\} \tag{12.13}$$

で与えられる．ここで，V_{bi} はビルトイン電圧で，順方向の電流が流れ出すゲート電圧を示す．R_F は実効的な傾斜を示し，順方向ゲート電流 $I_{gs}(V_{\text{in}})$ は $I_{dg}(V_{\text{out}}-V_{\text{in}})$ とともに，ゲート電圧に対し線形に変化すると近似している．

12.2.2 バイアス依存性のある回路素子の関数表示

真性 FET を構成する回路素子の中で，バイアス依存性の強い回路素子は，図 12.6 に示す相互コンダクタンス（g_m），ドレーンコンダクタンス（G_{ds}），ゲート・ソース間容量（C_{gs}），ゲート・ドレーン間容量（C_{dg}）である．相互コンダクタンス（g_m）は式 (12.8) を V_g（図 12.6 では V_{in}）で微分することにより，またドレーンコンダクタンス（G_{ds}）は式 (12.8) を V_d

(図12.6では V_{out} で微分することにより求められる．すなわち

$$g_m = \frac{\partial I_{ds}}{\partial V_{in}} = g_{m0}[1 - \beta_2(V_0 - V_{out})] \tag{12.14}$$

$$g_{m0} = \frac{\partial I_{ds}}{\partial V_1} = (A_1 + 2A_2V_1 + 3A_3V_1^2)\tanh(\gamma V_{out}) \tag{12.15}$$

$$G_{ds} = \frac{\partial I_{ds}}{\partial V_{out}} = -g_{m0}\beta_2 V_{in} + \frac{\gamma I_{ds} \cdot \sec h^2(\gamma V_{out})}{\tanh(\gamma V_{out})} \tag{12.16}$$

で与えられる．

ゲート・ソース間容量 (C_{gs})，ゲート・ドレーン間容量 (C_{dg}) のバイアス依存性は関数近似が難しい割には，相互コンダクタンス (g_m) やドレーンコンダクタンス (G_{ds}) に比べてバイアス依存性が小さい．ゲート・ソース間容量 (C_{gs})，ゲート・ドレーン間容量 (C_{dg}) のバイアス依存性については様々な提案がなされているが，ここでは最も標準的な関数近似式[1]~[3]を示す．

$$\left. \begin{array}{ll} C_{gs} = \dfrac{C_{gs0}}{\sqrt{1 - \dfrac{V_{in}}{V_{bi}}}} & (V_{out} > 0) \\ = C_{dg0} & (V_{out} < 0) \end{array} \right\} \tag{12.17}$$

$$\left. \begin{array}{ll} C_{dg} = C_{dg0} & (V_{out} > 0) \\ = \dfrac{C_{gs0}}{\sqrt{1 - \dfrac{V_{dg}}{V_{bi}}}} & (V_{out} < 0) \end{array} \right\} \tag{12.18}$$

ここで，C_{gs0}, C_{dg0} は $V_{out} = 0$ での C_{gs}, C_{dg} の値である．式(12.17), (12.18)では V_{out} が0を境に容量が急激に変わるため連続的に変化する関数も提案されている[4]．

12.2.3 周波数分散性の補償方法

大信号等価回路において，相互コンダクタンス (g_m) とドレーンコンダクタンス (G_{ds}) は，式 (12.14)～(12.16) に示すように，直流特性 I_{ds} から計算する．したがって，周波数分散性がある場合，すなわち直流特性から計算した相互コンダクタンスとドレーンコンダクタンスの値が高周波帯での値と異なる場合は，計算精度が劣化する．相互コンダクタンスの周波数分散性を補償するのは難しいが，ドレーンコンダクタンスの周波数分散性については，大信号等価回路の構成を工夫することにより補償を行う例が報告されて

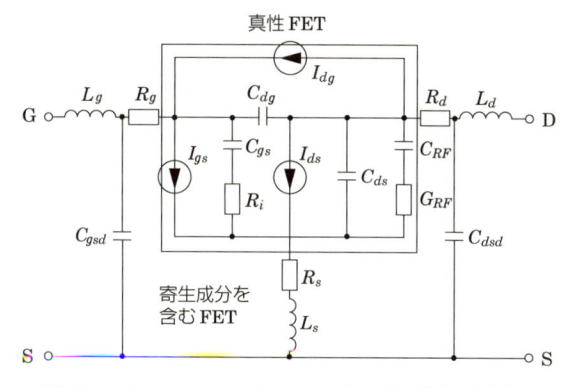

図12.7 ドレーンコンダクタンスの周波数分散性の補償例

いる[8]．図 12.7 はその一例である．

図 12.4 の大信号等価回路と比較すると，ドレーンコンダクタンス(G_{ds})の代わりにコンダクタンス(G_{RF})とキャパシタンス(C_{RF})の直列回路が装荷されている．図 12.7 ではまずドレーンコンダクタンス(G_{ds})を式 (12.16) から計算し，そのあとに周波数分散性をコンダクタンス(G_{RF})で補償する方法をとっている．C_{RF} は周波数に対して G_{RF} の見方を変える，すなわち周波数特性を持たせる役割をしている．

ショットキー抵抗(R_g)，オーミック抵抗(R_s, R_d)も高周波帯になると表皮効果により抵抗値が高くなる傾向があるが，同じような回路構成で周波数分散性を補償することが可能である[9]．

12.3 雑音等価回路

マイクロ波シミュレータにおいて，増幅器などの雑音特性を計算する場合には，能動素子を雑音パラメータまたは雑音等価回路で表現する．雑音パラメータは測定により求めるもので，最小雑音指数，最適負荷インピーダンス，等価雑音抵抗を用いて能動素子の雑音特性を表現する．雑音等価回路はインダクタ，キャパシタ，抵抗，電流源と雑音源から構成され，等価回路素子と雑音温度を用いて能動素子の雑音特性を計算するものである．以下，雑音パラメータと雑音等価回路について述べる．

12.3.1 雑音パラメータ

雑音パラメータは低雑音能動素子，増幅器などの雑音特性を評価するパラメータとして広く用いられている．アドミタンスで表示した雑音パラメータを次式に[10]~[12]，NFサークルの例を図 12.8 に示す．

$$F = F_{\min} + \frac{R_n}{G_s}|Y_s - Y_{\mathrm{opt}}|^2 \tag{12.19}$$

F は雑音指数，$F_{\min}$ は最小雑音指数，$Y_s = G_s + jB_s$ は電源側負荷のアドミタンス，Y_{opt} は最小雑音指数を与える最適負荷アドミタンス，R_n は等価雑音抵抗である．式（12.19）を反射係数で表現する．

$$F = F_{\min} + \frac{4R_n}{Z_0} \frac{|\Gamma_s - \Gamma_{\mathrm{opt}}|^2}{|1 + \Gamma_{\mathrm{opt}}|^2 (1 - |\Gamma_s|^2)} \tag{12.20}$$

ここで，Z_0 は特性インピーダンスである．雑音パラメータはまず式（12.20）の最小雑音指数（$F_{\min}$）及び最適負荷反射係数（Γ_{opt}）を測定により求め，次に Γ_s が 0 での F を測定し，式（12.20）より R_n を求める．

式（12.20）の雑音指数 F は，負荷に対しサークル（NFサークル）を描くことはよく知られており，円の中心を C_{NF}，半径を R_{NF} とすると

$$|\Gamma_s - C_{\mathrm{NF}}|^2 = R_{\mathrm{NF}}^2 \tag{12.21}$$

$$C_{\mathrm{NF}} = \frac{\Gamma_{\mathrm{opt}}}{1 + N_s} \tag{12.22}$$

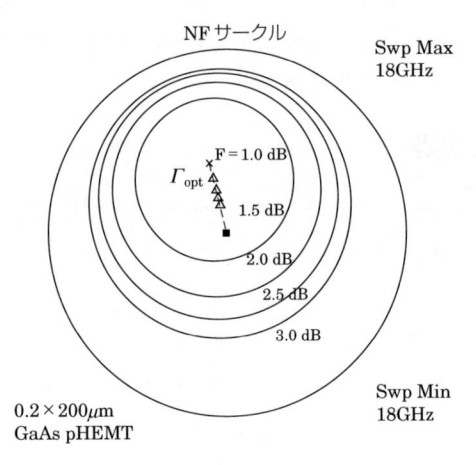

図 12.8 NF サークルの例

第 12 章　能動素子の扱い方

$$R_{\mathrm{NF}} = \frac{1}{1+N_s}\sqrt{N_s^2 + N_s(1-|\varGamma_{\mathrm{opt}}|^2)} \tag{12.23}$$

$$N_s = \frac{|\varGamma_s - \varGamma_{\mathrm{opt}}|^2}{1-|\varGamma_s|^2} = \frac{Z_0(F-F_{\min})}{4R_n}|1+\varGamma_{\mathrm{opt}}|^2 \tag{12.24}$$

で与えられる．ここで，N_s は最小雑音指数からの偏差を示す．

12.3.2　FET の雑音等価回路

　FET の雑音等価回路はインダクタ，キャパシタ，抵抗，電流源と雑音源から構成され，等価回路素子と雑音温度を用いて能動素子の雑音特性を計算するものである．FET の雑音等価回路を FET の構造と対応づけて図 12.9 に示す．FET の内部で抵抗が存在するところはすべて何らかの形の雑音源が存在する．例えば，FET の寄生成分である抵抗 R_g, R_s, R_d で発生する雑音は熱雑音であり，ナイキストの定理により式 (12.25) で与えられる．また信号源 e_N の内部抵抗 R で発生する雑音も熱雑音と考えられ，式 (12.25) で与えられる．

$$\left.\begin{array}{l} \overline{|e_G|^2} = 4kT_0B\cdot R_i \\ \overline{|e_S|^2} = 4kT_0B\cdot R_s \\ \overline{|e_D|^2} = 4kT_0B\cdot R_d \\ \overline{|e_N|^2} = 4kT_0B\cdot R \end{array}\right\} \tag{12.25}$$

ここで，k はボルツマン定数，B は周波数帯域幅，T_0 は標準温度で 290 K である．雑音源を 2 乗の平均値で表示するのは，雑音があくまでランダムな性質を有し，統計的に示す必要があるためである．一方，FET チャネル内部で発生するドレーン雑音 (i_D) とゲート誘起雑音 (i_G) は等価雑音コンダクタンス (g_D, g_G) 及び相関係数 (ρ_C) で表現する．すなわち

$$g_D = \frac{\overline{|i_D|^2}}{4kT_0B} \tag{12.26}$$

$$g_G = \frac{\overline{|i_G|^2}}{4kT_0B} \tag{12.27}$$

$$\rho_C = \frac{\overline{i_D i_G}}{\sqrt{\overline{|i_D|^2}\,\overline{|i_G|^2}}} \tag{12.28}$$

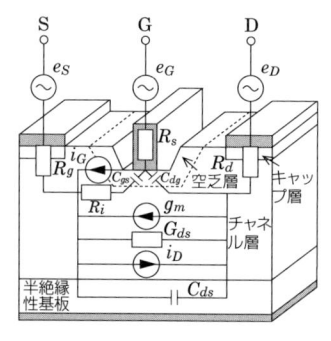

図 12.9　FET の雑音源

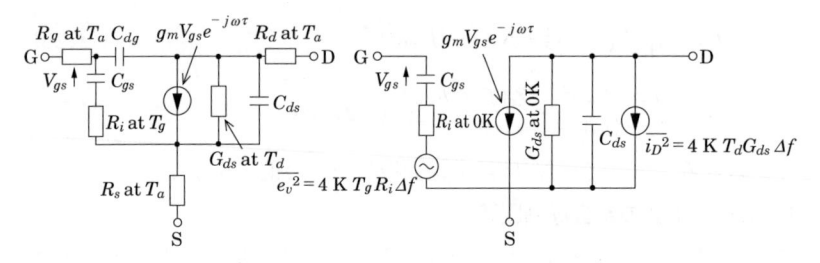

図 12.10 雑音温度を用いた雑音等価回路

次に雑音温度を用いた雑音等価回路を**図 12.10**に示す[10]．図 12.10 ではFET の雑音源をすべて雑音温度で表現する少々強引な方法であるが，雑音等価回路を簡潔に分かりやすくできる特徴がある．すなわち FET の寄生成分の雑音源を周囲温度 T_a で，FET の内部の雑音源を等価雑音温度 T_g と T_d で表現する．

図 12.10 から i_D と i_G を求め，式（12.26）〜（12.28）に代入し，等価雑音コンダクタンス（g_D, g_C）を求めると，次式が得られる．

$$g_C = \frac{T_g}{T_0} \frac{R_i(\omega C_{gs})^2}{1+(\omega C_{gs} R_i)^2} \tag{12.29}$$

$$g_D = \frac{T_g}{T_0} \frac{g_m^2 R_i}{1+(\omega C_{gs} R_i)^2} + \frac{T_d}{T_0} G_{ds} \tag{12.30}$$

$$cor_c = \rho_c \sqrt{g_C g_D} = \frac{-j\omega g_m C_{gs} R_i}{1+\omega^2 C_{gs}^2 R_i} \frac{T_g}{T_0} \tag{12.31}$$

式（12.19）を雑音温度 T で表現すると

$$T = T_{\min} + T_0 \frac{R_n}{G_s} |Y_s - Y_{\text{opt}}|^2 \tag{12.32}$$

が得られる．$1/Y_{\text{opt}} = R_{\text{opt}} + jX_{\text{opt}}$ とすると，$T_{\min}, R_{\text{opt}}, X_{\text{opt}}, R_n$ は

$$T_{\min} = 2\frac{f}{f_t}\sqrt{R_i G_{ds} T_g T_d + \left(\frac{f}{f_t}\right)^2 (R_i G_{ds} T_d)^2} + 2\left(\frac{f}{f_t}\right)^2 R_i G_{ds} T_d \tag{12.33}$$

$$R_{\text{opt}} = \sqrt{\left(\frac{f_t}{f}\right)^2 \frac{R_i T_g}{G_{ds} T_d} + R_i^2} \tag{12.34}$$

$$X_{\text{opt}} = \frac{1}{\omega C_{gs}} \tag{12.35}$$

$$R_n = \left(\frac{f_t}{f}\right)^2 \frac{T_0}{G_{ds} T_d} \tag{12.36}$$

ここで，f_t はカットオフ周波数であり

$$f_t = \frac{g_m}{2\pi C_{gs}} \tag{12.37}$$

で与えられる．更に

$$\frac{f}{f_t} \ll \sqrt{\frac{T_g}{R_i G_{ds} T_d}} \tag{12.38}$$

$$R_{opt} \gg R_i \tag{12.39}$$

の近似を用いると，T_{min}, R_{opt} は更に簡単な式で表現できる．

$$T_{min} = 2\frac{f}{f_t}\sqrt{R_i G_{ds} T_g T_d} \tag{12.40}$$

$$R_{opt} = \frac{f_t}{f}\sqrt{\frac{R_i T_g}{G_{ds} T_d}} \tag{12.41}$$

雑音等価回路はまず最小雑音指数（F_{min}）及び最適負荷反射係数（Γ_{opt}）を測定により求めることにより，T_{min}, R_{opt}, X_{opt} が得られる．次に，式（12.33）〜（12.35）より，ゲート誘起雑音温度（T_g），ドレーン雑音温度（T_d），等価雑音抵抗（R_n）を求める．これにより電源側負荷を変化させた場合，周波数を変化させた場合のFETまたは増幅器の雑音温度 T，雑音指数 F を計算することができる．

参 考 文 献

[1] W. R. Curtice, "A MESFET model for use in the design of GaAs integrated circuits," IEEE Trans. Microwave Theory & Tech., vol. MTT-28, no. 5, pp. 448-456, May 1980.
[2] A. Materka and T. Kacprzak, "Computer calculation of large-signal GaAs FET amplifier characteristics," IEEE Trans. Microwave Theory & Tech., vol. MTT-33, no. 2, pp. 129-135, Feb. 1985.
[3] W. R. Curtice and M. Ettenberg, "A nonlinear GaAs FET model for use in the design of output circuits for power amplifiers," IEEE Trans. Microwave Theory & Tech., vol. MTT-33, no. 12, pp. 1383-1394, Dec. 1985.
[4] H. Statz, P. Newman, I. W. Smith, R. A. Pucel and H. A. Haus, "GaAs FET device and circuit simulation in SPICE," IEEE Trans. Electron Devices, vol. ED-34, pp. 160-169, Feb. 1987.
[5] A. J. McCamant, G. D. McCormack and D. H. Smith, "An improved GaAs MESFET model for SPICE," IEEE Trans. Microwave Theory & Tech., vol. MTT-38, no. 6, pp. 822-824, June 1990.

[6]　M. Sango, O. Pitzalis, L. Lerner, C. McGuire, P. Wang and W. Childs, "A GaAs MESFET large-signal circuit model for nonlinear analysis," 1988 IEEE MTT-S Digest, pp. 1053-1056.
[7]　I. Angelov, H. Zirath and N. Rorsman, "A new empirical nonlinear model for HEMT and MESFET devices," IEEE Trans. Microwave Theory Tech., vol. MTT-40, no. 12, pp. 2258-2266, Dec. 1992.
[8]　S. Maas, "Fixing the curtice FET model," Microwave J., pp. 68-80, March 2002.
[9]　伊藤康之, 高木 直, "MMIC技術の基礎と応用," リアライズ社, 1996.
[10]　M. Pospieszalski, "Modeling of noise parameters of MESFET's and MODFET's and their frequency and temperature dependence," IEEE Trans. Microwave Theory & Tech., vol. MTT-37, no. 9, pp. 1340-1350, Sept. 1989.
[11]　本城和彦, "マイクロ波半導体回路," 日刊工業出版社, 東京, 1993.
[12]　高山洋一郎, "マイクロ波トランジスタ," 電子情報通信学会, 東京, 1998.

第13章

構成要素のシミュレーション例

13.1 同軸線路中の電磁波伝搬

13.1.1 基本式とモデル化

図 13.1 のような同軸線路中を伝搬する電磁波の基本波は TEM 波 (Transverse Electromagnetic Wave) である．

この場合，$E_\phi = E_z = H_\rho = H_z = 0$（図 13.1 の座標参照）であり

$$\boldsymbol{E} = \boldsymbol{i}_\rho E_\rho, \quad \boldsymbol{H} = \boldsymbol{i}_\phi H_\phi \tag{13.1}$$

である．これをマクスウェルの方程式

$$\nabla \times \boldsymbol{E} = -\mu \frac{\partial \boldsymbol{H}}{\partial t}, \quad \nabla \times \boldsymbol{H} = \varepsilon \frac{\partial \boldsymbol{E}}{\partial t} \tag{13.2}$$

の円柱座標表現に用いると次式を得る．

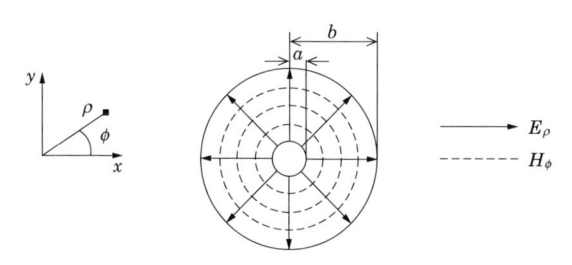

図 13.1 同軸線路内の電磁界

$$\frac{\partial E_\rho}{\partial z} = -\mu \frac{\partial H_\phi}{\partial t}, \quad -\frac{\partial H_\phi}{\partial z} = \varepsilon \frac{\partial H_\rho}{\partial t} \tag{13.3}$$

同軸線路の内導体半径を a，外導体半径を b としたとき，内外導体間の電圧 V 及び内導体に流れる電流 I は電界 E_ρ 及び磁界 H_ϕ と

$$E_\rho = -\frac{V}{\rho \ln(a/b)} \tag{13.4}$$

$$H_\phi = -\frac{I}{2\pi\rho} \tag{13.5}$$

のように結びつけられるので，式 (13.3) から電圧・電流の間に

$$\frac{\partial I}{\partial t} = -\frac{2\pi}{\mu \ln(b/a)} \frac{\partial V}{\partial z} \tag{13.6}$$

$$\frac{\partial V}{\partial t} = -\frac{\ln(b/a)}{2\pi\varepsilon} \frac{\partial I}{\partial z} \tag{13.7}$$

の関係が出てくる．ただし，ε, μ は $a<\rho<b$ の環状部分の誘電体の誘電率及び透磁率であり

$$\varepsilon = \varepsilon_r \varepsilon_0, \quad \mu = \mu_0 \tag{13.8}$$

である．ε_0, μ_0 は真空中の誘電率及び透磁率で

$$\mu_0 = 4\pi \times 10^{-7}, \quad \varepsilon_0 = \frac{1}{C_0^2 \mu_0} \tag{13.9}$$

である．C_0 は真空中の光速で，詳しくは

$$C_0 = 2.99792458 \times 10^8 \text{ (m/s)} \tag{13.10}$$

である．

以後は FD-TD 解析を想定して説明する．まず同軸線路の長さ方向（z 方向）を δz 間隔で分割し，各点に $1, 2, \cdots, l, \cdots$ と整数の番号を付ける．そしてこれらの各点に V を配置する．更に V と V の位置の間に I を配置する（図 13.2 参照）．$I(l)$ は $V(l)$ の $0.5\delta z$ 右側にあることになる．

時間 t についても δt 間隔で離散化し，整数 n を用いて $t = n\delta t$ と表す．

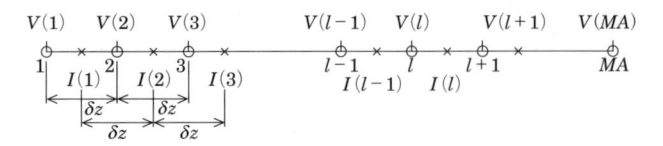

図 13.2　FD-TD 法の論理に基づく電圧と電流の配置

このとき，式 (13.6)，(13.7) の差分化式が次のように得られる．

$$\frac{I^{n+0.5}(l)-I^{n-0.5}(l)}{\delta t}=-\frac{2\pi}{\mu\ln(b/a)}\frac{V^n(l+1)-V^n(l)}{\delta z} \quad (13.11)$$

$$\frac{V^{n+1}(l)-V^n(l)}{\delta t}=-\frac{\ln(b/a)}{2\pi\varepsilon}\frac{I^{n+0.5}(l)-I^{n+0.5}(l-1)}{\delta z} \quad (13.12)$$

なお，座標で考えると V の位置を l としたとき I の位置は $l+0.5$ のはずであるが，プログラムでは式(13.11)，(13.12)のように考えたほうが分かりやすい．式(13.11)，(13.12)から，$(n+0.5)\delta t$ における電流及び $(n+1)\delta t$ における電圧を，それ以前の電流・電圧を知って求める式が次のように得られる．

$$I^{n+0.5}(l)=I^{n-0.5}(l)-\frac{2\pi}{\mu\ln(b/a)}\frac{\delta t}{\delta z}\{V^n(l+1)-V^n(l)\} \quad (13.13)$$

$$V^{n+1}(l)=V^n(l)-\frac{\ln(b/a)}{2\pi\varepsilon}\frac{\delta t}{\delta z}\{I^{n+0.5}(l)-I^{n+0.5}(l-1)\} \quad (13.14)$$

V と I はこの両式を使って n を一つずつ増やしていって計算する．

13.1.2 一方向励振

図 13.3 のように $l=LA-1$ の I と $l=LA$ の V の位置の間に仮想境界を設け，この境界より左の V, I が反射電圧，反射電流，右の V, I が全電圧，全電流であるとする．

全電圧，全電流を V^t, I^t，反射電圧，反射電流を V^r, I^r，入射電圧，入射電流を $V^{\text{inc}}, I^{\text{inc}}$ とすると

$$V^t = V^r + V^{\text{inc}} \quad (13.15)$$

$$I^t = I^r + I^{\text{inc}} \quad (13.16)$$

となるから，式 (13.13) を用いて $I^{n+0.5}(LA-1)$ を計算するときは，全電

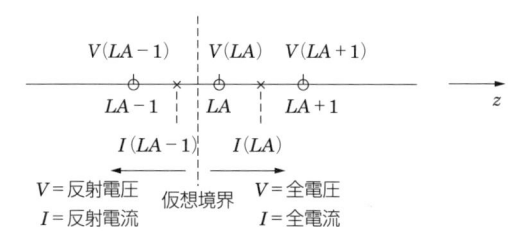

図 13.3 励振位置付近の電圧・電流配置

圧である $V^n(LA)$ を，反射電流である $I^{n+0.5}(LA-1)$, $I^{n-0.5}(LA-1)$ 及び反射電圧である $V^n(LA-1)$ と合わせるために，式 (13.13) 右辺で用いる $V^n(LA)$ だけは計算時に

$$V^n(LA) \longrightarrow V^n(LA) - V^{n,\text{inc}}(LA) \tag{13.17}$$

と置換する．また，式 (13.14) を用いて $V^{n+1}(LA)$ を計算するときは，反射電流である $I^{n+0.5}(LA-1)$ を，全電圧である $V^{n+1}(LA)$, $V^n(LA)$, 及び全電流である $I^{n+0.5}(LA)$ と合わせるために，右辺で用いる $I^{n+0.5}(LA-1)$ だけは計算時に

$$I^{n+0.5}(LA-1) \longrightarrow I^{n+0.5}(LA-1) + I^{n+0.5,\text{inc}}(LA-1) \tag{13.18}$$

と置換する．この方法で z の正方向への一方向励振が実現できる．ただし，式 (13.17), (13.18) のほかに V^{inc} と I^{inc} の位置が $0.5\delta z$ ずれていること，及び V^{inc} と I^{inc} の観測時刻が $0.5\delta t$ だけずれていること，更に V^{inc} と I^{inc} の間に $V^{\text{inc}} = Z_c I^{\text{inc}}$ の関係があることを考慮してプログラムしなければこの論理はうまく動作しない．ただし，Z_c は同軸の特性インピーダンスで

$$Z_c = \frac{1}{2\pi}\sqrt{\frac{\mu}{\varepsilon}}\ln\left(\frac{b}{a}\right) \tag{13.19}$$

と与えられる．

13.1.3 同軸端の吸収境界条件

式 (13.14) を使って $V(1)$ を直接計算することはできない．式 (13.14) 右辺に $I(0)$ が現れ，これは同軸の左端の更に左へ飛び出した位置の I であり，定義されていないからである．そこで $V(1)$ は Mur の一次の吸収境界条件を使って以下のように考え計算する．励振位置 $l=LA$, $l=LA-1$ は図 13.4 の右のほうにあるから，同軸端では左向きに進む波しか存在しない．左向きに進む波の電圧が満足する式は

$$\frac{\partial V}{\partial z} = \frac{1}{C}\frac{\partial V}{\partial t} \tag{13.20}$$

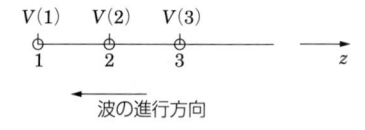

図 13.4 同軸線路端部の電圧配置

であり，この解は

$$V = V\left(t + \frac{z}{C}\right) \tag{13.21}$$

となる．

ただし，C は同軸内の TEM 波の伝搬速度で

$$C = \frac{1}{\sqrt{\varepsilon\mu}} = \frac{C_0}{\sqrt{\varepsilon_r}} \tag{13.22}$$

である．

式 (13.20) を中心差分となるように注意して，$V(1)$ 及び $V(2)$ を使う式として差分化すると（図 13.4 参照）

$$\frac{1}{2}\left\{\frac{V^n(2)-V^n(1)}{\delta z}+\frac{V^{n+1}(2)-V^{n+1}(1)}{\delta z}\right\}$$
$$=\frac{1}{2C}\left\{\frac{V^{n+1}(1)-V^n(1)}{\delta t}+\frac{V^{n+1}(2)-V^n(2)}{\delta t}\right\} \tag{13.23}$$

が得られるので，この式から $l=1$ における新しい時刻の V を求める式が

$$V^{n+1}(1) = V^n(2) + \frac{C\delta t - \delta z}{C\delta t + \delta z}\{V^{n+1}(2) - V^n(1)\} \tag{13.24}$$

と得られる．

13.1.4 例題 1（プログラムリスト coaxsin.cpp）（付属 CD-ROM 参照）

励振関数を

$$V^{\text{inc}} = \sin \omega t \tag{13.25}$$

として，次のようなパラメータ値及び条件を与えて計算する．

$a=0.455$ (mm), $b=1.5$ (mm), $f=2.5$ (GHz)

$\varepsilon = \frac{1}{0.49} = 2.04082$, $\delta z = \frac{\lambda}{20}$, $\delta t = 0.5\frac{\delta z}{C}$

$MA = 200$, $LA = 100$, $N_{\max} = 600$

$V(MA) = 0$，左端＝無反射終端

ただし，MA は線路右端の位置の整数番号（線路長＝$(MA-1)\delta z$）であり，LA は励振位置の整数番号（図 13.3 参照），$N_{\max}$ は最大計算時間ステップ数である．

また，$V(MA)=0$ は右端短絡条件である．このとき，例えば $n=300$ の時間ステップにおける線路電圧分布 $V(l)$ ($l=1\sim MA$)，電流分布 $I(l)$ ($l=$

(a) V の場所変化

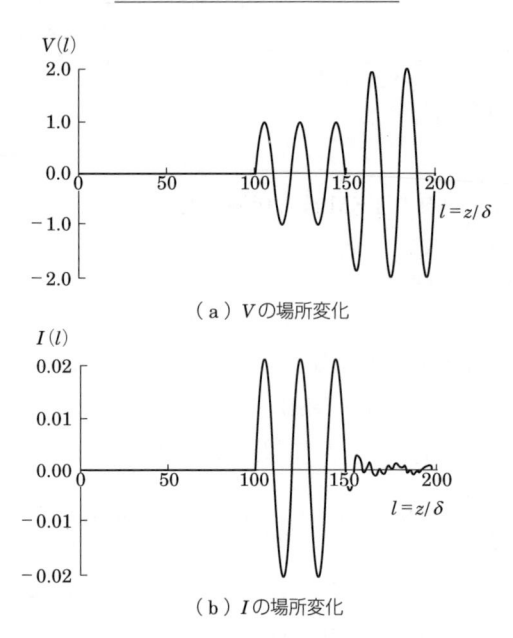

(b) I の場所変化

図 13.5　$t=300\Delta t$ の時間における電圧・電流の場所変化

$1 \sim MA-1$), あるいは $l=150$ の場所における電圧及び電流の時間変化, すなわち $V^n(150)$ 及び $I^n(150)$ ($n=1 \sim N_{\max}$) をファイルに落とし, グラフにしてみると図 13.5, 図 13.6 のようになる.

一方向励振, 左端無反射終端, 右端短絡条件が実現されていることを確認してみよう.

13.1.5　例題 2 (プログラムリスト coaxpulse.cpp)(付属 CD-ROM 参照)

励振関数が

$$V^{\mathrm{inc}} = \exp\left[-\left(\frac{t-t_0}{t_w}\right)^2\right] \quad (0 \leq t \leq t_0+6t_w) \\ = 0 \quad (t \leq 0 \text{ or } t \geq 6t_w) \right\} \quad (13.26)$$

で与えられる図 13.7 のような形状のガウシアンパルス関数であるとし, パラメータ値及び条件を次のように設定する.

$$\delta z = 0.05 \text{ (mm)}, \qquad \delta t = 0.5 \frac{\delta z}{C}, \qquad MA = 1,200$$

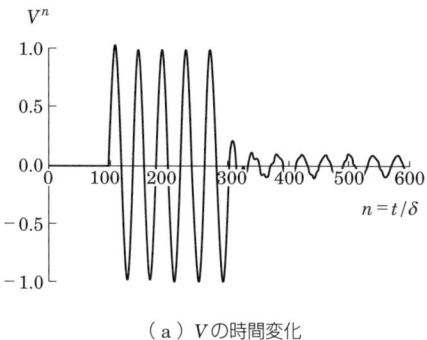

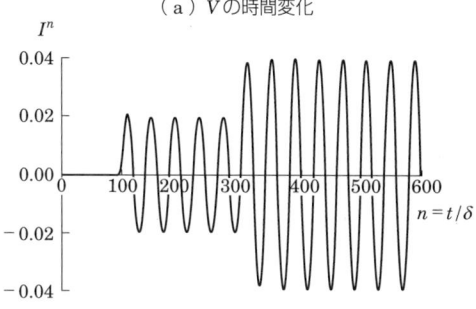

第 13 章 構成要素のシミュレーション例　　　255

(a) V の時間変化

(b) I の時間変化

図 13.6　$z=150\Delta z$ の点での電圧・電流の時間変化

$LA=600, \quad N_{\max}=2,300, \quad I(MA-1)=0$

$t_0=150\delta t, \quad t_w=50\delta t, \quad$ 左端＝無反射終端

$I(MA-1)=0$ は右端開放条件である．このとき，例えば $n=800$ の時間ステップにおける線路電圧分布 $V(l), (l=1\sim MA)$，電流分布 $I(l), (l=1$

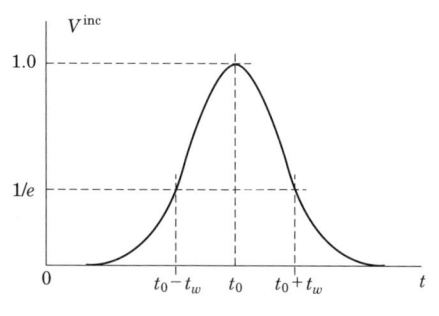

図 13.7　ガウシアンパルス関数

(a) V の場所変化

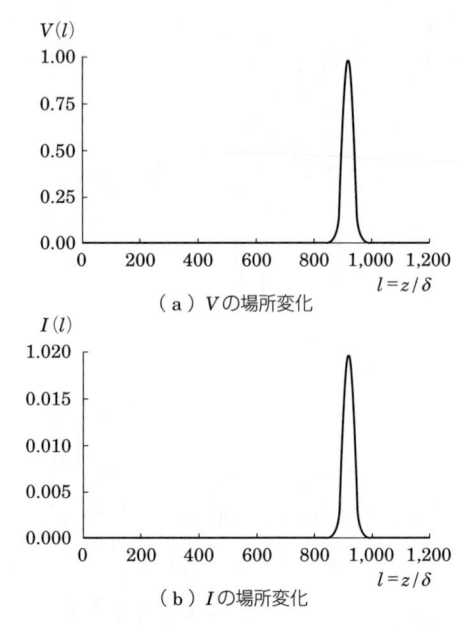

(b) I の場所変化

図 13.8　$t=800\Delta t$ の時間における電圧・電流の場所変化

(a) V の時間変化

(b) I の時間変化

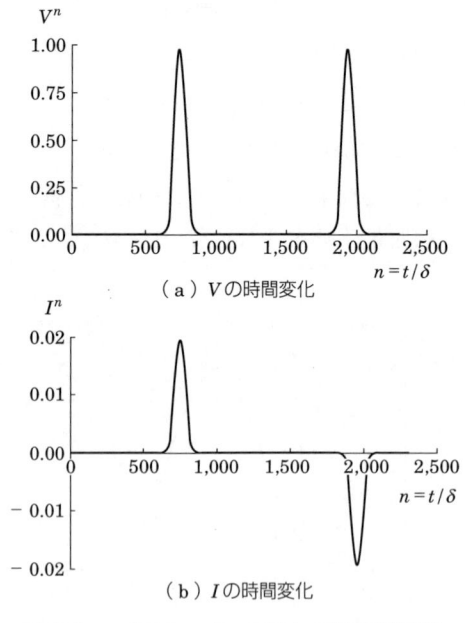

図 13.9　$z=900\Delta z$ の点での電圧・電流の時間変化

~$MA-1$), あるいは $l=900$ の場所における電圧及び電流の時間変化,すなわち $V^n(900)$ 及び $I^n(900)$ ($n=1 \sim N_{\max}$) をファイルに落とし,グラフにしてみると図 **13.8**, 図 **13.9** のようになる.

一方向励振,左端無反射終端,右端開放条件が実現されていることを確認してみよう.

13.2　アンテナ回路

ここでは,電磁界シミュレータを用いて,アンテナの数値解析を行うに当たって注意すべき項目を説明する.更に,数値計算のための規範問題を示し,その測定例のいくつかを示す.

13.2.1　給電方法

アンテナの給電点インピーダンスや電流分布が分かれば,放射特性は容易に計算することができる.したがって,給電部をいかに正確にモデル化するかが数値解の精度に関係する.図 **13.10** に導体板上に置かれたモノポールアンテナの給電方法を示す.図 13.10(a)は,最も簡単なモデルであるギャップ給電を示す.導体板とモノポールアンテナの間に電圧 $V(V)$ を加えると,ギャップでの入射電界は

$$\boldsymbol{E}^{\mathrm{inc}} = E_z \boldsymbol{i}_z = -\frac{V \boldsymbol{i}_z}{\Delta z} \ (\mathrm{V/m}) \tag{13.27}$$

と表される.

ここで,$\boldsymbol{i}_z$ は z 方向の単位ベクトルである.FDTD 法や伝送線路行列法(TLM 法)では,Δz を1セルとする.Δz を無限小とすれば,モーメント法の定式化では入射電界の項が積分を含まない形で表されるので,$\Delta z \to 0$ の場合をデルタ関数電圧源と呼んでよく用いられる.このとき,入射電界は

$$\boldsymbol{E}^{\mathrm{inc}} = E_z \boldsymbol{i}_z = -V d(z) \boldsymbol{i}_z \ (\mathrm{V/m}) \tag{13.28}$$

と表される.

デルタ関数電圧源を用いる場合には,電流展開関数の項数を増しても,入力アドミタンス計算値は収束せず,発散するので注意が必要である.

図 13.10(b)は,同軸給電モデルを表す.導体板が無限に広い場合には,モーメント法では,同軸開口に等価磁流分布を仮定して,それによってアン

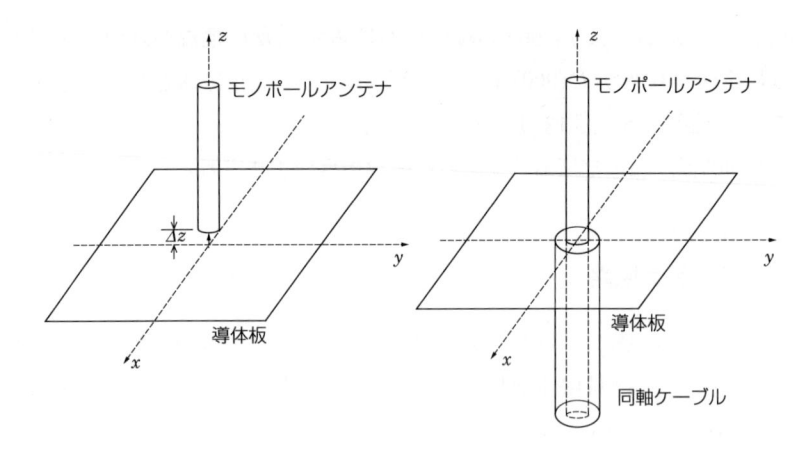

(a) ギャップ給電モデル　　(b) 同軸給電モデル

図 13.10　モノポールアンテナの給電モデル

テナ上に生じる電界を入射電界として計算する．FDTD 法や TLM 法などの時間領域での計算法では，ある長さの同軸ケーブル内部に TEM 波の波源を置き，それから伝搬する電磁界をアンテナに加えている．その場合には，波源からアンテナと反対方向へ伝搬する電磁波をどれだけ吸収するかが計算精度に影響する．

　図 13.11 は，マイクロストリップアンテナで用いられる，マイクロストリップライン給電モデルを表す．図 13.11(a) は，ギャップ間に一様な電界を加える一様給電モデルであり，図 13.11(b) は，FDTD 法で用いられるステップ状の給電法である．

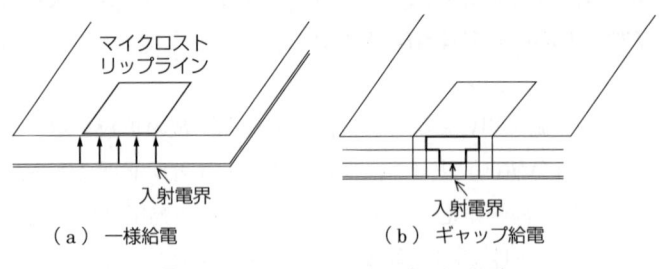

(a) 一様給電　　(b) ギャップ給電

図 13.11　マイクロストリップライン給電

同軸給電の場合と同じく，給電点からアンテナ側にだけ電磁界を誘起し，反対側へ放射された電磁界がアンテナ側に反射するのをどれだけ抑制するかが，数値計算精度に影響する．

これらの給電モデルのほかに，導体板上に設けたコプレーナ線路で給電する場合があるが，コプレーナ線路導体間の間げきは極めて狭いので，導体間の結合が強く，放射が無視できるとして解析する場合もある[1]．

13.2.2 モーメント法

線状アンテナを解析するためのモーメント法に基づくシミュレータでは，使われている電流展開関数，重み関数の選び方によって，数値解の精度が異なってくる．ダイポールアンテナについて，ダイポール端面での電流分布の特異性を考慮した計算値を基準として，電流の二乗平均誤差を計算した結果を次にまとめている．ダイポールアンテナの電流を $I(z')$，基準値を $I_s(z')$ とするとき，電流の二乗平均誤差は次のように定義される．

$$二乗平均誤差 = \frac{\left\{\int_{-L}^{L}|I(z')-I_s(z')|^2 dz'\right\}^{1/2}}{\left\{\int_{-L}^{L}|I_s(z')|^2 dz'\right\}^{1/2}} \tag{13.29}$$

二乗平均誤差を電流展開関数と重み関数の組合せごとにまとめておく[2]~[5]．

（1） 区分正弦波―ガラーキン法―

アンテナの長さ 0.3~1.5 波長，アンテナ半径が 0.0002~0.01 波長のとき，電流展開項数を 1 波長当り 10 程度とし，かつ，セグメントと半径の比 Δ/a を 2 以上とすると，二乗平均誤差は 5% 以下となる．

（2） 正弦波 3 項近似―ポイントマッチング法―

アンテナの長さ 0.4~1 波長で，半径 0.01 波長以下のとき，1 波長当りの分割数を 20 程度とすれば，二乗平均誤差は数% 以下となる．

（3） 多項式―ガラーキン法―

アンテナの長さ 0.3~1 波長で，半径 0.005 波長以下のとき，アンテナを 2 分割し，それぞれでの電流展開多項式の次数を 6 とすれば，二乗平均誤差は 5% 以下となる．

(4) 多項式―区分領域でのステップ関数―

アンテナの長さ $0.3 \sim 1$ 波長で，半径 0.005 波長以下のとき，アンテナを 2 分割し，それぞれでの電流展開多項式の次数を 6 とすれば，二乗平均誤差は 10％以下となる．

マイクロストリップアンテナのような多層誘電体に製作したアンテナの数値解析では，使われている積分方程式のグリーン関数が層状媒質の影響を考慮して導出されているかを確かめておく必要がある．また，電流展開関数が導体面の端での電流の特異性を含む形で展開されているかも数値解の精度に関係する．

13.2.3 時間領域での解析手法

FDTD 法や TLM 法などの時間領域での解析手法を用いて，アンテナの数値計算を行う場合には，電磁界がアンテナ近傍に強く励振されるので，給電モデルに加えて，アンテナ近傍をどれだけ細かく分割するかが数値解の正確さに関係する．コンピュータの高速化，記憶容量の増大とともに，セルサイズは細かくなってきている．アンテナ近傍でのセルサイズを 100 分の 1 波長程度とし，アンテナから遠ざかるにつれて大きくする手法がよく用いられている．

アンテナ解析は開放領域での問題であるので，解析領域を仮想的な境界で閉じておく必要がある．そのため，ミューア（Mür）の吸収境界や PML などの吸収境界が用いられている．

13.2.4 マイクロストリップアンテナの規範問題

これまでに，マイクロ波シミュレータ研究会で提案された，マイクロストリップアンテナの規範問題の例を図 13.12 に示す．

また，直線偏波のマイクロストリップアンテナについて，入力インピーダンス測定値の例を図 13.13～図 13.18 に示す．

なお，規範問題は，次の Web サイトに掲載されている．

http://www.ieice.or.jp/es/ms/jpn/

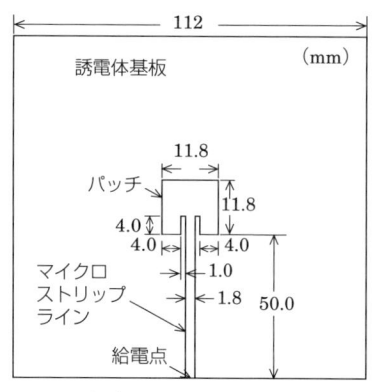

第13章 構成要素のシミュレーション例

（a）マイクロストリップライン給電マイクロストリップアンテナ（MSA-1）

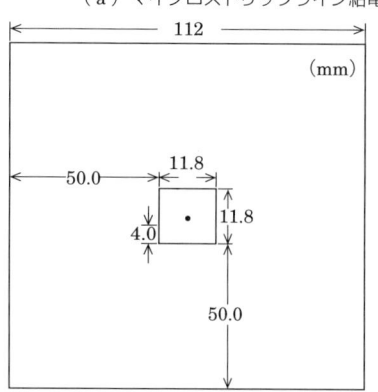

誘電体基板の厚さ 0.8 mm，比誘電率 3.274，誘電正接 0.0025，銅箔の厚さ 35μm，設計周波数 7 GHz，計算周波数帯域 6.5～7.5 GHz

（b）プローブ給電マイクロストリップアンテナ（MSA-2-1, MSA-2-2）

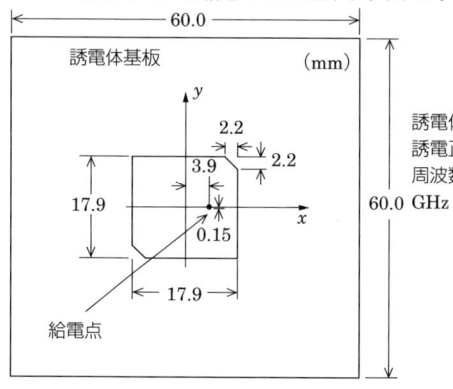

基板の大きさ 110 mm × 110 mm，
 MSA-2-1 基板の厚さ 0.8 mm，銅箔厚さ 18 mm，比誘電率 2.15，誘電正接 0.001（いずれも 12 GHz での測定値）
 MSA-2-2 基板の厚さ 2.4 mm，銅箔厚さ 18 mm，比誘電率 2.60，誘電正接 0.0022（いずれも 12 GHz での測定値）

（c）プローブ給電円偏波マイクロストリップアンテナ MSA-3

誘電体基板の厚さ 1.2 mm，比誘電率 2.6，誘電正接 0.0018，銅箔の厚さ 35μm，設計周波数 5 GHz，計算周波数帯域 4.5～5.5 GHz

図 13.12 マイクロストリップアンテナの規範問題

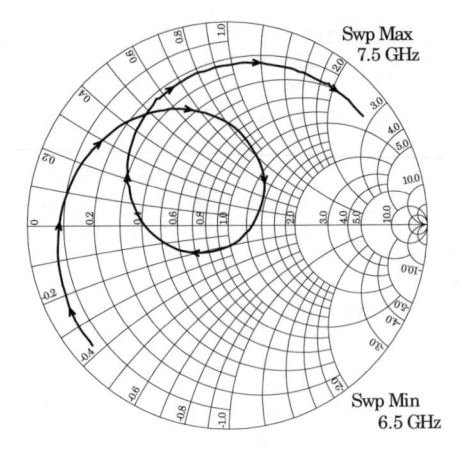

図 13.13　入力インピーダンス測定値（MSA-1）

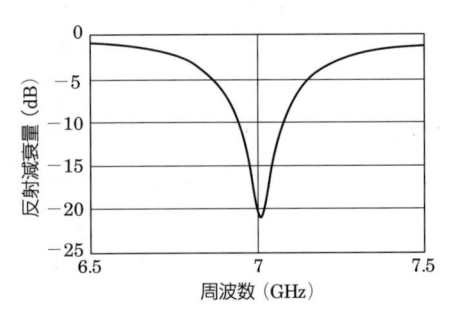

図 13.14　リターンロス測定値（MSA-1）

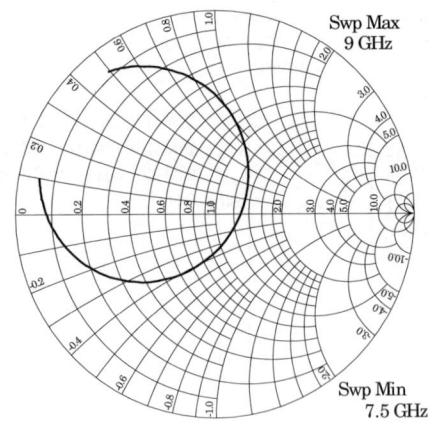

図 13.15　入力インピーダンス測定値（MSA-2-1）

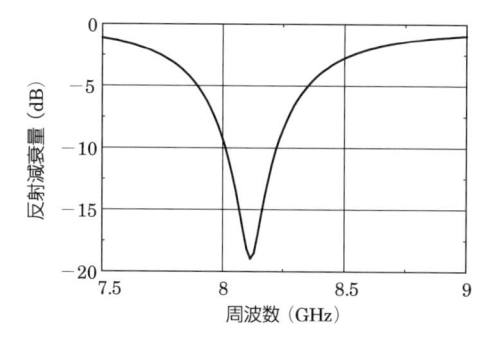

第13章 構成要素のシミュレーション例

図13.16 リターンロス測定値（MSA-2-1）

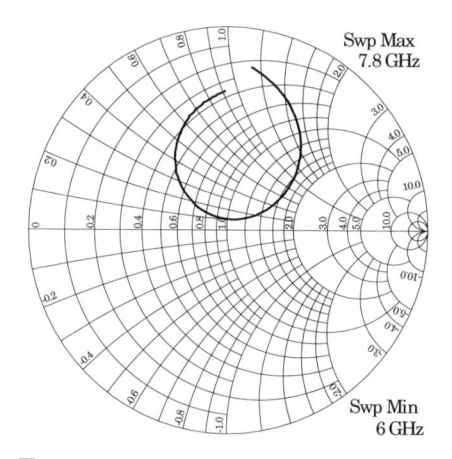

図13.17 入力インピーダンス測定値（MSA-2-2）

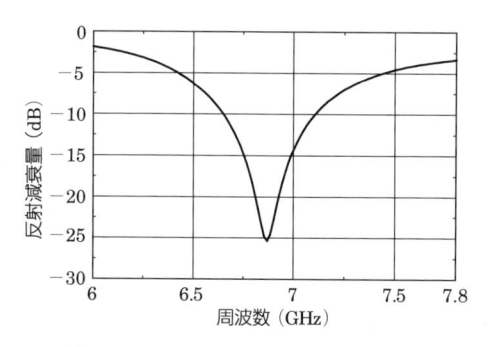

図13.18 リターンロス測定値（MSA-2-2）

13.3 電磁波の反射及び透過

13.3.1 電磁波の反射

（1） 解析モデル（例題3 プログラムリスト h-abs_30cm.f）

　　　　（付属 CD-ROM 参照）

図 13.19 に示すように金属板で裏打ちした大きさ $D \times D$ で厚さ d の誘電体平板に平面波が垂直に入射した場合の反射量を FDTD 法[6]を用いて解析する．解析を行う試料寸法及び周波数を表 13.1 に示す．表中に示すように，解析においては周波数を 2, 3, 及び 4 GHz の 3 種類，大きさ D を 3～30 cm の 5 種類とする．また，試料の厚みは 3 mm とし，その複素比誘電率 (ε_r) は，実験との比較のため共振器法で測定した測定値として $2.63 \sim j0.02$ とする．なお，反射量は同寸法の金属板の反射レベルを基準とし，この反射基準に用いた金属板は試料と同形状，同寸法，同厚みとする．ここで，金属板の厚みを d_1 とすると，波長で正規化した金属板の厚さ d_1/λ は，それぞれ

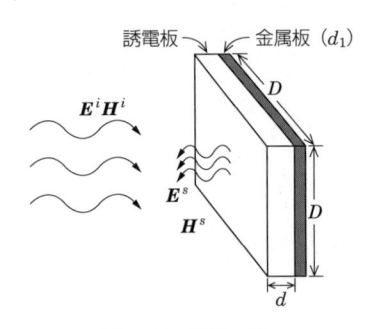

図 13.19 解析モデル

表 13.1 試料寸法

		試料寸法 D				
		3 cm	6 cm	12 cm	24 cm	30 cm
周波数	2GHz	0.2	0.4	0.8	1.6	2.0
	3GHz	0.3	0.6	1.2	2.4	3.0
	4GHz	0.4	0.8	1.6	3.2	4.0

＊表中の値は D/λ を示す．

の周波数において 0.02, 0.03 及び 0.04 となる.

（2） 散乱波を分離する FDTD 法[7]

図 3.19 に示すように，解析領域において，散乱物体に平面波が入射した場合，境界における反射の影響をできるだけ少なくするため入射波の電磁界 ($\boldsymbol{E}^i, \boldsymbol{H}^i$) と散乱波の電磁界 ($\boldsymbol{E}^s, \boldsymbol{H}^s$) を分離して差分化する．このために，まず電界 $\boldsymbol{E}$ 及び磁界 $\boldsymbol{H}$ を次のように入射と散乱電磁界に分解して書き表す．

$$\boldsymbol{E} = \boldsymbol{E}^i + \boldsymbol{E}^s \tag{13.30}$$

$$\boldsymbol{H} = \boldsymbol{H}^i + \boldsymbol{H}^s \tag{13.31}$$

これをマクスウェルの方程式に代入すると

$$\nabla \times (\boldsymbol{E}^i + \boldsymbol{E}^s) = -\mu \frac{\partial}{\partial t}(\boldsymbol{H}^i + \boldsymbol{H}^s) \tag{13.32}$$

$$\nabla \times (\boldsymbol{H}^i + \boldsymbol{H}^s) = \sigma(\boldsymbol{E}^i + \boldsymbol{E}^s) + \varepsilon \frac{\partial}{\partial t}(\boldsymbol{E}^i + \boldsymbol{E}^s) \tag{13.33}$$

となる．そして，入射電界 $\boldsymbol{E}^i$，入射磁界 $\boldsymbol{H}^i$ は損失材料中においても次の式を満足することに着目すると

$$\nabla \times \boldsymbol{E}^i = -\mu_0 \frac{\partial}{\partial t} \boldsymbol{H}^i \tag{13.34}$$

$$\nabla \times \boldsymbol{H}^i = \varepsilon_0 \frac{\partial}{\partial t} \boldsymbol{E}^i \tag{13.35}$$

となり，これらの式 (13.30)〜(13.35) からマクスウェル方程式は次のように変形する．

$$\nabla \times \boldsymbol{E}^s = -\mu_0 \frac{\partial}{\partial t} \boldsymbol{H}^s - (\mu - \mu_0) \frac{\partial}{\partial t} \boldsymbol{H}^i \tag{13.36}$$

$$\nabla \times \boldsymbol{H}^s = \varepsilon \frac{\partial}{\partial t} \boldsymbol{E}^s + \sigma \boldsymbol{E}^s + \left[(\varepsilon - \varepsilon_0) \frac{\partial}{\partial t} \boldsymbol{E}^i + \sigma \boldsymbol{E}^i \right] \tag{13.37}$$

これら式 (13.36)，(13.37) のベクトル方程式は，散乱物体が誘電材料 ($\mu = \mu_0$) であるとすると，次の六つのスカラ方程式で表すことができる．

$$\left. \begin{array}{l} \dfrac{\partial}{\partial y} E_z^s - \dfrac{\partial}{\partial z} E_y^s = -\mu_0 \dfrac{\partial}{\partial t} H_x^s \\[6pt] \dfrac{\partial}{\partial z} E_x^s - \dfrac{\partial}{\partial x} E_z^s = -\mu_0 \dfrac{\partial}{\partial t} H_y^s \\[6pt] \dfrac{\partial}{\partial x} E_y^s - \dfrac{\partial}{\partial y} E_x^s = -\mu_0 \dfrac{\partial}{\partial t} H_z^s \end{array} \right\}$$

$$\left.\begin{array}{l}\dfrac{\partial}{\partial y}H_z^s-\dfrac{\partial}{\partial z}H_y^s=\varepsilon\dfrac{\partial}{\partial t}E_x^s+\sigma E_x^s+\left[(\varepsilon-\varepsilon_0)\dfrac{\partial}{\partial t}E_x^i+\sigma E_x^i\right]\\[2mm]\dfrac{\partial}{\partial z}H_x^s-\dfrac{\partial}{\partial x}H_z^s=\varepsilon\dfrac{\partial}{\partial t}E_y^s+\sigma E_y^s+\left[(\varepsilon-\varepsilon_0)\dfrac{\partial}{\partial t}E_y^i+\sigma E_y^i\right]\\[2mm]\dfrac{\partial}{\partial x}H_y^s-\dfrac{\partial}{\partial y}H_x^s=\varepsilon\dfrac{\partial}{\partial t}E_z^s+\sigma E_z^s+\left[(\varepsilon-\varepsilon_0)\dfrac{\partial}{\partial t}E_z^i+\sigma E_z^i\right]\end{array}\right\}$$

(13.38)

さて，これらの変形したスカラ方程式を差分化する．このとき，簡単化するために以下を二次元問題として取り扱うと，図 13.20 に示す TM 波 ($E_z \neq 0$, $H_z=0$) においては，一連の式 (13.38) は更に簡略化され以下のように表される．

$$-\mu_0\dfrac{\partial}{\partial t}H_x^s=\dfrac{\partial}{\partial y}E_z^s \tag{13.39}$$

$$-\mu_0\dfrac{\partial}{\partial t}H_y^s=-\dfrac{\partial}{\partial x}E_z^s \tag{13.40}$$

$$\varepsilon\dfrac{\partial}{\partial t}E_z^s+\sigma E_z^s=\dfrac{\partial}{\partial x}H_y^s-\dfrac{\partial}{\partial y}H_x^s-\left[(\varepsilon-\varepsilon_0)\dfrac{\partial}{\partial t}E_z^i+\sigma E_z^i\right] \tag{13.41}$$

FDTD 法ではこれら 3 式を差分するが，ここでは，この中で最も複雑な式 (13.41) だけを一例として差分してみる．すなわち，式 (13.41) を $x=i$, $y=j$, $t=(n+1/2)\Delta_t$ において中心差分し，整理すると次のようになり，散乱波の電界成分 E_z^s を計算することができる．

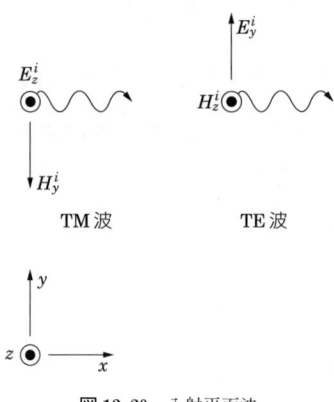

図 13.20　入射平面波

$$E_z^{s,n+1}(i,j) = \frac{\varepsilon/\Delta t - \sigma/2}{\varepsilon/\Delta t + \sigma/2} E_z^{s,n}(i,j)$$

$$+ \frac{1}{\varepsilon/\Delta t + \sigma/2} \frac{H_y^{s,n+\frac{1}{2}}\left(i+\frac{1}{2},j\right) - H_y^{s,n+\frac{1}{2}}\left(i-\frac{1}{2},j\right)}{\Delta x}$$

$$- \frac{1}{\varepsilon/\Delta t + \sigma/2} \frac{H_x^{s,n+\frac{1}{2}}\left(i,j+\frac{1}{2}\right) - H_x^{s,n+\frac{1}{2}}\left(i,j-\frac{1}{2}\right)}{\Delta y}$$

$$- \frac{1}{\varepsilon/\Delta t + \sigma/2} \left[\frac{\varepsilon - \varepsilon_0}{\Delta t} \{E_z^{i,n+1}(i,j) - E_z^{i,n}(i,j)\} \right.$$

$$\left. + \frac{\sigma}{2} \{E_z^{i,n+1}(i,j) - E_z^{i,n}(i,j)\} \right] \qquad (13.42)$$

更に，図 13.20 に示す TE 波 ($H_z \neq 0$, $E_z = 0$) の場合には一連の式 (13.38) は次のように表される．

$$-\mu_0 \frac{\partial}{\partial t} H_z^s = \frac{\partial}{\partial x} E_y^s - \frac{\partial}{\partial y} E_x^s \qquad (13.43)$$

$$\varepsilon \frac{\partial}{\partial t} E_x^s + \sigma E_x^s = \frac{\partial}{\partial y} H_z^s - \left[(\varepsilon - \varepsilon_0) \frac{\partial}{\partial t} E_x^i + \sigma E_x^i \right] \qquad (13.44)$$

$$\varepsilon \frac{\partial}{\partial t} E_y^s + \sigma E_y^s = -\frac{\partial}{\partial x} H_z^s - \left[(\varepsilon - \varepsilon_0) \frac{\partial}{\partial t} E_y^i + \sigma E_y^i \right] \qquad (13.45)$$

これらを TM 波の場合と同様に一例として最も複雑な式 (13.44) に着目して差分化する．すなわち式 (13.44) を $x = i+1/2$, $y = j$, $t = (n+1/2)\Delta t$ において，差分化し整理すると

$$E_x^{s,n+1}(i,j) = \frac{\varepsilon/\Delta t - \sigma/2}{\varepsilon/\Delta t + \sigma/2} E_x^{s,n}(i,j)$$

$$+ \frac{1}{\varepsilon/\Delta t + \sigma/2} \frac{H_z^{s,n+\frac{1}{2}}\left(i+\frac{1}{2},j\right) - H_z^{s,n+\frac{1}{2}}\left(i-\frac{1}{2},j\right)}{\Delta y}$$

$$- \frac{1}{\varepsilon/\Delta t + \sigma/2} \left[\frac{\varepsilon - \varepsilon_0}{\Delta t} \{E_x^{i,n+1}(i,j) - E_x^{i,n}(i,j)\} \right.$$

$$\left. + \frac{\sigma}{2} \{E_x^{i,n+1}(i,j) - E_x^{i,n}(i,j)\} \right] \qquad (13.46)$$

となる．

更に，式 (13.45) も同様に $x = i$, $y = j+1/2$, $t = (n+1/2)\Delta t$ において差分化し整理すると

$$E_y^{s,n+1}(i,j) = \frac{\varepsilon/\Delta t - \sigma/2}{\varepsilon/\Delta t + \sigma/2} E_y^{s,n}(i,j)$$

$$- \frac{1}{\varepsilon/\Delta t + \sigma/2} \frac{H_z^{s,n+\frac{1}{2}}\left(i+\frac{1}{2},j\right) - H_z^{s,n+\frac{1}{2}}\left(i-\frac{1}{2},j\right)}{\Delta x}$$

$$- \frac{1}{\varepsilon/\Delta t + \sigma/2} \left[\frac{\varepsilon - \varepsilon_0}{\Delta t} \{E_y^{i,n+1}(i,j) - E_y^{i,n}(i,j)\} \right.$$

$$\left. + \frac{\sigma}{2} \{E_y^{i,n+1}(i,j) - E_y^{i,n}(i,j)\} \right] \qquad (13.47)$$

となり,この場合も散乱波の電界成分 E_x^s, E_y^s が計算できる.以上のようにして,解析領域内の電磁界を入射波と散乱波の成分に分解し差分化することにより,散乱波に着目したFDTD解析が可能となる.

(3) 解析結果

以上の解析法を用いて,図3.19の解析モデルに対して計算した結果を図3.21に示す.

図中,横軸は波長で正規化した試料の寸法 (D/λ),縦軸は金属板を基準とした相対反射量 (dB) を示している.

また◇印は説明したFDTD法による計算値,◆印は測定値,及び□は分布定数線路理論により導出した理論値である.

この結果,反射量の計算値 (◇) と測定値 (◆) を比較すると,両者は良

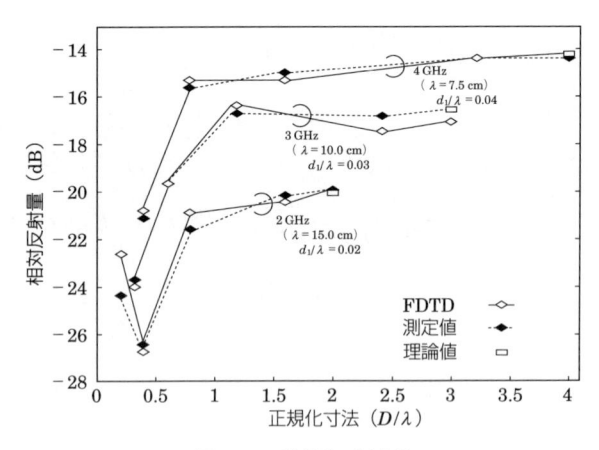

図13.21 計算値と測定値

好に一致し，最大でも 1 dB 以下の違いに納まっていることが分かる．そして，波長に比べて大きい試料（2λ以上）では，理論値（□）と一致しており，本解析のこの種の問題に対する有効性が確認できている．

また，反射量の変化に着目すると試料寸法が 1～4λ では反射量はほぼ一定の値を示すが，寸法が 1λ 以下になるとエッジなどからの反射により周囲への散乱現象が顕著となり，反射量は急激に変化する傾向を示している様子なども観察されている[8],[9]．

13.4 有限要素法における自動要素分割

有限要素法は電磁界解析における極めて有効な数値解析法の一つであり，種々の電磁界問題に適用されている．有限要素法のプログラム自身は単純ではあるが，配慮しなければならない点は，記憶容量と計算時間である．要素を細かくすれば計算精度は向上するが，係数マトリクスの次数が増加するため多くの記憶容量が必要となる．その結果，計算時間は急激に増加する．

有限要素法において，少ない記憶容量で計算精度を向上させるには
1. 電磁界が大きく変化する領域では細かい要素で分割し，
2. 要素はなるべく正三角形に近い形になるように配置する

ことが重要である．

簡単な構造ならば手作業で要素の座標データなどを求めることはできるが，複雑な構造では非常に困難であり，自動的に求めることが必要になる．ここでは，上記の 2 条件を満たすような二次元構造の自動要素分割プログラム（付属 CD-ROM 参照）について具体的に示す．

13.4.1 二次変化率と要素細分割

電磁界が一次的に変化している領域，すなわち，電磁界の値が大きくても滑らかに電磁界が変化している領域では，要素を細分割する必要はない．電磁界が急激に変化（高次的に変化）する領域をより細かく分割することが必要である．一般に用いられている一次要素（3 節点）解析では電磁界の大小を求めることはできる．しかし，その要素内での電磁界が一次的に変化しているのか，高次的に変化しているのかを判断することができない．周囲の要素構造データや数値解を考慮する必要があり，個々の要素内における高次変

化の度合いを評価することは煩雑である．

二次元有限要素（6節点）を用いると要素内における電磁界変化の大きさを測る目安として，次式の二次変化率を用いることができる．

二次変化率＝｜3辺中点の数値解の和－3頂点の数値解の和｜

(13.47)

この二次変化率は要素の節点における数値解のみで決まり，三角要素の形状及び周囲の三角要素に無関係に求められる．

角を有する導体や誘電体端付近では電磁界の特異性により，高次的に電磁界が変化するため，この二次変化率が大きくなる．したがって，二次変化率の大きな三角要素を分割すれば，精度の良い要素解析が可能となる．

三角要素の細分割の具体的な様子を図 13.22 に示す．二次変化率の大きい三角要素を細分割する場合，三角形の最長辺の中点に節点を追加して三角形を分割する．例えば，要素1を分割する場合，その最長辺を共有する要素2も最長辺であるので，図(b)のように要素1と2をともに2分割する．要素3を分割する場合，要素3の最長辺の中点に節点を追加して2分割する．しかし，その辺を共有する要素4にとってその辺は最長辺ではないので，図(c)のように新たに最長辺の中点に節点を追加して3分割にする．細分割で得られる三角形が扁平にならないようにするために3分割にする必要がある．同様にして最長辺に節点が追加できるまで要素を分割する．

13.4.2　対角線交換と節点移動

三角形を細分割していく過程で，一度扁平な三角形ができてしまうと，その三角形を細分割して得られる新たな三角形も扁平な三角形となる．有限要

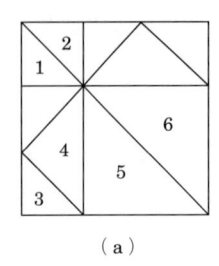

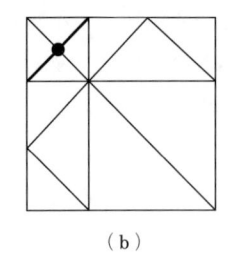

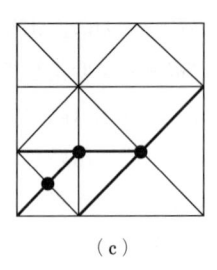

図 13.22　要素の細分割法

第 13 章　構成要素のシミュレーション例　　271

素解析において，扁平な三角形を含んでいると計算誤差が大きくなるためできるだけ正三角形になるようにしなければならない．しかし，扁平な三角形をつくらないようにするのは極めて困難であり，領域の形状が複雑な場合にはなおさらである．

　この問題を解決するには，対角線を交換したり，節点を移動させることにより，扁平な三角形を正三角形に近い形状に修正する必要がある．

　三角形の扁平形状を判断する基準として，最長辺を底辺とする高さを最長辺の長さで正規化した扁平率を用いる．

$$扁平率 = \frac{最長辺を底とする高さ}{最長辺の長さ} \tag{13.49}$$

　この扁平率は正三角形で最大値 0.886 をとり，三角形が扁平になれば小さくなる．

　図 13.23 のように相接する二つの三角形は，共有する辺を対角線とする四角形となる．この四角形の対角線を交換すると，扁平でない二つの三角形になる場合がある．二つの三角形の扁平率の和を計算し，その値が大きければ扁平率が改善すると判断して交換する．

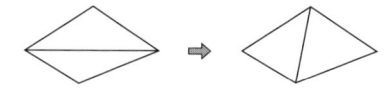

図 13.23　対角線の交換

　扁平率の小さい三角形から順に対角線の交換を検討する．一つの三角形には，一般には三つの三角形が隣接している．つまり一つの三角形に注目するとき，隣の三角形と組み合わせて四角形とする場合が 3 通りある．その 3 通りの四角形について，それぞれ扁平率がどれくらい改善するのかを計算し，最も改善度の高い三角形を選択して対角線の交換を実行する．

　対角線を交換しただけでは扁平率を改善できないとき，図 13.24 に示すように節点を動かすことで対処できる場合がある．

　一つの節点に注目すると，その節点から伸びているすべての辺の終点を構成点とする多角形となる．その節点を，多角形のすべての点の座標を平均した位置に移動したほうが良いかどう

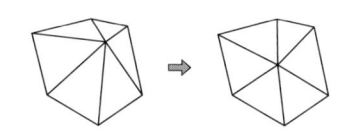

図 13.24　節点の移動

かは，節点を移動する前後の多角形を構成するすべての三角形の扁平率の和を算出する．この扁平率の和が大きくなれば節点移動を実行する．これを全節点に対して行う．

節点には，移動してはいけない固定点と多角形内を自由に移動できる点のほかに，境界線上のみを移動できる節点がある．その点の移動は自由に移動できる節点とほぼ同様に取り扱うことができる．

多くの節点と辺から構成されている解析構造において，対角線を交換すると節点の移動が必要となり，逆に，節点を移動すると対角線の交換が必要となる場合があり，最適な対角線交換及び節点移動を求めることは困難である．実際には，対角線交換及び節点移動を数回ずつ繰り返すことで扁平な三角要素の少ない要素配置を算出することにする．

この一連のアルゴリズムを10数回繰り返すと，極めて簡単な要素配置から，電磁界が大きく変化する領域はより細かな要素になり，かつ正三角形に近い形状の要素に自動的に配置することができる．

13.4.3 適用例

この有限要素法の自動要素分割アルゴリズムをストリップ線路の電位分布解析に適用した．図 13.25 に厚さのあるストリップ導体，誘電体基板（非誘電率 4.0），方形外導体からなる線路断面を示す．

左右対称構造のため，対称面を磁気壁とする右半領域について取り扱えばよい．この右半領域は，図 13.26(a) に示すように最も簡単な三角要素に分割できる．要素数が7個と少ないため，有限要素法に必要な，節点の座標位置，辺と節点の関係，要素を構成する節点と辺の関係などのデータは手作業

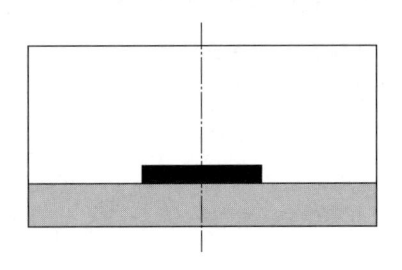

図 13.25　ストリップ線路

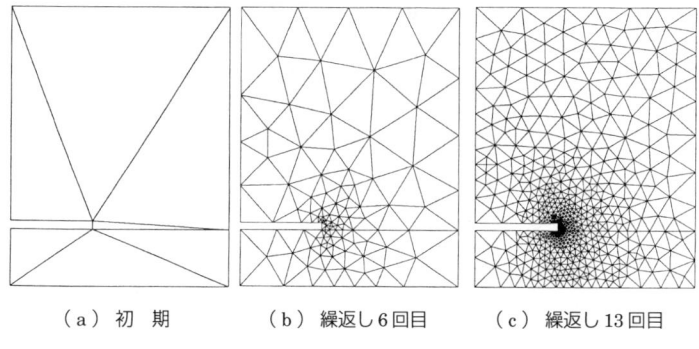

(a) 初　期　　　　(b) 繰返し6回目　　　(c) 繰返し13回目

図 13.26　自動要素分割プログラムによる要素配置

でも簡単に求められる．

　ストリップ導体の厚さが薄いため，極めて扁平な三角要素が存在している．このような構造に自動要素分割プログラムを繰り返し適用すると，図 13.26(b)，(c)のように分割することができる．扁平な三角要素がなくなり，正三角形に近い要素に細分割され，また，特異性の存在するストリップ導体端は，より細かく分割されている様子が分かる．

　細分割するときに重要なことは，1回の繰返しにどの三角要素を細分割するかという問題がある．先に述べたように二次変化率の大きな要素を分割するのであるが，二次変化率の最大値の80％以上の二次変化率を持つ要素を一回の繰返しで細分割すると，繰返し回数が少なく効率的に計算できる．90％以上の二次変化率をもつ要素の細分割では，分割する要素数が少なくなり，細分割の繰返し計算が多くなる．一方，60％以上の要素の細分割では，分割する要素数が多すぎて，電磁界の変化が大きな領域を細かくするのに多くの繰返し計算が必要になる．

　本自動要素分割プログラム及び利用法は付属CD-ROMに収められている．

13.5　計算データの可視化

13.5.1　概　要

　グラフィカルユーザインタフェース（Graphical User Interface：GUI）は，コンピュータの表示装置上に仮想的に表示されたボタンやトグルスイッ

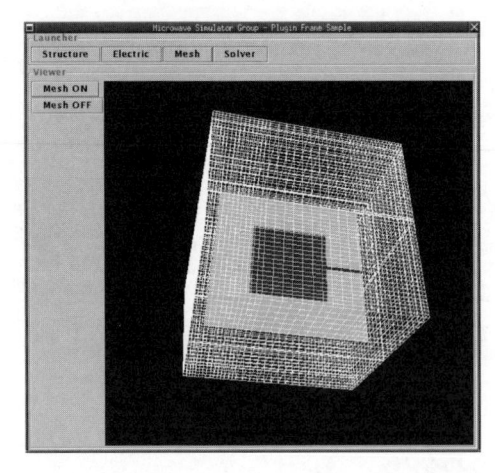

図 13.27 グラフィカルユーザインタフェース (GUI) の例

チ，ノートなどを，マウスやペンによる入力で操作する方式のユーザインタフェース（User Interface：UI）である．GUI が普及する以前の標準的な UI であったコマンドラインインタフェースに比べて計算指示や計算結果の評価が容易になるため，近代的なアプリケーションプログラムに広く搭載されている（**図 13.27**）．複雑化が進んだ最近の解析対象に対応して，ソルバが必要とする数値モデルが大規模化しているため，入力支援機能や出力可視化機能の充実が不可欠である．入力用 GUI の例としては，形状モデリングやメッシュ生成，条件設定が挙げられる．また，出力可視化技術の例としては，スミスチャート表示や遠方界表示など，マイクロ波工学で一般的に用いられるチャート類の表示に加えて，電磁界分布の三次元表示や二次元スライス表示，等高線表示，解析対象との重畳表示が挙げられる．以上の特徴からマイクロ波シミュレータを仮想実験室として利用して電磁現象を観察するような用途では，電磁現象のより直観的な理解の促進が期待される．

　これらの利点を備えた GUI であるが，大学などの研究機関において多数試作される新しいアルゴリズムに基づいた計算プログラムの大部分には GUI が搭載されていない．その一因としてマイクロ波シミュレーションに必要な GUI 技術について解説した文献が少ないことが挙げられる．これらのプログラムに GUI を搭載することで，最新のマイクロ波回路設計ツールが広く

利用され，設計技術やシミュレーション技術の更なる向上が期待される．

以上に留意して本節では，既存プログラムに対してGUIを搭載するために必要な変更点や注意点をできるだけ具体的に述べる．まず，マイクロストリップ線路の特性インピーダンス計算プログラムを例題に，GUIを搭載したプログラムを具体的に示す．次に，GUIを搭載したシミュレーションプログラムを一般的に論じる．

13.5.2 GUIプログラミングの実際

本項では，C言語によるGUIプログラムの具体例を示す．まず特性インピーダンスを計算するマイクロストリップ線路の構造と計算式を示し，次に伝統的なコマンドラインインタフェースを備えたプログラム例を示す．最後にGUIを備えたプログラム例を示し，コマンドラインプログラムとの比較・変更点などについて説明する．

（1） プログラム開発の準備

本項のプログラム開発に用いた環境は**表13.2**のとおりである．

プログラムのソースコードを実行ファイルに変換するコンパイル方法は開発環境ごとに異なるため，本項の開発に用いた環境でのコンパイル方法を簡単に述べるに留める．

また，簡潔にGUIプログラムを記述するためのGUIツールキットとして，本項ではGTK+を採用した．これは様々なプラットフォームで利用可能なボランティアで開発された非商用のツールキットである．GTK+についても開発環境ごとにインストール方法や利用方法が異なるが，それぞれに

表13.2 開発環境

オペレーティングシステム	Debian GNU/Linux 3.0 Kernel 2.2.18
GUIツールキット	GTK+ 1.2.10
コンパイラ	gcc 2.95.4 20011002 (Debian prerelease)

```
# apt-get install libgtk1.2-dev libglib1.2-dev
```

図13.28 Debian GNU/Linux 3.0でのGTK+インストール方法

有用な文書がインターネット上で公開されているので，詳細についてはそちらを参照されたい．

著者の開発環境における GTK+ のインストール方法を以下に述べる．スーパーユーザ権限でログインした後，図 13.28 に示すコマンドを実行する．

（2） 例題：マイクロストリップ線路の特性インピーダンス
　　　　（付属 CD-ROM 参照）

特性インピーダンスを計算するマイクロストリップ線路の構造を図 13.29 に示す．比誘電率 ε_r，誘電体厚 h，導体幅 w，導体厚 t のマイクロストリップ線路であり，特性インピーダンス Z_c を

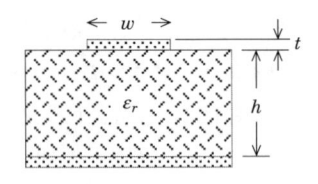

図 13.29　特性インピーダンスを計算するマイクロストリップ線路の構造

$$\left.\begin{aligned}
Z_c &= \frac{Z_{ca}}{\sqrt{\varepsilon_w}} \\
Z_{ca} &= 30 \ln\left(1 + \frac{4h}{w_0}\left(\frac{8h}{w_0} + \sqrt{\left(\frac{8h}{w_0}\right)^2 + \pi^2}\right)\right) \\
w_0 &= w + dw \\
dw &= \frac{t}{\pi}\ln\left(\frac{4e}{\sqrt{\left(\frac{t}{h}\right)^2 + \frac{1}{\pi^2\left(\frac{w}{t}+1.1\right)^2}}}\right) \\
\varepsilon_w &= \frac{\varepsilon_r+1}{2} + \frac{\varepsilon_r-1}{2\sqrt{1+\frac{10h}{w}}} - \frac{\varepsilon_r-1}{4.6\sqrt{\frac{w}{h}}}\frac{t}{h}
\end{aligned}\right\} \quad (13.50)$$

として計算する．

（3） コマンドライン

マイクロ波シミュレーションプログラム作成の専門書で解説されているプログラムの多くは，"dir" や "copy" といった決められたコマンドをキー入力することで，対応するプログラムを動作させる伝統的なユーザインタフェースであるコマンドラインを搭載したものである．

コマンドラインを用いたマイクロストリップ線路の特性インピーダンス計算プログラムを図 13.30 のリスト 1 に，コンパイル方法を図 13.30 に，実行結果を図 13.31 に示す．

第13章 構成要素のシミュレーション例

```
1   #include <stdio.h>
2   #include <math.h>
3
4   #define PI 3.14159265358979
5
6   double ew(double er, double width, double height, double thick) {
7     return (er + 1) / 2
8       + (er - 1) / 2 / sqrt (1 + 10 * height / width)
9       - (er - 1) / 4.6 * thick / height / sqrt (width / height) ;
10  }
11
12  double dw (double width, double height, double thick) {
13    double den, res ;
14    if (thick != 0) {
15      den = (thick / height) * (thick / height)
16        + 1 / (PI * PI * (width / thick + 1.1) * (width / thick + 1.1)) ;
17      res = thick / PI * log (4 * exp(1) / sqrt (den)) ;
18    } else {
19      res = 0 ;
20    }
21    return res ;
22  }
23
24  double zca (double width, double height, double thick) {
25    double w0, tmp;
26    w0 = width + dw (width, height, thick) ;
27    tmp = 8 * height / w0 + sqrt ((8 * height / w0)*(8 * height / w0) + PI * PI) ;
28    return 30 * log (1 + 4 * height / w0 * tmp) ;
29  }
30
31  int main (int argc, char *argv[ ]) {
32    double er, width, height, thick;
33    printf ("er := ") ; scanf ("%lf", &er);
34    printf ("width := ") ; scanf ("%lf", &width) ;
35    printf ("height := ") ; scanf ("%lf", &height) ;
36    printf ("thick := ") ; scanf ("%lf", &thick) ;
37    printf ("zc := %f\n",
38    zca (width, height, thick) / sqrt (ew(er, width, height, thick))) ;
39    return 0;
40  }
```

リスト1 (main.c)

```
% gcc -o microstrip main.c -lm
```

図 13.30 コンパイル方法

Unix のシェルプロンプトあるいは Windows のコマンドプロンプトから ./microstrip と入力することでプログラムが起動し，誘電体基板の比誘電率 (er)，誘電体基板の厚み (height)，ストリップ導体の幅 (width)，ストリップ導体の厚み (thick) を逐次入力した後，マイクロストリップ線路の特

```
% ./microstrip
er := 4.0
width := 1.524
height := 0.762
thick := 0.0
zc := 50.223683
```

図 13.31 コマンドラインを用いた特性インピーダンス計算プログラムの実行例

性インピーダンス(zc)が表示される．

このように，コマンドラインインタフェースを備えたプログラムは，あらかじめ決められた手順に則ってオペレータへ入力を要求し，逐次計算した後，計算結果を出力するのが特徴である．このような計算方式が逐次処理方式であり，これに適したプログラム手法を手続き形プログラミングと呼ぶ．

また，リスト1から明らかなように，コマンドラインをユーザインタフェースとして持つプログラムは大変簡単に実装できるため広く用いられている．

（4） グラフィカルユーザインタフェース

グラフィカルユーザインタフェースを備えたマイクロストリップ線路の特性インピーダンス計算プログラムを図 13.32 のリスト 2～6 に，コンパイル方法を図 13.32 に，実行結果を図 13.33 に示す．

コマンドラインプログラムの場合と同様に，Unix のシェルプロンプトや Windows のコマンドプロンプトから ./microstrip と入力することでプログラムが起動し，画面上に誘電体基板の比誘電率(er)，誘電体基板の厚み(height)，ストリップ導体の幅(width)，ストリップ導体の厚み(thick)を入力できるテキストボックスを備えたウィンドウが表示される．それぞれのパラメータを変更すると，即座に特性インピーダンス(zc)が計算され更新される．

GUI を備えたプログラムは起動すると待機状態になり，オペレータから処理要求（イベント）が発生すると，これを引金としてイベント内容に応じた計算を実行し，計算結果を出力する．図 13.32 のリスト 2～6 では，「パラメータの更新」というイベントが特性インピーダンスの計算という計算の引金となっている．このような計算方式がイベント駆動方式であり，その実装に適したプログラム手法がオブジェクト指向プログラミングである．

第13章 構成要素のシミュレーション例

```
 1  #include <gtk/gtk.h>
 2  #include "mstl.h"
 3  #include "gui.h"
 4
 5  int main(int argc, char *argv[]) {
 6
 7  /* 計算オブジェクトの生成*/
 8  mstl solver;
 9  mstl_init(&solver); /* 計算オブジェクトの初期化*/
10
11  /* GUI オブジェクトの生成*/
12  set_solver(&solver); /* GUI オブジェクトと計算オブジェクトを接続*/
13  gui_init(argc, argv); /* GUI オブジェクトの初期化*/
14
15  /* 待機状態*/
16  gtk_main();
17  return 0;
18  }
```

リスト2 (main.c)

```
 1  #ifndef MSTL_H
 2  #define MSTL_H
 3
 4  typedef struct {
 5  double er;
 6  double width;
 7  double height;
 8  double thick;
 9  } mstl;
10
11  void mstl_set_er(mstl *self, double v);
12  void mstl_set_width(mstl *self, double v);
13  void mstl_set_height(mstl *self, double v);
14  void mstl_set_thick(mstl *self, double v);
15  double mstl_get_er(mstl *self);
16  double mstl_get_width(mstl *self);
17  double mstl_get_height(mstl *self);
18  double mstl_get_thick(mstl *self);
19  double mstl_get_zc(mstl *self);
20
21  #endif
```

リスト3 (mstl.h)

```
 1  #include <math.h>
 2  #include "mstl.h"
 3
 4  #define PI 3.14159265358979
 5
 6  double ew(double er, double width, double height, double thick) {
 7  return (er + 1) / 2
 8  + (er - 1) / 2 / sqrt(1 + 10 * height / width)
 9  - (er - 1) / 4.6 * thick / height / sqrt(width / height);
10  }
11
12  double dw(double width, double height, double thick) {
13  double den, res;
14  if (thick != 0) {
15  den = (thick / height) * (thick / height)
16  + 1 / (PI * PI * (width / thick + 1.1) * (width / thick + 1.1));
17  res = thick / PI * log(4 * exp(1) / sqrt(den));
18  } else {
19  res = 0;
20  }
21  return res;
22  }
23
24  double zca(double width, double height, double thick) {
25  double w0, tmp;
26  w0 = width + dw(width, height, thick);
27  tmp = 8 * height / w0 + sqrt((8 * height / w0)*(8 * height / w0) + PI * PI);
28  return 30 * log(1 + 4 * height / w0 * tmp);
29  }
30
31  void mstl_set_er(mstl *self, double v) {self->er = v;}
32  void mstl_set_width(mstl *self, double v) {self->width = v;}
33  void mstl_set_height(mstl *self, double v) {self->height = v;}
34  void mstl_set_thick(mstl *self, double v) {self->thick = v;}
35
36  double mstl_get_er(mstl *self) {return self->er;}
37  double mstl_get_width(mstl *self) {return self->width;}
38  double mstl_get_height(mstl *self) {return self->height;}
39  double mstl_get_thick(mstl *self) {return self->thick;}
40
41  double mstl_get_zc(mstl *self) {
42  double er, width, height, thick;
```

```
43    er = mstl_get_er(self);
44    width = mstl_get_width(self);
45    height = mstl_get_height(self);
46    thick = mstl_get_thick(self);
47    return zca(width, height, thick) / sqrt(ew(er, width, height, thick));
48  }
49
50  void mstl_init(mstl *solver) {
51    mstl_set_er(solver, 4.0);
52    mstl_set_width(solver, 1.524);
53    mstl_set_height(solver, 0.762);
54    mstl_set_thick(solver, 0.0);
55  }
```

リスト4 (mstl.c)

```
 1  #ifndef GUI_H
 2  #define GUI_H
 3
 4  #include "mstl.h"
 5
 6  void set_solver(mstl *solver);
 7  void gui_init(int argc, char *argv[ ]);
 8
 9  #endif
```

リスト5 (gui.h)

```
 1  #include <stdio.h>
 2  #include <gtk/gtk.h>
 3  #include "gui.h"
 4
 5  mstl *g_solver;
 6  GtkWidget *g_zcButton;
 7  GtkWidget *g_erEntry;
 8  GtkWidget *g_widthEntry;
 9  GtkWidget *g_heightEntry;
10  GtkWidget *g_thickEntry;
11
12  double editable2double(GtkEditable *editable) {
13    double res;
14    gchar *gstr;
15    gstr = gtk_editable_get_chars(editable, 0, 255);
16    sscanf(gstr, "%lf", &res);
17    g_free(gstr);
18    return res;
19  }
20
21  GtkLabel *getLabel(GtkContainer *container) {
22    GList *list, *t;
23    list = gtk_container_children(container);
24    t = g_list_nth(list, 0);
25    return GTK_LABEL(t->data);
26  }
27
28  void update(GtkWidget *widget, gpointer data) {
29    char str[256];
30    /* ソルバの保持しているパラメータを取得して表示*/
31    sprintf(str, "%f", mstl_get_er(g_solver));
32    gtk_entry_set_text(GTK_ENTRY(g_erEntry), str);
33    sprintf(str, "%f", mstl_get_width(g_solver));
34    gtk_entry_set_text(GTK_ENTRY(g_widthEntry), str);
35    sprintf(str, "%f", mstl_get_height(g_solver));
36    gtk_entry_set_text(GTK_ENTRY(g_heightEntry), str);
37    sprintf(str, "%f", mstl_get_thick(g_solver));
38    gtk_entry_set_text(GTK_ENTRY(g_thickEntry), str);
39    /* 計算の実行と表示*/
40    sprintf(str, "zc := %e", mstl_get_zc(g_solver));
41    gtk_label_set(getLabel(GTK_CONTAINER(g_zcButton)), str);
42  }
43
44  void set_er(GtkWidget *widget, gpointer data) {
45    /* ソルバの保持している比誘電率データを更新する*/
46    mstl_set_er(g_solver, editable2double(GTK_EDITABLE(g_erEntry)));
47    /* GUI 表示を更新する*/
48    update(widget, data);
49  }
50
51  void set_width(GtkWidget *widget, gpointer data) {
52    mstl_set_width(g_solver, editable2double(GTK_EDITABLE(g_widthEntry)));
53    update(widget, data);
54  }
55
56  void set_height(GtkWidget *widget, gpointer data) {
57    mstl_set_height(g_solver, editable2double(GTK_EDITABLE(g_heightEntry)));
58    update(widget, data);
59  }
```

第13章 構成要素のシミュレーション例

```
60
61   void set_thick(GtkWidget *widget, gpointer data) {
62     mstl_set_thick(g_solver, editable2double(GTK_EDITABLE(g_thickEntry)));
63     update(widget, data);
64   }
65
66   gint destroy(GtkWidget *widget, gpointer data) {
67     gtk_main_quit();
68   }
69
70   void set_solver(mstl *solver) {
71     /* ソルバオブジェクトのアドレスを保存*/
72     g_solver = solver;
73   }
74
75   void gui_init(int argc, char *argv[]) {
76     GtkWidget *window;
77     gpointer data;
78     GtkWidget *vbox, *hbox, *label_vbox, *entry_vbox;
79     GtkWidget *er_label, *er_entry;
80     GtkWidget *width_label, *width_entry;
81     GtkWidget *height_label, *height_entry;
82     GtkWidget *thick_label, *thick_entry;
83
84     gtk_set_locale();
85     gtk_init(&argc, &argv);
86     gtk_rc_parse("./gtkrc");
87     window = gtk_window_new(GTK_WINDOW_TOPLEVEL);
88
89     hbox = gtk_hbox_new(FALSE, 0);
90     vbox = gtk_vbox_new(FALSE, 0);
91     label_vbox = gtk_vbox_new(FALSE, 0);
92     entry_vbox = gtk_vbox_new(FALSE, 0);
93
94     er_label = gtk_label_new("er :="); gtk_widget_show(er_label);
95     width_label = gtk_label_new("width :="); gtk_widget_show(width_label);
96     height_label = gtk_label_new("height :="); gtk_widget_show(height_label);
97     thick_label = gtk_label_new("thick :="); gtk_widget_show(thick_label);
98     g_erEntry = gtk_entry_new(); gtk_widget_show(g_erEntry);
99     g_widthEntry = gtk_entry_new(); gtk_widget_show(g_widthEntry);
100    g_heightEntry = gtk_entry_new(); gtk_widget_show(g_heightEntry);
101    g_thickEntry = gtk_entry_new(); gtk_widget_show(g_thickEntry);
102    g_zcButton = gtk_button_new_with_label("Zc :=");
103
104    gtk_box_pack_start(GTK_BOX(label_vbox), er_label, TRUE, TRUE, 5);
105    gtk_box_pack_start(GTK_BOX(label_vbox), width_label, TRUE, TRUE, 5);
106    gtk_box_pack_start(GTK_BOX(label_vbox), height_label, TRUE, TRUE, 5);
107    gtk_box_pack_start(GTK_BOX(label_vbox), thick_label, TRUE, TRUE, 5);
108    gtk_box_pack_start(GTK_BOX(entry_vbox), g_erEntry, TRUE, TRUE, 5);
109    gtk_box_pack_start(GTK_BOX(entry_vbox), g_widthEntry, TRUE, TRUE, 5);
110    gtk_box_pack_start(GTK_BOX(entry_vbox), g_heightEntry, TRUE, TRUE, 5);
111    gtk_box_pack_start(GTK_BOX(entry_vbox), g_thickEntry, TRUE, TRUE, 5);
112    gtk_box_pack_start(GTK_BOX(hbox), label_vbox, TRUE, TRUE, 5);
113    gtk_box_pack_start(GTK_BOX(hbox), entry_vbox, TRUE, TRUE, 5);
114    gtk_box_pack_start(GTK_BOX(vbox), hbox, TRUE, TRUE, 5);
115    gtk_box_pack_start(GTK_BOX(vbox), g_zcButton, TRUE, TRUE, 5);
116    gtk_container_add(GTK_CONTAINER(window), vbox);
117
118    gtk_widget_show(entry_vbox);
119    gtk_widget_show(label_vbox);
120    gtk_widget_show(hbox);
121    gtk_widget_show(g_zcButton);
122    gtk_widget_show(vbox);
123    gtk_widget_show(window);
124    gtk_signal_connect(GTK_OBJECT(window), "destroy",
125       GTK_SIGNAL_FUNC(destroy), NULL);
126    gtk_signal_connect(GTK_OBJECT(g_zcButton), "clicked",
127       GTK_SIGNAL_FUNC(update), NULL);
128    gtk_signal_connect(GTK_OBJECT(g_erEntry), "activate",
129       GTK_SIGNAL_FUNC(set_er), NULL);
130    gtk_signal_connect(GTK_OBJECT(g_widthEntry), "activate",
131       GTK_SIGNAL_FUNC(set_width), NULL);
132    gtk_signal_connect(GTK_OBJECT(g_heightEntry), "activate",
133       GTK_SIGNAL_FUNC(set_height), NULL);
134    gtk_signal_connect(GTK_OBJECT(g_thickEntry), "activate",
135       GTK_SIGNAL_FUNC(set_thick), NULL);
136    update(window, data);
137  }
```

リスト6 (gui.c)

```
% gcc `gtk-config -cflags` `gtk-config -libs` -o microstrip main.c mstl.c gui.c -lm
```

図 13.32 コンパイル方法

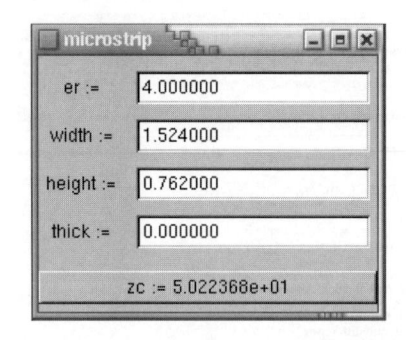

図13.33 GUIを搭載したプログラムの実行

　イベント駆動方式のプログラムでは，プログラムは処理単位ごとにモジュール化され，本書の例ではグラフィカルユーザインタフェースを定義するプログラムと，特性インピーダンスを計算するプログラム，全体処理を制御するプログラムを明確に分離してプログラムを簡潔に記述するため，ソースファイルを五つに分割した．またリスト2～6から明らかなように，ウィンドウを作成するプログラム5～6が必要な分，グラフィカルユーザインタフェースを備えたプログラムはコマンドラインインタフェースを備えたプログラムと比較すると行数が増加していることが分かる．更に，逐次処理方式プログラムとイベント駆動方式プログラムの違いにより，計算プログラム3～4も少し行数が増加している．一方，全体処理を制御する int main（int argc, char＊argv []）関数の内容は大変簡略化されている．

13.5.3　オブジェクト指向プログラム

　逐次処理方式プログラムとイベント駆動方式プログラムの動作を図13.34，図13.35に示した．

　まず，図13.34に注目すると，左にオペレータ，右にプログラムが位置し，./microstrip というオペレータのタイプによるプログラムの起動から順次下方向に向けて処理が進むことが分かる．プログラムが起動すると，変数宣言が行われ，オペレータに対して比誘電率の入力要求がなされる．オペレータが比誘電率を入力すると，比誘電率を示す変数に入力内容を保存する．順次計算パラメータを入力し，導体厚の入力が終了すると，実効誘電率の計算サブルーチンなどが呼び出されて特性インピーダンスを計算した後，オペ

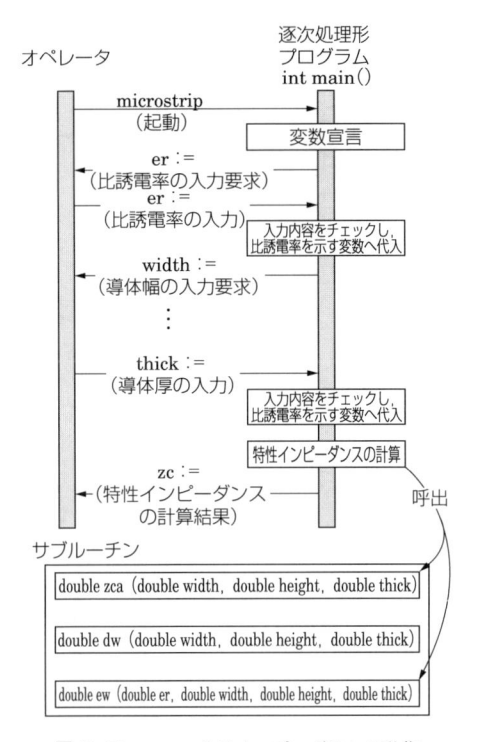

第13章 構成要素のシミュレーション例

図13.34 コマンドラインプログラムの動作

レータへ計算結果を表示する．

　一方，図13.35に示すイベント駆動方式プログラムの動作は複雑である．オペレータによりプログラムが起動されると，メインルーチン内部で計算オブジェクトとGUIオブジェクトが生成され，待機状態に入る．オペレータによる比誘電率の更新イベントが発生すると，GUIオブジェクトのvoid seter () 関数が呼び出され，計算オブジェクトへ比誘電率の更新を依頼する．具体的にはソースファイル (mstl.c) の void mstlseter () サブルーチンを呼び出す．サブルーチン (void mstlseter ()) はオブジェクト内部に保持された比誘電率パラメータを更新する関数である．その後，GUIウィンドウに表示された内容を更新する void update () サブルーチンを呼び出す．サブルーチン (void update ()) は，計算オブジェクトへ計算パラメー

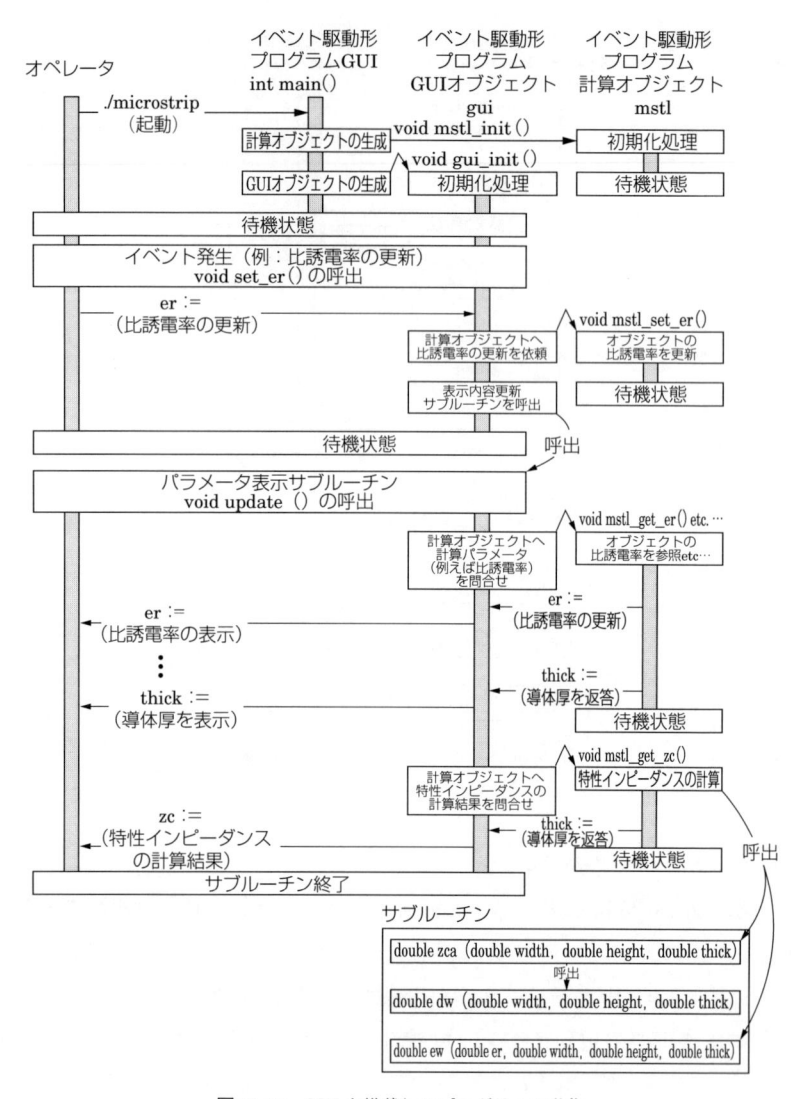

図 13.35 GUI を搭載したプログラムの動作

タを問い合わせ，GUI ウィンドウ上の各パラメータを計算オブジェクトからの返答内容で更新する．更に，計算オブジェクトへ特性インピーダンスの計算結果を問い合わせて返答内容で GUI ウィンドウ上の特性インピーダン

ス欄を更新する．計算オブジェクトのサブルーチン（double mstlgetzc）は実効誘電率の計算サブルーチンなどを呼び出して特性インピーダンスを計算した後，呼出し元の GUI オブジェクトへ計算結果を返答する．イベント駆動方式のプログラムは，サブルーチンを含む単一のプログラムですべての計算を処理する逐次処理方式と異なり，3 のプログラムモジュールが相互に処理を依頼する形で処理が進んでいく．

処理の順序があらかじめ決定されている場合，簡潔にプログラムを作成できる．

一方，オペレータからのイベントがいつどのような順序で発生するか決定されていないイベント駆動方式では，決められた手順を予定するのではなく，独立した機能を持つプログラムモジュールを適材適所に配置し，組織化する手法が適している．このようなプログラム手法がオブジェクト指向プログラミングであり，プログラムを外部から独立したモジュールとして管理することをカプセル化と呼ぶ．

手続き形プログラミングにおいてもサブルーチンという手法でプログラムをモジュール化する方法があるが，オブジェクト指向のそれはより徹底している．図 13.36 にそれぞれのモジュールの概念図を示す．手続き形プログラムモジュールは，入力されたデータを加工して出力するのが一般的な機能であり，入力するデータの生成と保守管理はプログラムモジュールを呼び出す側の管轄となる．一方，オブジェクト指向プログラムモジュールでは処理とデータが一体化されており，入力された依頼に対応して内蔵データを加工した結果を返答する．したがって，データの生成と保守管理はプログラムモジュール自身の管轄となる．

オブジェクト指向モジュールは手続き形モジュールよりも独立しており，プログラムの組織化が容易である．図 13.37 にそれぞれの手法におけるプログラムの組織化例を示す．手続き形モジュールを利用してプログラムを組織

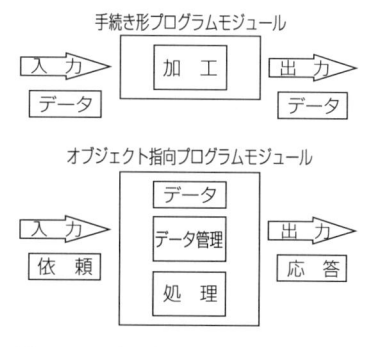

図 13.36 プログラムモジュールの概念図

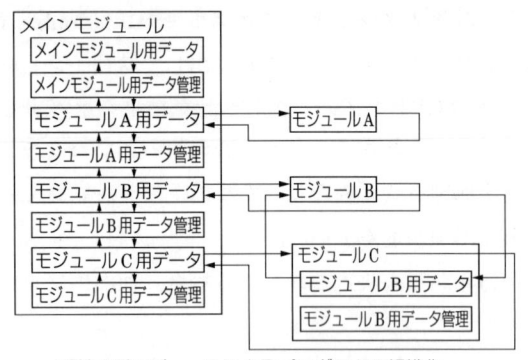

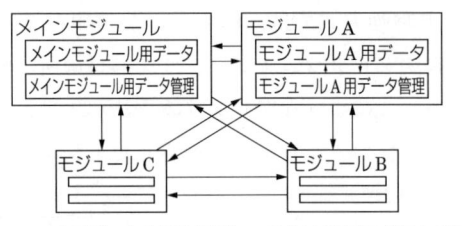

図13.37 プログラムの組織化

（上）手続き形モジュールによるプログラムの組織化
（下）オブジェクト指向モジュールによるプログラムの組織化

化する場合，プログラム全体を制御するメインモジュール内に利用するすべてのモジュールのデータと保守プログラムを用意する必要があり，また，モジュールCからモジュールBを呼び出したい場合，モジュールC内にモジュールBのデータと保守プログラムを用意する必要がある．オブジェクト指向モジュールでは，データと処理が一体化されており，それぞれのモジュールは依頼と応答によって結ばれるだけなので，複雑で柔軟なモジュール群を組織できる．

オブジェクト指向プログラムでは，計算プログラムのほか，独立したプログラムモジュールを作成するために必要なプログラムが付加されるため，一般に手続き形プログラムよりもソースコードの行数が増加する傾向にあるが，プログラムの保守や再利用が極めて容易なため，手続き形プログラムよりもプログラムの活用期間が長くなる．

これらの特徴を考慮すると，マイクロ波シミュレーション分野では，変数

が数個以下の関数の記述には手続き形プログラムが向いており，これらの関数を組織化し，特定の目的を達成するアプリケーションを記述するにはオブジェクト指向プログラムが向いているといえる．

本節では，新しいプログラム言語を修得する労力を避けるため，構造体を活用することでC言語による限定的なオブジェクト指向プログラミングを実現したが，JavaやC++，Ruby，Pythonなどがオブジェクト指向プログラミング言語として有名であり，より少ないソースコード数でオブジェクト指向プログラムを記述できる．

13.5.4 アプリケーションプログラムインタフェース

アプリケーションがオペレーティングシステムの提供する様々な機能を利用するための規則をアプリケーションプログラムインタフェース（API）といい，Windows，X Window Systemなど汎用のGUIを提供するオペレーティングシステムではGUIプログラムを簡単に実現するためのAPIが用意されている．しかしながら，これらAPIはマイクロ波シミュレータに利用するには汎用的すぎるため，これに適したAPIが検討されている[10]．

図13.38に示すプラグインフレーム[11]はその一例であり，シミュレータ

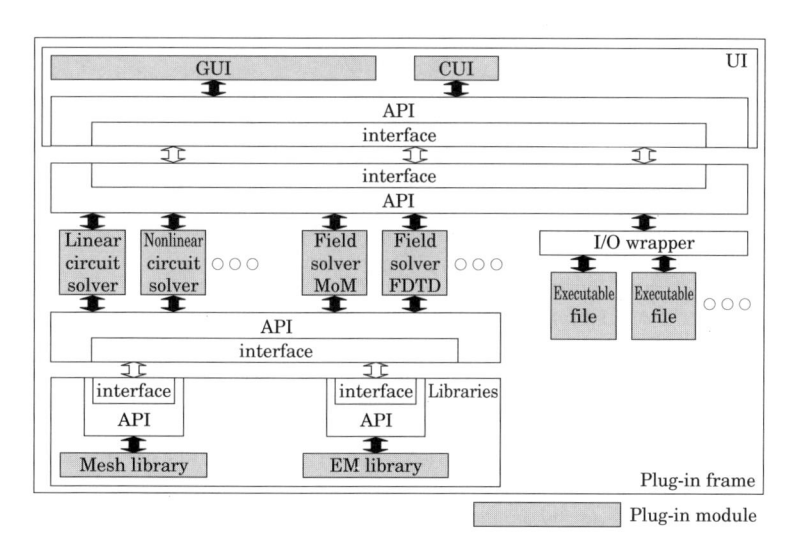

図13.38 プラグインフレーム

を構成するための基本的な機能を提供する部品（パラメータ入力，グラフ表示，通信など）と，これを利用するための API が用意されている．各ソルバモジュールは API を通してプラグインフレームの機能を利用することで GUI や他のソルバモジュールと通信したりできる．

これらプログラムモジュールの共用化によって，利用実績が多く信頼性の高いモジュールが生み出されるので，異なった計算手法を必要とする複合解析など特殊なシミュレーションを必要とする場合に，実績がある汎用のプログラムモジュールの機能を利用して短時間で信頼性の高いシミュレーション結果が得られる．このようなプログラムモジュールの共用化にはデータと処理を一体として管理するオブジェクト指向プログラミングが適している．

13.5.5 まとめ

マイクロ波シミュレータの操作を容易にし，計算結果を評価しやすくするための GUI の具体的な実装方法について述べた．マイクロストリップ線路の特性インピーダンス計算を例題に，コマンドラインインタフェースと GUI に適用される逐次処理とイベント駆動の相違を述べた．更に，それぞれの処理方式に適した手続き形プログラムとオブジェクト指向プログラムについて述べ，API によるプログラムモジュールの組織化について説明した．

参 考 文 献

[1] 田口光雄, 荒木淳二, 田中和雅, "長方形導体板上の受信用小型アクティブスロットアンテナ," 信学論(B), vol. J 85-B, no. 9, pp. 1572-1574, Sept. 2002.
[2] E. K. Miller, et al., "Numerical and Asymptotic Techniques in Electromagnetics," chap. 4, Springer-Verlag, Berlin, 1975.
[3] 江頭 茂, 田口光雄, 北島博文, "線状アンテナの数値解析における端面電流の影響について," 信学論(B), vol. J 68-B, no. 6, pp. 714-721, June 1985.
[4] 田原英幸, 田口光雄, 藤本孝之, 田中和雅, "線状アンテナの数値解析ソフトウエアの誤差評価（第 5 報），" 電学技術報告, WMT-97-105, Nov. 1997.
[5] M. Taguchi, T. Fujimoto and K. Tanaka, "Comparison of numerical solutions of hollow cylindrical dipole antennas", Proc. 18 th Annual Review of Progress in Applied Computational Electromagnetics, pp. 595-600, March 2002.
[6] 橋本 修, 阿部琢美, "FDTD 法時間領域差分法入門," 森北出版, 東京, 1996.
[7] 犬丸忠義, 橋本 修, "FDTD 法による抵抗皮膜を用いた人体防護に関する検討," 信学論(B), vol. J 81-B-2, no. 7, pp. 719-724, 1998.
[8] 西澤振一郎, 橋本 修, "FDTD 法を用いた波長に比べて小さな金属平板からの反射特性解析," 信学論(B), vol. J 80-B-II, no. 1, pp. 121-122, 1997.

[9] 鈴木秀俊, 田中 隆, 橋本 修, "反射特性における低損失誘電体試料の寸法に関する影響," 電学論, vol. 119-A, no. 8/9, pp. 1164-1165, 1999.
[10] 豊田一彦, "マイクロ波シミュレータ共通利用基盤の構想," 信学技報, MW 200-92, pp. 1-6, Sept. 2000.
[11] 真田篤志, 塩見英久, 上田裕子, 川﨑繁男, "マイクロ波シミュレータ共通プラットフォーム," 第3回マイクロ波シミュレータワークショップ, March 2001.

付属 CD-ROM の内容と動作環境

　この CD-ROM 制作の目的は各章の演習問題の解答と付録を記すこと，そして各章の著者が提供したプログラムを読者の利用しやすい形に表すことである．

1. 内　容

第1章　演習問題と解答
第3章　マイクロ波シミュレータの例　SNAP-LE
第5章　演習問題と解答
　　　　付録5.1　空間回路網法と伝送線路行列法の二次元導波管解析
　　　　　　　　プログラムリスト
　　　　付録5.2　FDTD法のプログラムリスト　2d_fdtd_cacb_Iris.f
第6章　演習問題と解答
第7章　演習問題と解答
　　　　プログラムリスト　gemlsabd.for
第9章　付録9.1，付録9.2　プログラムリスト　temode.f, bessj0-1.c
第10章　演習問題と解答
第11章　スタブ形フィルタ回路計算プログラムリスト　stub.filter.f
第13章　13.1.4　例題1　プログラムリスト　coaxsin.cpp
　　　　13.1.5　例題2　プログラムリスト　coaxpulse.cpp
　　　　13.3　　例題3　プログラムリスト　h-abs_30cm.f
　　　　13.4　　有限要素法における自動要素分割　プログラムリスト
　　　　　　　　adaptive_element.c, change_diagonal.c,
　　　　　　　　change_numbering.c, divide_element.c, FEM_second.c,
　　　　　　　　function.c, input_output.c, move_node.c
　　　　13.5　　計算データの可視化　プログラムリスト

2. 動作環境

OS： Windows 2000 推奨

メモリ：128 MByte

文章表示のためのソフトウェア：Microsoft Word

第 3 章及び第 7 章の説明を表示するためのソフトウェア：

Acrobat Reader 5.0

プログラム実行のためのソフトウェア：Visual C++ 6.0

Compaq Visual Fortran 6.5

Borland C++ Compiler 5.5

　この C++ Builder 用のコンパイラは次のホームページ上に無償で公開されている．

http://www.inprise.com/bcppbuilder/freecompiler/cppc55steps.html

　その他の無償コンパイラとしては，GCC（GNU Compiler C, C++, Objective-C, Fortran）が利用可能である．

　ただし，第 5 章，第 9 章，第 11 章，及び第 13 章 13.3 節の実行ファイル形式のファイルはその章のフォルダに納めてある．

索　引

あ

アダプティブメッシュ …………187
アダプティブメッシュ生成法 ……185
後処理部 …………………………192
アドミタンス行列 …………214,218
アニメーション機能………………44
アーノルディ原理 ………………155
アプリケーション間通信……………30
アプリケーションプログラム
　　インタフェース ………………287
安全性の条件 ……………………116
アンテナ回路 ……………………257
アンテナの給電方法 ……………257

い

位相定数 …………………………203
一開口伝送線路 …………………205
一次定数 …………………………199
一次の吸収境界条件 ……………252
一次要素 …………………………117
一方向励振 ………………………251
一様給電 …………………………258
一般固有値問題 …………………147
一般固有値問題の数値例 ………166
イベント駆動方式プログラム ……282
因果律………………………………93

インダクタンス …………………223
インピーダンス行列 ………52,58,217
陰面消去……………………………44

え

円形導波管 …………………172,178
円筒座標 …………………………172
円筒座標系 ………………………168
遠方界三次元表示…………………36

お

オイラーの方程式 ………………111
オブジェクト指向…………………8,44
オブジェクト指向プログラム
　　………………………………282,285
オフ耐圧 …………………………241
重　み ……………………………187
重み関数 ………………………52,53
重み付き残差法 …………………112
オン耐圧 …………………………241

か

開口電圧 …………………………213
開口電流 …………………………213
解析エンジン ……………………192
解析空間……………………………32
解析実行部 ………………………192

解の反復改良 …………………… 140
開放条件 ………………………… 255
開放負荷 ………………………… 207
回路の相反性 ……………… 218, 221
回路の無損失性 …………… 218, 222
ガウシアンパルス関数 …………… 254
ガウス・ザイデル法 ……………… 150
ガウス求積法 ……………………… 58
ガウスの消去法 …………… 130, 147
カエル跳びアルゴリズム ………… 93
科学技術計算ライブラリ ……… 19, 22
可視化 …………………………… 29
カットオフ周波数 ………………… 247
カーティス・エテンベルグ
　モデル ………………………… 240
ガーバファイル ………………… 33
カプセル化 ……………………… 285
加法性 …………………………… 115
ガラーキン法 ……………………… 53
カルテシアン座標系 …………… 168
関数ライブラリ ………………… 168
完全性の条件 …………………… 116
観測点 ……………………… 49, 52, 60

き

記憶容量 ………………………… 269
寄生 FET ………………………… 235
基底関数 ………………………… 51
基本要素 ………………………… 117
逆行列 …………………… 129, 130
ギャップ給電 …………………… 257
球座標 …………………………… 170
球座標系 ………………………… 168
吸収境界条件 …………………… 95

球ベッセル関数 ………………… 176
境界条件 ………………………… 32
共振器法 ………………………… 264
強制境界条件 …………………… 111
共通化 …………………………… 31
共通プラットフォーム …………… 11
行の基本操作 …………………… 130
共役勾配法 ……………………… 150
行列式 …………………………… 137
行列のノルム …………………… 138
極 ………………………………… 55
局所誤差 ………………………… 187
局所座標系 ……………………… 122
キルヒホッフの電圧則 …………… 200
キルヒホッフの電流則 …………… 200
近似解 …………………………… 136

く

空間回路網 …………………… 72, 79
空間領域 ………………………… 48
グラフィカルユーザインタ
　フェース ………………… 273, 278
クラーメルの公式 ……………… 129

け

計算時間 ………………………… 269
計算データの可視化 …………… 273
形状関数 ………………………… 115
形状関数ベクトル ……………… 115
ゲート誘起雑音温度 …………… 247
ケルビン関数 …………………… 180
現象の生成過程 ………………… 70
減衰定数 ………………………… 203
厳密解 …………………………… 136

索　　引　　　　　　　　　　　　　　295

こ

高周波回路 ……………………198
高周波回路の特性記述 …………216
高周波電圧分布 …………………215
高周波電流分布 …………………215
高次要素 …………………………117
高精度差分スキーム ……………102
後退代入 …………………………130
誤　差 ……………………………136
コマンドライン …………………276
固有値問題の数値例 ……………164
混合形ノイマン条件 ……………108
コンピュータリソース …………35

さ

最小雑音指数 ……………………244
最小二乗解 ………………………143
最小次数順序法 …………………149
細分割 ……………………………188
作図機能 …………………………33
雑音温度 …………………………246
雑音指数 …………………………244
雑音等価回路 ……………………243
雑音パラメータ …………………244
座標系 ……………………………168
サブセクションデータ …………30
差分表現 …………………………68
三角形要素 ………………………116
残　差 ……………………………137
三次元時間領域解析手法 ………89
散乱行列 …………………………80
散乱行列表示 ……………………219
散乱波の分離 ……………………265

し

シェーディング …………………44
時間依存高周波電圧分布 ………209
時間依存高周波電流分布 ………209
時間依存伝送線路方程式 ………199
時間依存等価回路 ………………201
時間因子 …………………………44
色相分割表示 ……………………42
磁気的節点 ………………………72
試験関数 …………………………112
試行関数 …………………………52
システムライブラリ ……………21
自然境界条件 ……………………111
自動要素分割 ……………………269
弱形式 ……………………………112
自由空間グリーン関数 …………50
修正 Cholesky 分解 ………134, 149
修正されたシュミットの直交化 …143
収束性 ……………………………115
集中定数容量 ……………………223
周波数依存伝送線路方程式 ……202
周波数依存等価回路 ……………201
周波数分散性 ……………………242
出力機能 …………………………33
出力 GUI …………………………30
条件数 ………………136, 138, 141
小信号等価回路 …………………234
乗　数 ……………………………131
進行波・反射波表示 ……………201
真性 FET …………………………235
シンボリック ……………………4

す

随伴行列 ……………………………129
枢軸（ピボット）……………………131
枢軸選択（ピボッティング）
　……………………………131, 134
枢軸の完全選択 ……………………135
枢軸の部分選択 ……………………135
スカラグリーン関数 …………………50
スカラポテンシャル …………………49
スクリプト言語 ………………………25
ステップ形光ファイバ ……………172
ストリップ線路 ……………………205
スパース行列 ………………………147
スパース性 …………………………127
スパースダイレクトソルバ ………149
スペクトル領域 ………………………48
スペクトル領域表現 …………………55
スミスチャート ………………………38
スレッドライブラリ …………………22

せ

正規方程式 …………………………142
整合負荷 ……………………………207
正定値 ………………………………150
積分点 ……………………………49, 52
接地導体 ……………………………47
節点移動 ……………………………271
節点方程式 ……………………………88
摂動解析 …………………………138, 139
線形最小二乗問題 …………………141
前進消去 ……………………………130
全体座標系 …………………………122
全体方程式 …………………………113

先端開放一開口伝送線路素子 ……223
先端短絡一開口伝送線路素子 ……223
全領域関数 ……………………………53
線路の特性アドミタンス …………203

そ

粗分割 ………………………………187
ソルバ ………………………………192
ゾンマーフェルト積分 ………55, 56
ゾンマーフェルトの公式 ……………57

た

第1種円柱関数 ……………………173
第1種境界条件 ……………………108
第2種円柱関数 ……………………173
第2種境界条件 ……………………108
第3種境界条件 ……………………108
ダイアディックグリーン関数 ………50
対角線交換 …………………………270
大規模行列 …………………………147
大規模固有値問題の数値解法 ……162
台形近似 ……………………………84
対称正定値行列 ……………………156
大信号等価回路 ……………………238
ダイポールアンテナ ………………259
多重極モーメント ……………………59
畳込み積分 ……………………………60
単位長当りのインダクタンス ……199
単位長当りのコンダクタンス ……199
単位長当りの抵抗 …………………199
単位長当りの容量 …………………199
短絡条件 ……………………………253
短絡負荷 ……………………………207

ち

置換行列 …………………………135
逐次過剰緩和法 …………………150
逐次処理方式プログラム ………282
中心差分……………………………91
中心差分式…………………………75
直接解法 …………………………148
直列共振器 ………………………225
直列節点……………………………80
直結線路接続 ……………………229
直交座標系 ………………………168
直交分解 …………………………142
直交法 ……………………………133

て

定在波 ……………………………209
定在波比 …………………………211
定常反復法 ………………………150
ディラックのデルタ関数…………50
ディレクレ条件 …………………108
デカルト座標 ……………………169
デカルト座標系 …………………168
適合性の条件 ……………………116
テキスト形式………………………33
データ構造…………………………45
手続き形プログラミング
　　　　　　　　　　…………278, 285
手続き指向 …………………………8
デローニィ分割法 ………………185
電圧進行波 ………………………203
電圧定在波最小値の位置 ………212
電圧波形……………………………38
電圧波散乱行列 ……………219, 227

電圧波の伝送線路方程式 ………204
電圧波反射係数 …………………208
電圧反射波 ………………………203
展開関数 ………………………51, 53
電界効果トランジスタ …………234
電気的節点…………………………72
電磁界分布表示……………………36
電磁波の透過 ……………………264
電磁波の反射 ……………………264
伝送線路 …………………………198
伝送線路行列表示…………………79
伝搬定数 …………………………203
電流分布表示………………………36
電流連続の式………………………76
電力波散乱行列 ………208, 220, 227
電力波の伝送線路方程式 ………204
電力波反射係数 …………………208

と

等角条件 …………………………186
等価雑音抵抗 ……………………244
等価制御電圧源 ……………………84
統合開発環境………………………18
同軸給電 …………………………257
同軸線路 ………………172, 205, 249
透視処理……………………………44
特異値 ……………………………141
特異値分解 ………………………141
特異値分解法 ……………………142
特性アドミタンス ………………203
特性線上……………………………83
ドレーン雑音温度 ………………247

な

なだれ降伏 …………………… 241

に

二開口伝送線路 …………………… 213
二開口伝送線路の F 行列 …… 215
二開口伝送線路のインピー
　ダンス行列 …………………… 214
二次定数 …………………………… 203
二次変化率 ……………………… 269
二次要素 …………………………… 117
二乗平均誤差 …………………… 259
二分法 ……………………………… 179
入出力イミタンス ……………… 206
入出力特性 ……………………… 206
入力インピーダンス …………… 38
入力 GUI ………………………… 30
ニュートン・ラフソン法 ……… 179

ね

熱雑音 ……………………………… 245

の

ノイマン関数 …………………… 173
ノイマン条件 …………………… 108
ノイマンの方法 ………………… 93

は

バイナリ形式 …………………… 33
ハウスホルダー変換 …………… 143
波源点 ……………………… 49, 60
挟み撃ち法 ……………………… 179
波動伝搬過程 …………………… 69
波動方程式 …………… 169, 170, 172
汎関数 ……………………………… 107
ハンケル関数 …………………… 174
ハンケル積分変換 ……………… 55
ハンケル変換公式 ……………… 58
バンド性 ………………………… 127
反復解法 ………………………… 147
反復解法の数値例 ……………… 156

ひ

非対称 ……………………………… 150
非対称行列 …………………… 158, 160
非定常反復法 …………………… 150
微分表現 …………………………… 68
標準固有値問題 ………………… 147
標準固有値問題の数値例 …… 164
ビルトイン電圧 ………………… 241

ふ

不完全 Cholesky 分解 …………… 152
不完全 LU 分解 ………………… 154
複素比誘電率 …………………… 264
物理現象の「模擬」 ……………… 66
物理的「メカニズム」 …………… 67
不定値 ……………………………… 150
負定値 ……………………………… 150
部分領域関数 …………………… 53
プラグインフレーム …………… 287
フーリエ変換 …………………… 38
プリプロセス ………………… 2, 7
プリプロセッサ …………… 30, 192
プログラム構造 ………………… 44
分岐点 …………………………… 56
分布定数回路 …………………… 198

分布定数線路理論 ……………268

へ

平行2線 ……………………205
平行板線路 ……………………205
平面波 …………………………264
並列化ライブラリ …………20,22
並列共振器 ……………………225
並列計算 ………………………101
並列節点 ………………………80
ベクトルのノルム ……………137
ベクトル場電磁界………………71
ベクトル表示……………………43
ベクトルポテンシャル…………49
ベッセル関数 …………………179
ベッセル関数の計算法 ………177
ベッセルの微分方程式 ………176
ベルジェロン法…………………82
ヘルムホルツの波動方程式
　　　　　　　　　…168,173
変形ベッセル関数 ……………175
変数分離法 ……………………168
変　分 …………………………110
変分原理 ………………………108
変分表現式 ……………………107
変分法 …………………………107
変分問題 ………………………107
扁平率 …………………………271

ほ

ホイヘンスの原理………………79
方形導波管 …………………168,169
補間関数 ………………………115
補助機能…………………………33

ポストプロセス ………………2,7
ポストプロセッサ……………30,192
保存量……………………………81
ポート情報………………………32

ま

マイクロストリップアンテナの
　規範問題 ……………………260
マイクロストリップライン給電
　　　　　　　　　　………258
マイクロストリップ線路の
　特性インピーダンス ………276
マイクロ波集積回路……………48
前処理 …………………………192
前処理部 ………………………192
マクスウェルの方程式 ………265
マトリックスサイズ……………35

め

メッシュジェネレーション……30
メモリアロケーション…………45
面積座標 ………………………122
面電流値…………………………37

も

モーメント法 ………………29,47,259

や

ヤコビアン行列 ………………141
屋根形関数……………………53,119

ゆ

有限差分法 ……………………147
有限要素法 …………………147,269

誘電体基板 …………………………47
ユーザインタフェース ……………274

よ

要素 ………………………………112
要素細分割 …………………………269
要素自動分割プログラム …………192
要素方程式 …………………………113

ら

ラプラシアン法 ……………………189
ラプラスの方程式 …………………168
ランチョス原理 ……………………154

り

離散化 ………………………………147
理想ジャイレータ …………………86
留数の定理 …………………………57
領域分割形解法 ……………………89

る

ルジャンドルの倍微分方程式 ……171
ルーフトップ ………………………42

れ

励振ポート …………………………61
連続蓄積 ……………………………144
レンダリング処理 …………………44
連立一次方程式 ……………………129
連立一次方程式の求解問題 ………147
連立一次方程式の直接解法 ………149
連立一次方程式の反復解法 ………150

ろ

ローレンツ条件 ……………………49

わ

ワイヤフレーム表示 ………………42

A

ADI-FDTD法 ………………………101
AIM …………………………………48, 59
API …………………………………11, 16
ATLAS ………………………………19

B

Bi-CGSTAB法 ………………154, 158

C

C ……………………………………20
C言語 ………………………………20
CFL条件 ……………………………93
CG法 …………………………60, 150
CGM …………………………………48
Cholesky分解 ………………………133
Cholesky分解法 ……………………149
CIM …………………………………48
Courant安定条件 …………………35
Crout法 ……………………………133
C++ …………………………………20
C++言語 ……………………………20

D

d'Alembertの解 ……………………82
DDE …………………………………30
DirectX ……………………………44

索　　引

Doolittle法 ……………………133	Javaクラスライブラリ …………24
DXFファイル …………………33	Java言語 ……………………23

E

EFIE ……………………………51

F

FDTD……………………………89
FDTD法 ……………260, 264, 265
FD-TD法 ………………………29
FFT ………………………48, 60
FMM ……………………48, 59
Fortran …………………………18
Fパラメータ …………………38

G

GMRES法 …………………155, 160
GPOF法 …………………………57
GUI………………………………15
GUIプログラミング ……………275
GUIライブラリ …………………22

H

Hパラメータ …………………38
Harrington, R. F. ………………47
HPF ……………………………18

I

IC分解 …………………………152
IDE ……………………………18
ILU分解 ………………………154

J

Java ……………………7, 13, 23

L

LAPACK………………………144
LAPACK/BLAS…………………19
LDL^T分解法 …………………149
LU分解 ………………………133
LU分解法 ………………………149

M

MATLAB …………………148, 161
MPI ……………………20, 101
MPICH ………………………20
MPIE …………………………51
MPOF法 ………………………48
Murの一次吸収境界条件 ………96

N

NFサークル …………………244

O

OLE ……………………………30
OpenGL ………………………44
OpenMP ………………………20

P

PCG法 …………………151, 156
PML ……………………………96
Prony法 ……………………48, 57
pthread ………………………20
PVM ……………………………20

Q
QR 分解法 …………………… 142, 143

R
RWG 関数 …………………………… 53

S
SOR 法 …………………………… 150
SPICE …………………………… 26
S パラメータ表示 ………………… 36

T
TE 波 …………………………… 267
TEM 波 ………………………… 249
TE$_{mm}$ モード ………………… 178
TLM 法 ………………………… 260
TM 波 …………………………… 266

W
WinAPI …………………………… 21
wire-grid ………………………… 48

X
X-Window ………………………… 22

Y
Y パラメータ …………………… 38
Yee 格子 ………………………… 91

Z
Z パラメータ …………………… 38

数字
1/4 波長伝送線路のインピーダンス変換器 ……………… 228
1/4 λ インピーダンス整合回路付き線路接続 ……………… 229

―――監修者略歴―――

山下　榮吉
（やました　えいきち）

昭31電気通信大卒．昭41米国イリノイ大大学院了．Ph.D. 昭31～39通産省電気試験所勤務．昭39～42イリノイ大勤務．昭42～平10電気通信大勤務．平10電気通信学部長を経て退職．現在名誉教授．研究と教育の中心はマイクロ波デバイスの電磁気学．電子情報通信学会では（元）マイクロ波研究専門委員会委員長，（元）APMC組織委員長，フェロー．「電磁波問題の基礎解析法」などのテキストを出版．米国IEEEではマイクロ波ソサイエティの（元）AdCom委員，（元）MTT Transaction誌副編集長，Life Fellow. 2000 IEEE MTT-S Distinguished Service Award受賞．

マイクロ波シミュレータの基礎
Foundations for Making Microwave Simulators

平成16年3月20日　　初版第1刷発行	編　者	㈳電子情報通信学会
	発行者	家　田　信　明
	印刷者	山　岡　景　仁
	印刷所	三美印刷株式会社
		〒116-0013　東京都荒川区西日暮里5-9-8
	制　作	株式会社　エヌ・ピー・エス
		〒111-0051　東京都台東区蔵前2-5-4北条ビル

Ⓒ社団法人　電子情報通信学会 2004

発行所　社団法人　電子情報通信学会
〒105-0011　東京都港区芝公園3丁目5番8号(機械振興会館内)
電　話　(03)3433-6691(代)　振替口座　00120-0-35300
ホームページ　http://www.ieice.org/

取次販売所　株式会社　コロナ社
〒112-0011　東京都文京区千石4丁目46番10号
電　話　(03)3941-3131(代)　振替口座　00140-8-14844
ホームページ　http://www.coronasha.co.jp

ISBN 4-88552-201-3　　　　　　　　　　　Printed in Japan